省级精品在线开放课程培育项目
"双高计划"建设院校课改系列教材
国家教学资源库培育课程配套教材

人工智能应用素养

主　编　何　淼　顾海花　杜　璐

副主编　张　玲　张　泽　朱怡文迪

　　　　陈晓琳

参　编　史　律　章春梅　赵　磊

　　　　陈永波　樊立强

主　审　杨前华

西安电子科技大学出版社

内 容 简 介

　　本书立足服务国家智能制造产业升级的需求，阐述了人工智能的基本概念、术语以及行业的发展态势和生态环境，详细介绍了人工智能在电子信息、通信技术、智能制造、数字商务、数字艺术设计和智能交通这六大常见工业生产领域的应用和实践案例，旨在推动人工智能技术在不同领域的交叉应用，同时普及跨领域的人工智能知识。

　　本书不仅适用于高校师生，也适合智能产品的设计与运维人员、行业智能化方案的制定与推广人员、智能化产品销售人员参考使用。同时，本书还可以作为社会公众了解人工智能技术的通识读物，帮助大家打开通往人工智能的大门。

图书在版编目(CIP)数据

人工智能应用素养 / 何淼，顾海花，杜璐主编 . -- 西安：西安电子科技大学出版社，2024.3
(2024.7重印)
ISBN 978-7-5606-7230-4

Ⅰ . ①人…　Ⅱ .①何…　②顾…　③杜…　Ⅲ .①人工智能　Ⅳ .① TP18

中国国家版本馆 CIP 数据核字 (2024) 第 055362 号

策　　划　高　樱
责任编辑　高　樱
出版发行　西安电子科技大学出版社 (西安市太白南路 2 号)
电　　话　(029)88202421 88201467　　　　邮　编　710071
网　　址　www.xduph.com　　　　电子邮箱　xdupfxb001@163.com
经　　销　新华书店
印刷单位　陕西天意印务有限责任公司
版　　次　2024 年 3 月第 1 版　　2024 年 7 月第 2 次印刷
开　　本　787 毫米 × 1092 毫米　1/16　　印　张　19
字　　数　449 千字
定　　价　59.00 元
ISBN 978-7-5606-7230-4

XDUP 7532001–2

*** 如有印装问题可调换 ***

前　言

近十年来，人工智能不仅算法迅猛发展，而且借助云计算、GPU等算力的不断提升，再结合互联网、5G、物联网为各行各业带来的海量数据，催生了人工智能的广泛应用，并已在工业制造、生活服务、科技创新、金融商业等各领域场景发挥出令人振奋的生产效能，甚至改变了人们的生产生活方式，极大地提升了社会生产效率。

随着人工智能技术的广泛应用，人们发现若要更大限度地发挥人工智能的应用深度，除了算法、数据、算力三要素以外，还需要结合应用领域的专业知识才能将不同应用场景与人工智能进行高效适配。在我国提出"中国制造2025"的背景下，人工智能正从传统互联网应用走向各类专业生产领域，人工智能应用人员应具备所在行业领域的专业知识才能充分发挥人工智能的作用。同时，任何技术都是在不断发掘新的应用场景中得到发展和成熟的，因此，增强各行业领域专业人员对人工智能技术的了解及应用方式的掌握，也有助于各领域专业人员基于本领域专业知识和生产经验，创新发掘人工智能的应用场景、方式，从而加快人工智能跨界应用，促进各领域产业升级。

目前已有不少关于人工智能的通识、导论、科普类教材和读物，而针对各行业专业人员了解人工智能基础知识及基本开发流程的教材较少，本书即是在此背景下编写而成的。本书内容主要分为三个部分：第一部分（第1~3章）介绍人工智能基本概念和常识性知识，以及行业发展现状，为读者提供人工智能通识性知识，帮助读者更全面、更直观、多维度地认识人工智能应用背景；第二部分（第4~9章）将电子信息、通信技术、智能制造、数字商务、数字艺术设计、智能交通这6个与信息产业密切相关的行业作为人工智能应用典型领域，介绍了这6个领域的人工智能应用现状、常见应用场景及应用成效，以及未来的应用发展趋势，帮助不同领域从业者或相关读者深刻理解与体会该领域人工智能应用情况，激发读者对自己所从事领域的工作如何与人工智能更好地结合产生更多思考和火花；第三部分（第10~16章）针对各行业读者对本领域人工智能基本应用开发流程、方式有进一步了解的需求，在6个典型领域分别挑选了一个完整的经典人工智能应用实现案例，进行了简洁、全步骤的完整介绍，供在本行业领域有一定人工智能应用开发需求的读者学习使用。

本书是由国家"双高校"南京信息职业技术学院与新华三技术有限公司联合编写

的校企合作教材。南京信息职业技术学院为人工智能技术应用专业国家专业目录新增牵头单位、专业标准制定主要参与单位，多年来与新华三技术有限公司面向人工智能技术应用专业开展了紧密的校企合作，其首批联合培养的新华三人工智能特色班已于2021年毕业，受到广大用人单位好评。全书由南京信息职业技术学院何淼、顾海花、杜璐担任主编，张玲、张泽、朱怡文迪、陈晓琳担任副主编，杨前华、史律、章春梅、赵磊、陈永波、樊立强参与编写。具体编写分工：何淼负责全书的架构设计和主体内容安排以及第4、5、6、7章的编写，顾海花负责第1、2、3章的编写，杜璐负责第12、13、16章的编写，张玲负责第10、11章的编写，张泽负责第8、9章的编写，朱怡文迪负责第14章的编写，陈晓琳负责第15章的编写，史律和章春梅在编写过程中也给予了极大的帮助。杨前华对全书进行了审读。全书所选各行业典型的人工智能应用案例基本来自新华三技术有限公司人工智能开发团队实际生产研发环节，本书在编写过程中还得到了赵磊、陈永波、樊立强等工程师提供的模型测试、数据集交付等技术支持，在此向新华三技术有限公司表示诚挚的谢意！同时，也向为本书撰写给出宝贵修改意见的江苏省教学名师杜庆波教授、人工智能专业群学术带头人聂明教授、杨前华副教授及各专业分院领导表示衷心感谢！

由于编者水平有限，书中难免存在不足或疏漏之处，恳请广大读者提出宝贵意见和建议。

编　者
2023 年 10 月

目　录

第一部分　人工智能应用生态概述

第二部分　人工智能在产业中的应用

第三部分 人工智能应用实战入门

第一部分

人工智能应用生态概述

第 1 章 人工智能技术概述

1.1 人工智能的基本概念

人工智能 (Artificial Intelligence，AI) 的产生和发展源于人类对智能的探索，同时得益于计算机技术的进步。如今，AI 已经成为一门融合多学科研究领域的技术科学，对 AI 的研究尝试将 AI 技术与其他领域相结合，为解决现实世界中的复杂问题提供新的思路和方法。AI 的迅速发展已经对各行各业产生了深远影响，进一步推动了社会进步和经济增长。

1.1.1 人工智能的含义

人工智能是研究、开发用于模拟、延伸和扩展人类智能的理论、方法、技术及应用系统的一门技术科学，其本质是对人类意识与思维信息过程的模拟。人工智能综合了计算机科学、生理学、哲学等学科，是利用计算机模拟人类智能行为科学的统称。人工智能与人类拥有的自然智

人工智能的含义

能形成对比，是用机器展示智能的一种机器智能，可以模仿人类"听到""看见""学习""解决问题"等认知功能。

自从 1956 年达特茅斯会议首次提出"人工智能"概念以来，经过学者们 60 多年的持续研究，其含义也在不断地丰富和发展。起初人们对人工智能的概念并不是很明确，无法确定究竟什么样的机器才能判断为具备了人类的智能。艾伦·图灵提出了一个方法用于解决上面的问题，这就是著名的"图灵测试"，如图 1-1 所示。该测试认为被测试者 (机器) 和测试者 (人) 在隔开的条件下进行沟通交流，如果测试者中超过 30% 的人相信与自己沟通的是人，那么这台机器就通过了测试，即认为这台机器具有了"智能"。

通常情况下，学者们将人工智能研究划分为两大类别：强人工智能和弱人工智能。强人工智能通常指具有自我意识的机

图 1-1 图灵测试

器，能够像人类一样在遇到问题时进行判断和决策。然而，目前看来，这仍然是一种理想化的设想，实现起来具有极大的挑战，仅在某些科幻电影中才能看到。现阶段，学者们主要关注弱人工智能领域的研究与讨论。

从严格意义上讲，弱人工智能并没有真正的智能，因为它缺乏主观思维意识。但是，它仍然能够模仿人类的某些特定能力来执行相应任务。这种类型的人工智能在现实生活中已经取得了很多进展，为我们的日常生活带来了诸多便利。

1.1.2　人工智能在生活以及生产中的应用

人工智能技术应用广泛，与诞生之初相比已经变得不再神秘，现今在日常生活和生产中随处都能见到人工智能的影子，人工智能已经融入我们生产生活的方方面面。下面我们就一起了解一下有哪些日常场景使用到了人工智能技术。

人工智能在生活以及
生产中的应用

1. 语音助手

语音助手是一款智能手机应用，通过即时问答的智能交互方式，帮助用户解决生活中的问题。2018 年，在华为 Mate 20 系列首次发布时，华为就将自家的 AI 语音助手正式命名为小艺。小艺具有启动应用服务的语音功能以及通过对话获取信息和发布指令的能力，如图 1-2 所示。

图 1-2　华为智慧语音助手小艺

实际上，语音助手的发展是语音人工智能技术在商业领域的应用。这种技术为人们与手机或其他大屏设备的交互提供了一种创新方式，即语音交互。这种交互方式突破了按键和触控等传统方式的局限，让人们只需简单地说出几句话，就能实现播放音乐、设定闹钟、拨打电话等操作，极大地方便了老人和儿童的交互体验。

2. 指纹识别

指纹识别技术是一种利用人类指纹进行身份鉴别和确认的方法。指纹具有极高的稳定性和独特性，迄今为止，尚未发现两个完全相同的指纹。随着技术的不断进步，作为一种传统且成熟的生物识别手段，指纹识别在各种应用场景中得到了广泛应用。其中，最为人们熟悉的应用场景便是手机的指纹解锁功能，如图 1-3 所示。用户只需轻轻触摸屏幕，即

图 1-3　手机指纹解锁

可迅速解锁手机，极大地提高了解锁效率。

除此之外，指纹识别技术还被应用于住宅门禁系统、企业考勤管理、安全防盗等领域，展现出广泛的实用性和可靠性。

3. 人脸识别

人脸识别技术是一种基于人脸特征信息进行身份鉴别的生物识别方法。该技术通过摄像头采集含有人脸的图像或视频流，自动检测并跟踪图像中的人脸，并对其进行识别。人脸识别技术通常也被称为人像识别或面部识别，如图1-4所示。

图1-4　人脸识别系统

在日常生活中，人脸识别技术得到了广泛应用。例如，在乘坐飞机或高铁前，我们会使用身份识别系统进行安全检查；在无人零售商店，我们可以通过刷脸支付购买商品；当公司员工上下班时，门禁系统可以准确记录员工的出入时间；公安部门还能使用安防监控系统，借助人脸识别技术追踪和定位犯罪分子。这些应用场景展示了人脸识别技术在现代生活中的重要作用。

4. 智能家居

智能家居是以住宅为平台，利用物联网技术、软件系统和云计算平台构建的家居生态系统，通过收集和分析用户行为数据，为用户提供个性化服务。如图1-5所示。智能家居主要包括智能家居系统、智能单品和智能设备。智能家居系统通过核心网关来控制所有智能家居产品；智能单品指的是单个具有智能化功能的产品，通常可以利用手机的应用程序对其进行智能化的设置，如智能台灯、智能温度计等；智能设备通常指较大型的智能产品，其在原有完整成熟的产业链基础上进行了智能化的升级，如智能冰箱、智能空调等。

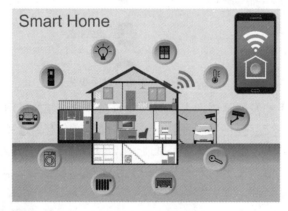

图1-5　智能家居

5. 无人零售

无人零售作为无人值守服务中的一种，主要是指无人情形下进行的一种零售消费行为。无人零售是基于人工智能技术实现的一种无导购、无收银的新零售模式。缤果盒子是全球第一家可规模化复制的24小时无人值守便利店，这个面积约16平方米的小盒子一亮相就吸引了大家的目光，实现了无人售货、开放货架、自助购物、24小时营业等多个功能。

在缤果盒子便利店购物颠覆了传统的购物模式，全程实现了无人化操作，用户只需要通过扫码开门、选购商品、放置商品到收银台、扫码付款、取走商品、开门离开等几个简单的步骤即可实现商品采购流程。缤果盒子无人便利店外观如图1-6所示。

图1-6　缤果盒子无人便利店

6. 智慧教育

智慧教育就是教师和学生不再局限于传统的教室和课堂，而是采用更灵活多样化的教学模式和方法，如图1-7所示。在课前，教师可以通过知识图谱选择课件、素材备课，学生可以进行预习；在课中，教师可以使用各种数字化工具，如在线讨论、抢答系统，加强师生间的实时互动，促进学生积极参与并激发学生的学习热情；在课后，教师可以根据学生情况智能组卷，个性化分配题目，并进行智能批改。智慧教育能够整合各类教育资源，以高效便捷的方式适应不断增多的数字化时代学习者，改变传统教学模式。

图1-7　智慧教育课堂

7. 自动驾驶

自动驾驶，也称为无人驾驶或轮式移动机器人，是依赖计算机和人工智能技术在无人操控情况下实现完整、安全、有效驾驶的一项前沿科技。百度无人驾驶是由中国互联网巨头百度公司开发的自动驾驶汽车技术，该技术涵盖了自动驾驶汽车的硬件和软件系统，旨在提高交通安全性和效率，优化城市交通系统，并为用户提供更加便捷、高效和舒适的出行体验。百度 2013 年开始布局自动驾驶，2017 年推出全球首个自动驾驶开放平台 Apollo，如图 1-8 所示。十年深耕，目前百度 Apollo 已经在自动驾驶、智能汽车等领域拥有业内领先的解决方案，持续领跑全球的无人驾驶。

图 1-8　百度 Apollo 汽车机器人

8. 服务机器人

当前，服务机器人行业正逐步聚焦于技术层面的人性化研究，如图 1-9 所示。服务机器人的语音交互、智能问答与自然交流是研究的重点。例如，当用户向机器人提问时，机器人需快速、准确地识别问题，并以流畅的交流方式作出回应。在此过程中，交流的流畅度、识别度等方面的要求愈发严格。

此外，服务机器人也将逐渐家庭化。随着信息技术的高速发展以及生活和工作节奏的不断加快，人们需要从繁琐的家务劳动中解脱出来。与此同时，人口老龄化问题日益严重，越来越多的老年人需要得到照顾，这使得社会保障和服务的需求变得日益迫切。

因此，我们会发现越来越多的机器人能够与人类自然地沟通和交流，它们将大量出现在人们的生活和家庭中，并逐渐成为人们生活中不可或缺的一部分。

图 1-9　服务机器人

9. 智能诊疗

智能诊疗将人工智能技术应用于疾病诊疗中——计算机可以帮助医生进行病理、体检报告等的统计，通过大数据和深度挖掘等技术，对病人的医疗数据进行分析和挖掘，自动识别病人的临床变量和指标。计算机通过"学习"相关的专业知识，模拟医生的思维和诊断推理，从而给出可靠诊断和治疗方案，如图 1-10 所示。智能诊疗是人工智能在医疗领域最重要、也是最核心的应用场景。

图 1-10 智能诊疗系统示意图

1.1.3 人工智能技术的发展历程及历史意义

人工智能技术的发展
历程及历史意义

1. 人工智能的发展历程

人工智能诞生于 1956 年召开的达特茅斯十人研讨会，至今已有 60 多年的发展历史，其间经历了各种起伏和坎坷。

人工智能的发展主要经历了三个阶段：第一阶段为 20 世纪 50～60 年代，在此期间提出了人工智能的概念，重点关注基于逻辑推理的机器翻译，以命题逻辑、谓词逻辑等知识表示和启发式搜索算法为代表；第二阶段为 20 世纪 70～80 年代，专家系统应运而生，人工神经网络算法研究迅速发展，随着半导体技术和计算机硬件能力的逐步提升，人工智能逐渐取得突破，同时分布式网络也降低了人工智能的计算成本；第三阶段自 20 世纪末开始，特别是从 2006 年以来，人工智能进入了强调数据和自主学习的认知智能时代。尤其在深度学习被提出后，随着移动互联网的发展，人工智能应用场景不断扩展，深度学习算法在语音和视觉识别方面实现突破，同时人工智能商业化加速发展。

2. 人工智能的历史意义

人工智能的历史意义在于它的起源和发展对科学技术、社会经济乃至整个世界的深远影响。人工智能的发展推动了人类社会的工业革命。第一次工业革命是 18 世纪 60 年代至 19 世纪中期，通过水力和蒸汽机实现了工厂机械化。第二次工业革命是 19 世纪后半期至 20 世纪初，电力得到了广泛应用。前两次工业革命都极大地推动了人类社会的生产力发展，使商品经济取代自然经济，手工作坊转变为大型机械生产工厂，实现了生产力的巨大飞跃。第三次工业革命发生在 20 世纪后半期，以可编程逻辑控制器 (PLC) 为基础的生产工艺自动化成为人类文明史上继蒸汽技术革命和电力技术革命之后科技领域里的又一次重大飞跃。

以深度学习等关键技术为核心，以云计算、大数据和计算能力为基础的人工智能技术，在拥有了 60 年的发展历程后于 2016 年迎来爆发式发展，为产业界各领域带来突破性创新。毫无疑问，人工智能作为新时代的科技生产力，必将给各行各业带来翻天覆地的变化，使人类迎来全新的智能化时代，如图 1-11 所示。

工业1.0 蒸汽->机械化	工业2.0 电力->规模化	工业3.0 信息化->自动化	工业4.0 物联网->智慧化
蒸汽机促进了机械化生产，掀起了第一次工业革命	电力应用，劳动分工和批量生产的实现，拉开第二次工业革命的大幕	进一步实现了生产自动化的电子和IT系统，开创了第三次工业革命	信息物理系统将引发第四次工业革命

1800   1900   2000   时间/年

图 1-11   工业革命发展史

1.2 人工智能技术的实现

人工智能
常用术语

1.2.1 人工智能常用术语

如今，人工智能已崛起并成为一门专业的学科领域，涉及众多专业术语。随着技术的持续进步，全面掌握这些术语变得越来越具有挑战性。为此，本书汇总了部分常用的人工智能术语，以供初学者了解。

1. 人工智能常识概念和术语介绍

人工智能常识概念和术语如表 1-1 所示。

表 1-1   人工智能常识概念和术语

术　语	解　释
人工智能 (AI，Artificial Intelligence)	机器能够做出决策并执行模拟人类智能和行为的任务
机器智能 (MI，Machine Intelligence)	研究如何提高机器应用的智能水平，把机器变得更聪明。这里，"机器"主要指计算机、自动化装置、通信设备等
机器学习 (ML，Machine Learning)	人工智能的一个方面，专注于算法，允许机器学习而不需要编程，并在暴露于新数据时进行更改
深度学习 (DL，Deep Learning)	机器通过由级联信息层组成的人工神经网络自主模仿人类思维模式的能力
人工神经网络 (ANN，Artificial Neural Network)	一种学习模型，可以像人脑一样工作，解决传统计算机系统难以解决的任务
卷积神经网络 (CNN，Convolutional Neural Networks)	一类包含卷积计算且具有深度结构的前馈神经网络，主要用于识别和理解图像

2. 人工智能主流领域术语介绍

人工智能主流领域术语介绍如表 1-2 所示。

表 1-2　人工智能主流领域术语

术　语	解　释
计算机视觉 (CV，Computer Vision)	用计算机实现人的视觉功能，即对客观世界的三维场景的感知、识别和理解的技术
自然语言处理 (NLP，Natural Language Processing)	使计算机能够像人类一样理解、处理和生成语言的技术
语音识别 (VC，Voice Recognition)	让机器通过识别和理解过程把语音信号转变为相应的文本或命令的技术
知识图谱 (KG，Knowledge Graph)	显示知识发展进程与结构关系的一系列各种不同的图形，用可视化技术描述知识资源及其载体，挖掘、分析、构建、绘制和显示知识及它们之间的相互联系
数据挖掘 (DM，Data Mining)	从大量的数据中通过算法搜索隐藏于其中的信息的过程
数字图像处理 (DIP，Digital Image Processing)	用计算机对图像信息进行处理的技术，主要包括图像数字化、图像增强和复原、图像数据编码、图像分割和图像识别等
专家系统 (ES，Expert System)	用计算机去模拟、延伸和扩展专家的智能，基于专家的知识和经验，可以求解专业性问题的、具有人工智能的计算机应用系统
计算机博弈 (CG，Computer Game)	是机器智能、兵棋推演、智能决策系统等人工智能领域的重要科研基础，也是人工智能的重要研究方向

3. 人工智能常用算法和框架术语介绍

人工智能常用算法和框架术语介绍如表 1-3 所示。

表 1-3　人工智能常用算法和框架术语

术　语	解　释
分类 (Classification)	分类算法让机器根据训练数据为数据点分配类别
聚类 (Clustering)	聚类算法允许机器将数据点或项目分组到具有相似特征的组中
回归 (Regression)	在已有数据的基础上学会一个回归函数或者构造出一个回归模型，该函数或模型可以把测试的数据映射为某个给定的值，从而预测连续的数据
TensorFlow	谷歌开源的深度学习框架，由于其良好的架构、分布式架构支持以及简单易用，自开源以来就得到广泛的关注
PyTorch	Torch 的 Python 版本，是由 Facebook 开源的神经网络框架，专门针对 GPU 加速的深度神经网络 (DNN) 编程
PaddlePaddle	中文名为飞桨，是百度自主研发的集深度学习核心框架、工具组件和服务平台为一体的技术领先、功能完备的开源深度学习平台

1.2.2 人工智能主流学派

人工智能
主流学派

在人工智能技术的发展过程中，由于学者们学科背景的差异，他们对人工智能技术的理解角度也各不相同。因此，人工智能技术诞生了不同的学术流派。其中，对人工智能影响最为深远的有符号主义、连接主义和行为主义三大学派。

1. 符号主义

符号主义，又称逻辑主义、心理学派或计算机学派，是一种基于逻辑推理的智能模拟方法。该学派认为人工智能源于数学逻辑，其原理主要为物理符号系统（即符号操作系统）假设和有限合理性原理。

该学派主张人类认知和思维的基本单元是符号，智能是符号的表征和运算过程，计算机也是一个物理符号系统。因此，符号主义主张将智能形式化为符号、知识、规则和算法，并用计算机实现符号、知识、规则和算法的表征和计算，从而实现用计算机来模拟人的智能行为。

符号主义的首个代表性成果是启发式程序 LT(逻辑理论家)，该程序成功证明了 38 条数学定理，表明可以应用计算机研究人的思维过程，模拟人类智能活动。此后，符号主义走过了一条启发式算法、专家系统和知识工程的发展道路。

1997 年 5 月，IBM 的超级计算机"深蓝"击败了国际象棋世界冠军卡斯帕罗夫，见图 1-12。这一事件在当时轰动世界。实际上，"深蓝"的背后就是符号主义在博弈领域的成功应用。

图 1-12　IBM "深蓝"计算机击败国际象棋世界冠军卡斯帕罗夫

2. 连接主义

连接主义，也称为仿生学派或生理学派，是一种基于神经网络以及网络间连接机制和学习算法的智能模拟方法。连接主义强调智能活动是由大量简单单元通过复杂连接后，并行运行所产生的结果。其基本思想是，既然生物智能源于神经网络，那么就可以通过人工方式构建神经网络，并对人工神经网络进行训练以产生智能。

1943 年，麦卡洛克 (McCulloch) 和皮茨 (Pitts) 为单个神经元建立了第一个数学模型 (M-P 模型)，从此开启了连接主义学派的发展之路。与符号主义学派强调模拟人类逻辑推理的能力不同，连接主义学派着重于模拟人类大脑的结构和功能。神经网络模型模拟大脑的结构和机制，而连接主义的各种机器学习方法则模拟大脑的学习和训练机制。学习和训练需要内容，而数据正是机器学习和训练的基础。

尤其是在深度学习理论取得一系列突破之后，人类进入了互联网和大数据时代。互联网产生了海量的数据，包括行为数据、图像数据和文本数据等，这些数据为智能推荐、图像处理和自然语言处理技术的发展作出了重要贡献。2016 年，谷歌旗下的 DeepMind 公司开发的 AlphaGo 击败了围棋世界冠军李世石，见图 1-13，成为人工智能重新崛起的标志性事件。

图 1-13　AlphaGo 击败围棋世界冠军李世石

近年来，连接主义学派在人工智能领域取得了显著成就，以至于当今业界领袖所讨论的人工智能基本上都是指连接主义学派的技术。

3. 行为主义

行为主义，又称进化主义或控制论学派，是一种基于"感知 - 行动"的行为智能模拟方法，其思想来源于进化论和控制论。该学派的原理包括控制论以及感知 - 动作型控制系统。

行为主义学派认为智能依赖于感知和行为，取决于对复杂外部环境的适应，而非表示和推理。不同的行为表现出不同的功能和控制结构。生物智能是自然进化的结果，生物通过与环境和其他生物之间的相互作用逐渐发展出更强大的智能，人工智能也可以沿着这个路径发展。

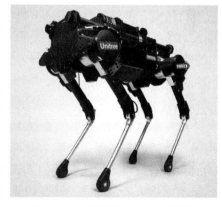

该学派的代表作品之一是六足行走机器人，它被视为新一代"控制论动物"，是一个基于感知 - 动作模式模拟昆虫行为的控制系统。在这个领域，国内的宇树科技公司研发的四足机器狗 Laikago 见图 1-14，能完成许多惊艳动作。根据网络上的视频，Laikago 可以实现爬斜坡、穿越石板路等场景，即使在被测试人员用脚踢时，仍然保持了良好的平衡性和稳定性。

图 1-14　宇树科技 Laikago 机器人

1.2.3　人工智能技术的优势以及局限性

人工智能目前已在许多领域取代人类完成大量工作,拥有诸多优点,尤其擅长大规模数据的计算、分类等。然而,人工智能在很多领域仍无法完全替代人类,并暴露出一定的局限性。

人工智能技术的
优势以及局限性

1. 人工智能的优势

人工智能对人的思维模式进行模仿,能够实现人的智能功能,更能超越人的智能,在计算速度和精度、应用广泛度上已经远远超越了人类。同时人工智能处理数据的速度和精度也要高于人类,人工智能能够从数据中学习,其运算速度也是人类无法比拟的,下面是人工智能的具体优势。

(1) 提高重复性事务的处理效率。

在日常工作中,我们会执行许多重复任务,如发送感谢邮件、验证文档错误等。使用人工智能技术,我们可以有效地自动完成这些平凡的任务。在银行中,贷款申请过程通常涉及大量文件的核对,这对银行从业者来说是一项繁琐且重复的任务。为提高办理效率,银行可以采用自动化文档审核来加快客户认证过程。

(2) 降低人为粗心导致的出错。

人类时常犯错。然而,如果编程正确,计算机就不会犯这些错误。在人工智能模型中,决策都是根据先前收集的信息和特定算法得出的,从而能减少错误,提高精度和准确度。例如在天气预报中,使用历史数据结合人工智能算法预报的结果往往比传统方法具备更高的可信度,因为这样做减少了大部分人为的错误。

(3) 降低人力资源成本。

一些高度发达的组织使用数字助理与用户交互,从而节省了人力资源。数字助理也被用于许多网站,为用户提供所需信息。例如在日常生活中我们购买的家电、汽车等都需要售后支持团队,通常这些制造商都会有人工客服电话以便随时解决客户在使用产品过程中遇到的问题。利用人工智能技术,商家还可以建立语音机器人或聊天机器人来帮助客户查询信息,使用户获得更好的售后服务体验。

(4) 更加精准快速的决策水准。

人工智能技术使机器比人类更快做出决策,并快速执行行动。在做决定的时候,人类会从情感上和实践上分析很多因素,但是人工智能机器会按照程序来工作,并以更快的方式交付结果。例如我们和电脑下棋的场景,由于游戏背后人工智能程序算法的加持,在单纯人力条件下想击败电脑几乎是不可能的,因为人工智能程序会根据其使用的算法,在很短的时间内采取可能的最佳步骤。

2. 人工智能的局限性

(1) 实用性欠缺。

机器学习革命立足于三大支柱:升级的算法、更强大的计算能力和随着社会数字化发展而产生的海量可学习数据。然而,数据并非总是现成可用。即使数据确实存在,也可能潜藏一些假设,导致粗心的人误入歧途。最新的人工智能系统对计算能力的需求增加了技术应用成本。当然,这些因素不一定会削弱人工智能的潜力,但可能会延缓其应用速度。

(2) 认知能力不足。

这与算法本身密切相关。机器学习通过大量示例来训练软件模型，由此生成的系统可以完成一些任务，如图像或语音识别，比手动编写的传统程序可靠得多，但它们并非像多数人所理解的那样"智能"。它们只是强大的模式识别工具，缺乏人类大脑所拥有的许多认知能力。这使得它们有时更像是"人造白痴"，虽然可以出色地完成有边界的任务，但是如果遇到意想不到的输入时，可能就会把事情搞砸。

1.3　人工智能技术的现状以及未来

人工智能的
发展现状

1.3.1　人工智能的发展现状

目前，全球人工智能产业的生态系统正逐步成型。依据产业链上下游关系，可以将人工智能划分为上游基础层、中间技术层和下游应用层，如图 1-15 所示。

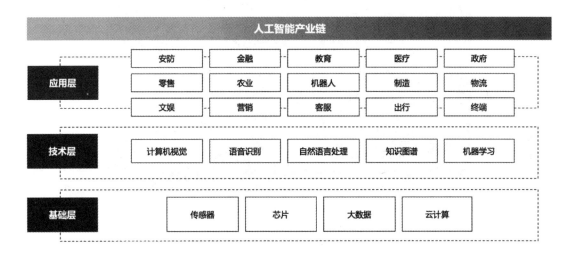

图 1-15　人工智能产业链结构图

基础层是人工智能产业的基础，主要提供硬件设施（芯片和传感器）、云计算、大数据等。硬件主要是为人工智能应用提供强大的算力支撑，包括计算资源如 GPU、FPGA、AISC 等加速芯片，存储资源以及各种传感器件；云计算为人工智能提供了算力支撑；大数据为当前的人工智能技术提供了充足的数据支持。

技术层是人工智能产业的核心，以模拟人的智能相关特征为出发点，将基础能力转化成人工智能技术，如计算机视觉、语音识别、自然语言处理等应用算法研发。在每个研究领域中，又有很多细分的技术研究方向。技术层是目前整个人工智能产业中最核心的部分，这些技术直接决定了行业应用落地的效果。

应用层是人工智能产业的延伸。人工智能技术与行业深度结合，并将技术应用到具体行业，涵盖制造、教育、金融、医疗等多个领域，未来将会拓展到更多的领域。

1.3.2　人工智能的未来趋势

人工智能的
未来趋势

如今，人工智能已经广泛应用于诸多领域，随着技术的不断发展，未来人工智能将为人类带来更多便利和高效的服务，惠及千家万户以及各行各业。让我们共同展望人工智能未来所能带来的体验。

1. 无人驾驶

想象一下，未来的无人驾驶车辆将不仅仅局限于实现自动驾驶和解放司机，更将彻底地颠覆人们的出行方式，如图 1-16 所示。未来，我们可以摒弃驾驶证，安心地将出行服务托付给人工智能。在行程前，通过智能终端发送出行需求，便会有相应的解决方案为我们安排合适的无人驾驶汽车。在行驶途中，我们可以购物、办公、娱乐和社交。未来的智能交通将使我们在出行过程中感受不到任何压力，而是一种自然、轻松的生活状态。

图 1-16　无人驾驶概念图

2. 智慧城市

未来的智慧城市将深度整合人类与自然，实现和谐共生。例如，绿色基础设施和生态建筑将在城市规划中占据重要地位，以减少能源消耗、降低碳排放，并提高城市的生态环境质量。此外，智能交通系统将优化道路网络、提高公共交通效率，并通过共享出行等方式减轻交通拥堵和污染。

在一个充满智能科技的未来城市中，公共服务也将得到前所未有的改进。例如，智能医疗系统可以在疾病暴发初期及时发出预警，使城市能够迅速采取有效措施阻止疫情扩散。同时，教育资源的优化配置也将通过在线教育平台，为所有人提供高质量、个性化的学习体验。

未来的智慧城市将通过在各个角落植入先进设备，使城市成为一个充满生命力的有机体。在这个愿景下，城市与人类和大自然将融为一体，共同构建一个更美好、可持续的未来，如图 1-17 所示。

图 1-17　智慧城市概念图

1.3.3　全球各国人工智能发展战略

随着人工智能 (AI) 技术的快速发展，全球各国纷纷制定了自己的 AI 发展战略，以争夺在未来经济和科技竞争中的制高点。目前，在全球范围内，中美两国无疑进入了人工智能的第一梯队，而英法等欧洲发达国家以及日本则依托其天然产业优势地位，形成了第二梯队。在顶层设计上，多数国家高度重视人工智能战略布局，并将人工智能上升至国家战略高度，从政策、资本、需求三大方面为人工智能的实现提供全方位保障。

1. 中国发展战略

以习近平新时代中国特色社会主义思想为指导，中国高度重视人工智能发展，加强顶层设计和人才培养，努力在全球人工智能竞争中占得先机。

2015 年 5 月，国务院印发《中国制造 2025》，明确了 9 项战略任务与重点，提出 8 个方面的战略支撑与保障，目标是促进中国从制造大国向制造强国转变。

2016 年 3 月，"人工智能"一词被正式写入国家"十三五"规划纲要。同年 5 月，国家发改委等部门发布了《"互联网 +"人工智能三年行动实施方案》，提出到 2018 年的发展目标。2016 年 8 月，国务院颁布《"十三五"国家科技创新规划》，明确将人工智能作为发展新一代信息技术的主要方向。

2017 年 3 月，"人工智能"首次被写入政府工作报告。同年 7 月，国务院印发《新一代人工智能发展规划》，该规划包含了研发、工业化、人才发展、教育和职业培训、标准制定和法规、道德规范与安全等方面，并确立了"三步走"的战略目标：

第一步，到 2020 年人工智能总体技术和应用与世界先进水平同步，人工智能产业成为新的重要经济增长点，人工智能技术应用成为改善民生的新途径，有力支撑进入创新型国家行列和实现全面建成小康社会的奋斗目标。

第二步，到 2025 年人工智能基础理论实现重大突破，部分技术与应用达到世界领先水平，人工智能成为带动我国产业升级和经济转型的主要动力，智能社会建设取得积极进展。

第三步，到 2030 年人工智能理论、技术与应用总体达到世界领先水平，成为世界主要人工智能创新中心，智能经济、智能社会取得明显成效，为跻身创新型国家前列和经济强国奠定重要基础。

中国是全球 AI 发展的重要力量，近年来取得了显著成果，在 AI 基础研究、核心技术攻关以及产业应用等方面都取得了重要突破，涌现出了一批具有国际竞争力的 AI 企业，如阿里巴巴、腾讯、百度等。

2. 美国发展战略

2016 年以来，美国持续加大了对人工智能的战略关注与支持，不断升级人工智能的国家战略版本。2016 年，美国发布《为人工智能的未来做好准备》报告，强调对人工智能加强治理，阐述人工智能引发的机遇，确保人工智能应用公正、安全和可控。

2019 年，美国总统特朗普签署《维护美国人工智能领导力的行政命令》，目的是保持美国在人工智能领域的全球领导力，其要点包括推动人工智能技术突破，联合政产学，建立人工智能技术优势，促进科学发现、经济竞争力和国家安全，促进技术成果转化。

3. 欧盟发展战略

2018 年 4 月，欧盟委员会发布政策文件《欧盟人工智能》，该报告提出欧盟将采取三管齐下的方式推动欧洲人工智能的发展。2018 年 12 月，欧盟委员会及其成员国发布主题为"人工智能欧洲造"的《人工智能协调计划》。这项计划除明确人工智能的核心倡议外，还包括具体的项目，涉及高效电子系统和电子元器件的开发，以及人工智能应用的专用芯片、量子技术和人脑映射领域。

日本、韩国、加拿大、新加坡、印度等国家和地区也纷纷制定了自己的 AI 发展战略，以争夺未来科技与经济竞争的制高点。虽然各国的具体目标和政策措施可能存在差异，但他们普遍关注 AI 基础研究、核心技术攻关、人才培养和国际合作等问题。这些战略反映了各国对 AI 技术发展前景的高度重视，预示着未来全球 AI 竞争将更加激烈。在这一过程中，各国需要加强国际合作，共同推进 AI 技术的发展，为全球经济增长和社会进步作出贡献。

本 章 小 结

本章全面探讨了人工智能的基本概念，深入阐述了人工智能的含义，介绍了人工智能在生产和生活中的广泛应用，回顾了人工智能的发展历程，分析了人工智能的历史意义及其在科技进步和人类社会中的重要地位，详细介绍了人工智能技术的常用术语、主流学派、优势与局限性，探讨了人工智能技术的发展现状和未来趋势，展望了人工智能在各个领域中的潜力和所面临的挑战。

课程思政

要注意的是，人工智能的发展应始终坚持以人民为中心的发展思想。人工智能技术在创新与发展过程中，要始终关注人的全面发展和全体人民的福祉，以实现全人类共同发展为目标，为构建人类命运共同体作出贡献。

在人工智能技术的发展过程中，我们要牢固树立社会主义核心价值观，强化技术伦理观念，确保科技成果服务于社会主义事业，为人类文明的进步和社会发展贡献力量。通过本章的学习，希望同学们能够对人工智能的全貌有一个基本的认识和了解，并为进一步学习相关知识和技术奠定坚实的基础。在未来的学习中，同学们能够运用所学知识解决实际问题，为人类社会的发展贡献自己的力量，为实现中华民族伟大复兴的中国梦而努力奋斗。

思 考 题

1. 简述人工智能的内涵。
2. 列举身边典型的人工智能应用场景。
3. 列举人工智能的主流学派。
4. 目前人工智能的产业生态主要包含哪几层结构？

第 2 章　人工智能产业生态

人工智能生态系统主要由大型互联网公司和专注于 AI 的创新公司构成。从产业链角度划分，AI 领域主要涵盖芯片和硬件、AI 基础服务与算法框架、技术研发层面及实际应用层面。一项最新研究揭示，为了充分挖掘人工智能的巨大潜力，必须由工业界与政府部门共同推动"AI 生态系统"的完善和发展。

当前，中国的人工智能正经历从局部应用到全领域融合的转型。尽管众多研究者和机构深陷于 AI 的技术研究与创新之中，但能真正认识到构建完整 AI 生态系统重要性的企业仍然较少。事实上，一个健康的 AI 生态系统是决定 AI 能否有效赋能各行各业的核心要素。值得强调的是，打造一个强大的 AI 生态系统不是某一企业的单兵作战，而是需要跨企业的协同合作，并结合业界先锋开发者与专家的共同努力，方能取得突破。

2.1　人工智能四要素

算法、计算力、数据和应用场景是构成人工智能技术核心的关键要素，如图 2-1 所示。它们相互作用和影响，共同推动人工智能技术的发展和应用。

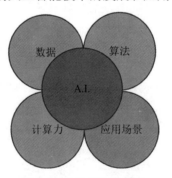

人工智能四要素

图 2-1　人工智能四要素

算法：算法是人工智能的智能核心。算法是指在处理数据时执行的一系列指令和规则。不同的算法用于不同的任务，如分类、回归、聚类、图像识别、自然语言处理等。随着人工智能领域的发展，各种机器学习和深度学习算法都得到了广泛应用，它们能够从数据中提取模式和特征，从而实现自主学习和适应。

计算力：计算力是支撑人工智能技术发展的重要基础。随着算法的复杂性增加，训练深度神经网络等任务需要大量的计算资源和处理能力。图形处理单元 (GPU) 和专用的人工智能芯片 (如 TPU) 的出现提高了计算效率,云计算平台也为人工智能的研究和应用提供了强大的计算基础设施。

数据:数据是人工智能的基础和灵魂。人工智能系统需要大量的数据来进行训练、学习和优化。这些数据可以是结构化的,如数据库中的表格数据,也可以是非结构化的,如文本、图像、音频和视频等。高质量、多样性和大规模的数据集可以提供更准确和通用的模型,从而使人工智能系统能够在不同场景中产生更好的效果。

应用场景:应用场景是人工智能技术落地的体现。将算法、计算力和数据应用于实际问题中,可以创造出各种智能化解决方案,改进现有流程,提高效率,甚至创造新的商业模式。人工智能的应用场景范围涵盖医疗、金融、制造、交通、农业、教育等各个领域。

2.1.1　人工智能算法

算法 (Algorithm) 最早来源于公元 9 世纪著名的《波斯教科书》的作者数学家阿科瓦里茨米 (Al-Khowarizmi) 的名字,具体是指解题方案的准确而完整的描述,是一系列解决问题的清晰指令,算法代表着用系统的方法描述解决问题的策略机制。人工智能算法在本质上亦属于该范畴,是为了解决人工智能领域的一个特定问题或者达成一个明确的结果而采取的一系列步骤和方法。

人工智能算法不同于人工智能本身,却是人工智能最重要的组成部分。在人工智能系统中,对采集数据的解释、信息的处理以及数字模型的知识推理等过程都是人工智能算法作用的过程。人工智能作为一门科学学科,包括多种方法和技术,如机器学习、机器推理等,而机器学习和机器推理即为人工智能算法的重要组成部分。广义上机器学习一般包括机器推理,而现在广受关注的深度学习也属于机器学习中的一种。

1. 人工智能算法特点

人工智能算法作为当前技术发展的一个重要方向,具有其独特的特点和挑战,简要概括为如下几点:

(1) 复杂性。随着技术的发展,人工智能算法模型变得越来越复杂,包含数百万个神经元和多层结构。这种复杂性不仅体现在算法的结构上,还体现在其动态变化的过程中,即算法规则可以根据不同的数据模式进行调整,同一个问题在不同时间点可能会有不同的输出结果。

(2) 类人性。人工智能算法试图模仿人脑的思维过程,以完成分类、排序和决策等功能,这使得人工智能可以在某些任务上替代人类,例如自动驾驶、医疗手术机器和其他智能机器人等领域。

(3) 危险性。虽然人工智能算法在许多领域显示出强大的能力,但其也存在风险。算法的错误可能带来严重的后果,比如在自动驾驶中的一个失误可能导致生命安全问题。因此,确保算法的可靠性和安全性是非常重要的。

(4) 不透明性。人工智能算法的"黑箱"特性意味着其决策过程往往难以解释。这对于需要高度透明和可解释性的领域 (如医疗和法律) 来说是一个重大挑战。因此,提升算法的透明度和可解释性是当前研究的一个重要方向。

综上所述，人工智能算法的发展确实为社会带来了便利，但同时也存在一定的风险和挑战。因此，我们需要合理、谨慎地使用和管理人工智能算法，确保其真正为人类所用，造福于社会和人类。

2. 人工智能算法的分类

人工智能学习算法大致可分为有监督学习、无监督学习和强化学习，如图 2-2 所示。

图 2-2　人工智能学习算法

有监督学习是指通过不断训练模型从人类已有经验中学习规律的一种学习方法。这种学习方法的核心是使用标记数据来训练模型。标记数据意味着每个数据点都有一个对应的输出标签，模型通过学习这些标签和对应的数据特征来预测新的、未见过的数据的标签。有监督学习的目标是提高模型在样本外的预测准确性。常用的有监督学习算法包括线性回归、逻辑回归、支持向量机、朴素贝叶斯、决策树、神经网络等。

无监督学习是指通过训练模型，使机器能直接从已有数据中提取特征，对信息进行压缩，用于完成其他任务。与有监督学习不同，无监督学习不使用标记数据。相反，它试图从无标签的数据中找出潜在的结构或模式。无监督学习的典型例子是聚类，目的在于把相似的东西聚在一起，而我们并不关心这一类是什么。常用的无监督学习算法主要包括主成分分析法、K 均值聚类法、等距映射法、局部线性嵌入法、拉普拉斯特征映射法等。

当然，有监督学习和无监督学习之间并不是彼此对立的关系，对于存在部分标注的数据，我们也可以使用半监督学习算法。半监督学习算法是有监督学习与无监督学习相结合的一种学习方法，采用少量标记的数据和大量未标记的数据进行训练，既降低了学习的成本，又能够带来比较高的准确性。因此，半监督学习正越来越受到人们的重视。常用的半监督学习算法包括半监督支持向量机和标签传播等。

强化学习又称为增强学习，通过使智能程序不断地与环境交互，通过调整智能程序的决策参数达到最大化其累积收益的目的。强化学习是最接近于人类决策过程的学习算法，类似于让一个智能体无限、快速地感知世界，并通过自身失败或者成功的经验，优化自身的决策过程。常用的强化学习算法主要包括蒙特卡洛法、时序差分法、策略梯度法、Q-Learning 法等。

3. 人工智能算法技术框架

伴随着人工智能产业生态指数级的发展，人工智能社区取得了很大的发展，也促进了人工智能算法技术框架的蓬勃发展。人工智能算法技术框架的成熟与易用，大幅降低了开发者学习人工智能的门槛，使得相关应用的开发变得更为容易。目前国内外已经有了很多成熟的人工智能算法框架，其中比较典型的是国内百度公司研发的 PaddlePaddle 以及国外的 PyTorch、TensorFlow 框架。

1) PyTorch 人工智能算法框架

PyTorch 是 2017 年由 Facebook 人工智能研究院基于 Torch 推出的用于人工智能的科学计算框架，主要提供两个高级功能：强大的 GPU 加速的张量计算和包含自动求导系统的深度神经网络，如图 2-3 所示。PyTorch 最初版本在开源社区 GitHub 中引起了轰动，并且很快成为人工智能研究人员首选的深度学习库。

图 2-3　PyTorch 标识

PyTorch 是目前较好用的深度学习算法框架之一，如今众多公司在生产环境中都开始采用 PyTorch(比如 Uber 等)，如图 2-4 所示。由于 PyTorch 使用起来非常简洁、清晰、灵活、方便，让我们可以专注于算法本身，对初学者比较友好，因此在科研院所等机构 PyTorch 也获得了极大的发展。

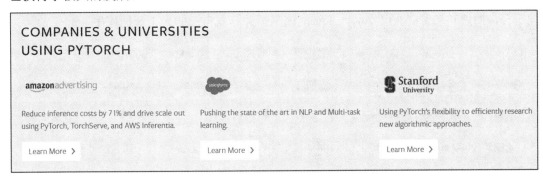

图 2-4　PyTorch 生态图

2) TensorFlow 人工智能算法框架

TensorFlow 是谷歌公司基于 DistBelief 进行研发的第二代人工智能学习系统，如图 2-5 所示。TensorFlow 算法框架具备很多优良的特性，比如支持多种编程语言、具有良好的跨平台性、使用灵活性强等。

TensorFlow

图 2-5　TensorFlow 标识

同时 TensorFlow 还背靠庞大的社区支持，具有很好的说明文档和详细的在线教程。TensorFlow 还包括了许多预先训练好的模型，提供给 TensorFlow 的开发者和研究人员使用，可以节省许多时间和精力。

从 2016 年起，谷歌就开始使用 DeepMind 开发的人工智能系统来防止全球的数据中心过热。迄今为止，人工智能推荐系统已经为谷歌的数据中心提供冷却的方案，可以减少冷却耗能的 40%，如图 2-6 所示。

图 2-6　Google 人工智能助力数据中心冷却

TensorFlow 算法框架拥有一个全面而灵活的生态系统，包含各种工具、库和社区资源，能够支持研究人员推进先进的机器学习技术发展，同时也让开发者能够轻松地构建和部署由机器学习提供支持的应用，如图 2-7 所示。越来越多的企业正在使用 TensorFlow 算法框架平台，构建和部署商业级别的人工智能模型，并开发自己的人工智能程序。

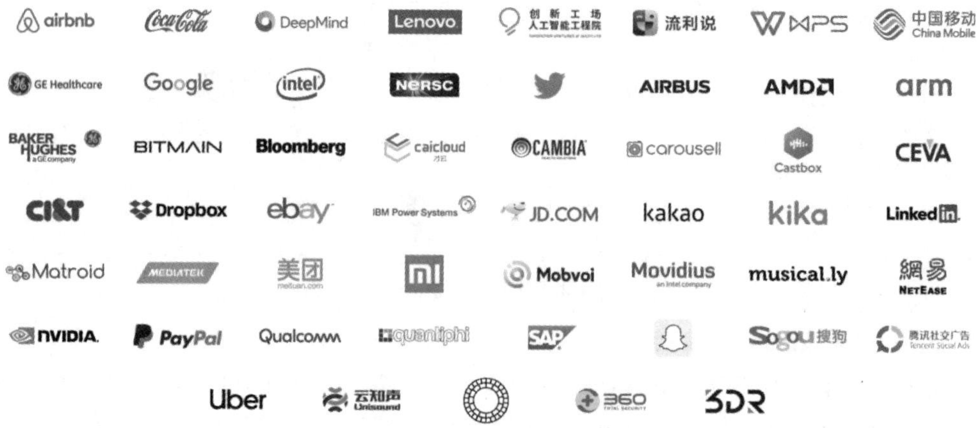

图 2-7　TensorFlow 生态图

3) PaddlePaddle 人工智能算法框架

PaddlePaddle 也称飞桨，是中国首个自主研发、功能完备、开源开放的产业级深度学习平台，中文名出自朱熹的两句诗"闻说双飞桨，翩然下广津"。飞桨以百度多年的深度学习技术研究和业务应用为基础，集深度学习核心训练和推理框架、基础模型库、端到端开发套件和丰富的工具组件于一体，与 Google 的 TensorFlow、Facebook 的 PyTorch 齐名。飞桨是一个功能完整的深度学习平台，也是成熟稳定、具备大规模推广条件的深度学习平台。

PaddlePaddle 全景图主要由核心框架、工具组件和服务平台三大部分组成，如图 2-8 所示。核心框架是基于飞桨深度学习框架的核心，支持图像分类、目标检测、分割、自然语言处理、语音识别、推荐系统等多种深度学习应用。工具组件包括数据处理、模型评估、自动化调优等，可以满足不同应用场景下的需求。服务平台则提供了云端资源、AI 开发者社区等一系列支持，方便开发者快速部署和管理深度学习应用。飞桨的完整功能和全面支持，使其在国内深度学习领域占据了一席之地，是中国深度学习领域的领导者之一。

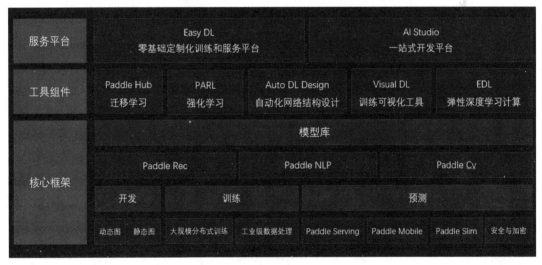

图 2-8　PaddlePaddle 全景图概览

在核心框架层面，它可以提供开发、训练和预测一整套的技术能力。在此基础上 PaddlePaddle 还提供了包括视觉、自然语言等在内的丰富模型，并形成完整的模型库，通过模块化的方式提供给使用者。在工具组件部分，PaddlePaddle 首发预训练模型管理工具 PaddleHub，实现了深度强化学习工具 PARL 的重要升级，自动化网络结构设计 AutoDL Design 也正式开源。此外，PaddlePaddle 还提供迁移学习、训练可视化工具、弹性深度学习计算等工具组件。在服务平台层面，PaddlePaddle 提供了零基础定制化训练和服务平台 EasyDL 与一站式开发平台 AI Studio，为开发者破除算力桎梏。

PaddlePaddle 通过这一整套的框架和服务，更完备的平台功能、覆盖更广的用户，来帮助广大开发者和企业利用工具化、平台化的方式，进一步降低深度学习应用门槛，加速推动社会各个产业的智能化变革。

PaddlePaddle 官网提供了丰富的项目实战演练，如图 2-9 所示。开发者可以根据自己的实际情况，选择适合自己的开发项目，针对每个项目官网里都有相应的教学文档和演示代码，学习起来非常方便快捷。

图 2-9 PaddlePaddle 项目实战举例

PaddlePaddle 同时提供免费的在线编程工具 AI Studio。AI Studio 是基于百度深度学习平台飞桨的人工智能学习与实训社区，提供在线编程环境、免费 GPU 算力、海量开源算法和开放数据，帮助开发者快速创建和部署模型。平台官网提供了许多覆盖高中低端的在线编程项目实践，如图 2-10 所示。

图 2-10 基于 AI Studio 的项目展示

PaddlePaddle 源于产业实践，始终致力于与产业深入融合。截至 2023 年飞桨已广泛应用于工业、农业、服务业等，服务约 406 万开发者，与合作伙伴一起帮助越来越多的行业完成 AI 赋能。如今在飞桨生态内，已构建起涵盖"学习、实践、比赛、认证、就业"的开发者全周期服务体系。与此同时，百度还发布了星辰计划，通过向全社会开放技术、共享流量和生态资源，同时提供一定资金支持，来鼓励公益领域的科技创新，并获得了大量开发者和项目团队的响应，涌现了很多极具创新和价值的项目。目前，与国内百度飞桨生态相关的合作伙伴越来越多，如图 2-11 所示。这些企业极大地推动了 PaddlePaddle 的发展，也必将使百度在未来的 AI 白热化的竞争趋势中占有一席之地。

当前流行的人工智能框架很多，除 TensorFlow、PyTorch 和 PaddlePaddle 三个主流框架平台以外，还有微软的 CNTK、加州大学贾扬清博士开发的 Caffe、谷歌工程师 François Chollet 开发的 Keras 等常见框架，而且绝大多数是免费开源的，后三种框架简介如表 2-1 所示。

图 2-11　PaddlePaddle 企业生态图

表 2-1　三种常见人工智能开发框架简介

框架名	CNTK	Caffe	Keras
框架特点	微软的 CNTK 是一个增强分离计算网络模块化和维护的库，提供学习算法和模型描述。在需要大量服务器进行操作的情况下，CNTK 可以同时利用多台服务器	Caffe 是一个强大的深度学习框架。使用 Caffe 可以构建用于图像分类的卷积神经网络 (CNN)。同时，Caffe 在 GPU 上运行良好，在运行期间提升速度	Keras 是一个用 Python 编写的开源神经网络库，与 TensorFlow 和 CNTK 不同，Keras 不是一个端到端的框架而是一个接口，提供了一个高层次的抽象化，可坐落在其他框架上，使神经网络的配置变得容易。谷歌的 TensorFlow 目前支持 Keras 并作为后端
优点	允许分布式训练，非常灵活，支持 C++、C#、Java 和 Python	Python 和 MATLAB 的绑定可用，性能表现良好，无需编写代码即可进行模型的训练	用户友好，容易扩展，在 CPU 和 GPU 上无缝运行，与 TensorFlow 无缝工作
缺点	使用一种新的语言网络描述语言 (Network Description Language，NDL) 来实现，缺乏可视化	对于经常性网络不友好，新体系结构不友好	不能有效的用作独立的框架

2.1.2　人工智能计算力

1. 基于云计算的 AI 计算力

云计算是分布式计算的一种，指的是通过网络"云"将巨大的数据计算处理程序分解成无数个小程序，然后通过多部服务器组成的系统进行处理和分析这些小程序，得到结果并返回给用户。云计算早期，简单地说，就是简单的分布式计算，解决任务分发并进行计算结果的合并。通过这项技术，可以在很短的时间内完成对数以万计的数据的处理，从而达到强大的网络服务。云计算具有许多优势，特别是在赋能人工智能 (AI) 计算力方面，发挥着重要作用。

云计算的优势：

(1) 弹性和可扩展性。云计算允许用户根据需求快速增加或减少计算资源，从而实现弹性和可扩展性。这对于处理大规模的 AI 工作负载非常重要，因为 AI 任务可能需要大量的计算资源，难以预测工作负载的变化。

(2) 成本效益。云计算采用按需付费模式，用户只需支付实际使用的资源，从而避免了昂贵的硬件设备和维护成本。这使小型企业和研究机构也能够使用强大的计算资源来开展 AI 研究和应用。

(3) 全球性能。云计算提供商通常在多个地理位置设置数据中心，使用户能够获得全球性能，即使用户位于世界各地，也能够高效地访问和处理数据。

(4) 灵活性和便捷性。云计算提供了多种服务模式，包括基础设施即服务 (IaaS)、平台即服务 (PaaS) 和软件即服务 (SaaS)，用户可以根据需求选择最适合的服务模式。这为 AI 应用提供了灵活性和便捷性。

云计算赋能 AI 计算力：

(1) 大规模计算资源。AI 任务，特别是深度学习，需要大量的计算资源来进行模型训练和推理。云计算提供商能够为 AI 研究人员和开发人员提供所需的大规模计算资源，以加速模型的训练和部署。

(2) 快速部署和测试。云计算使 AI 算法的开发、测试和部署过程更加高效。AI 从算法设计到实际部署需要进行多次迭代，云计算提供了灵活的环境，使开发人员能够快速地进行实验和测试。

(3) 并行计算。在 AI 训练过程中的大量计算任务可以通过云计算平台进行高效的并行计算。云计算提供了多种计算实例和 GPU 加速选项，有助于提高 AI 模型训练的速度和效率。

(4) 数据处理和存储。AI 算法需要大量的数据进行训练，而云计算提供了强大的数据处理和存储能力。用户可以将大规模数据集存储在云中，实现数据的高效管理和访问。

(5) 实时推理和应用。云计算使得 AI 模型的实时推理和应用成为可能。通过在云中部署模型，用户可以将智能决策和应用集成到实时业务中，如图像识别、语音处理等。

云计算为 AI 计算力提供了强大的支持和赋能，使得 AI 研究和应用能够更加高效、快速地进行，同时还降低了硬件成本和管理负担。这对于推动人工智能的发展和应用具有重要意义。

2. 基于 GPU 的 AI 计算力

人工智能产业的蓬勃发展依赖于计算力的显著提升，计算力的提升除了云计算技术以外，还得益于 GPU(Graphics Processing Unit，图形处理器) 的大规模发展。凭借 GPU 强大的计算能力，人工智能在很多技术领域的应用实现逐渐变成可能，进而带来了极大的社会价值和经济效益。

1) GPU 的发展历程

GPU 的发展历程与个人电脑的图形显示技术紧密相关。NVIDIA 在 1999 年推出的

GeForce 256 图形处理芯片标志着现代 GPU 概念的诞生。1981 年, IBM5150 个人电脑就装备了黑白显示适配器 (monochrome display adapter, MDA)。后来, IBM 推出了 EGA(enhanced graphics adapter) 适配器, 提高了显示分辨率并支持更多的颜色。1987 年, IBM 推出了 VGA(video graphics array) 标准, 它支持更高的分辨率和更多的颜色, 并迅速成为个人电脑图形适配器的实际标准并沿用至今。

从 MDA 到 VGA, 图形图像的运算都由 CPU 来完成, 图形卡的作用主要是将其显示出来。1991 年, S3 Graphics 推出的 "S3 86C911", 正式开启 2D 图形硬件加速时代。1994 年, 3DLabs 发布的 Glint300SX 是第一颗用于 PC 的 3D 图形加速芯片, 它支持高氏着色、深度缓冲、抗锯齿、Alpha 混合等特性, 开启了显卡的 3D 加速时代, 然而这个阶段的显卡大多没有执行统一的标准, 加速功能也不尽相同, 直到 NVIDIA 推出 GeForce256, 它整合了硬件变换和光照 (transform and lighting, T&L)、立方环境材质贴图和顶点混合、纹理压缩和凹凸映射贴图、双重纹理四像素 256 位渲染引擎等, 被称为世界上第一款 GPU。GPU 的发展历程如图 2-12 所示。

图 2-12　GPU 的发展历程

2) GPU 的主流产品

GPU 产品可以从两个维度进行分类, 如图 2-13 所示。

维度	类别	主要厂商
按照集成方式	独立GPU	英伟达、AMD、英特尔
	集成GPU	英特尔、AMD
按照应用设备	PC端GPU	英特尔、AMD、英伟达
	服务器端GPU	英伟达、AMD
	移动端GPU	Imagination、高通、ARM、英伟达、苹果

图 2-13　GPU 的分类及主流厂商

(1) 按照集成方式。按照集成方式可以将 GPU 产品分为独立 GPU 和集成 GPU。独立 GPU 拥有单独的图形核心和独立的显存, 能够满足复杂庞大的图形处理需求, 并能提供高效的视频编码应用。集成 GPU 将图形核心以单独芯片的方式集成在主板上或 CPU 芯片上, 并且动态共享部分系统内存作为显存使用, 因此能够提供简单的图形处理能力, 以及较为流畅的编码应用。

(2) 按照应用设备。按照应用设备的类型可以将 GPU 产品分为 PC 端 GPU、移动端 GPU 和服务器端 GPU 三种。其中 PC 端 GPU 主要用于个人电脑使用，既可以通过独立显卡安装也可以集成到 CPU 芯片上；移动端 GPU 多用于移动设备，如手机，平板等，一般都是集成方式；服务器端 GPU 是专为计算加速或人工智能深度学习应用的独立 GPU。

3) GPU 在人工智能领域的未来趋势

(1) GP GPU 的发展。相较于传统的 CPU 而言，GPU 由于其特有的并行处理结构非常适合人工智能特别是深度学习领域中的数据计算。但是随着人工智能新技术的发展，高并行度的深度学习算法的广泛应用使计算能力需求呈现指数级增长。传统的 GPU 逐渐向 GP GPU(General Purpose Computing on GPU) 的方向发展和演进，即在图形处理器上进行通用计算。GP GPU 作为运算协处理器，针对不同应用领域的需求，增加了专用向量、张量、矩阵运算指令，提升了浮点运算的精度和性能，以满足不同计算场景的需要。

(2) NPU 芯片的发展。通用的 GPU 芯片绝大部分部署应用在服务器端和云端，基于 GPU 的人工智能应用一般具有更好的通用性和灵活性，在数据中心和云端等环境下具有更好的适用性。随着人工智能硬件的演进，目前我们看到通用 GPU 和专用加速器正在慢慢地融合，形成一些基于特定人工智能模型的专用芯片来实现加速。特别是在移动端设备上，人工智能计算更倾向于独立地面向特定领域的专用芯片，而不依赖于 GPU，比如手机、平板等移动平台的 SoC(System on Chip，片上系统) 上都集成了专用的 NPU(Neural-network Processing Unit，神经网络处理器) 芯片。

3. 人工智能算力产业生态

随着人工智能产业生态的日益成熟，作为三驾马车之一的算力瓶颈逐渐成为了优先解决的问题。由此，向中小型的人工智能企业提供基于云计算的 AI 算力，来帮助企业或个体将技术模型转为现实应用，就变为了一种新型的服务模式。许多企业和科研机构通过搭建自己的人工智能云平台技术来提供这种服务，解决了部分算力不足的问题。人工智能云计算平台主要解决算力问题，这里具体指的是提供人工智能应用所需算力服务、数据服务和算法服务的公共算力基础设施。

在人工智能产业生态中，算力正逐渐成为一种商品，也正在成为一种通用的可量化服务，进行流通和买卖。人工智能云计算完全依托于人工智能产业，与很多高科技产业类似，出于对效率、经济的追求，当产业趋于成熟时就会出现垂直分工的趋势。研发人工智能云计算平台成为一个热点，很多企业包括运营商、互联网公司、ICT 硬件公司等都纷纷参与其中。通过提供这种算力共享模式，降低社会人工智能算力成本和应用门槛，支撑人工智能的创新研究和应用。下面介绍几个主流的云计算 AI 算力平台。

1) 百度智能云

百度智能云于 2015 年正式对外开放运营，以"云智一体"为核心赋能千行百业，致力于为企业和开发者提供全球领先的人工智能、大数据和云计算服务及易用的开发工具。如今已经演化发展到了"云智一体 3.0"的架构，致力于其"云智一体，深入产业"的发展战略。百度云智能从行业核心场景切入，通过打造行业标杆应用，带动和沉淀 AI PaaS 层和 AI IaaS 层的能力，打造高性价比的异构算力和高效的 AI 开发运行能力，汇聚了百度在人工智能各个层面的科研实力，为人工智能产业应用和云的发展提供了广阔空间。

百度智能云提供了端到端的完整人工智能中台解决方案。依托百度大脑十余年人工智能技术与能力的积累，面向金融、能源、互联网、教育、运营商、制造、政府等行业提供智能中台解决方案，助力企业构建统一的 AI 基础设施，实现 AI 资产的共建共享、达成敏捷的智能应用开发，加速企业智能化升级。

百度智能云解决方案有四大典型优势：

(1) 自主可控。支持软硬件全栈自主创新方案，内置自主研发、功能丰富、开源开放的产业级深度学习平台飞桨，适配飞腾、鲲鹏等主流 CPU 处理器和麒麟、统信等国内操作系统，支持百度自研昆仑 AI 加速卡、同时可扩展支持昇腾、寒武纪、比特大陆等国内主流 AI 加速卡。

(2) 能力全面。全面覆盖人脸、OCR、图像、视频、AR、语音、自然语言处理、知识图谱等各领域 AI 能力，满足各种业务场景需求。

(3) 部署快速。成熟的私有化产品，丰富的部署经验，国内最早的一体机产品，交钥匙式服务，满足企业快速构建 AI 基础设施需求。

(4) 简单易用。面向不同的企业客户，提供不同的产品体验，Notebook 建模、拖拽式建模、生产线建模等多种建模体验。

百度智能云技术依托公司自身深厚的人工智能行业背景，致力于为行业客户提供最优质的人工智能基础设施服务，为传统行业向人工智能的应用创新转型提供完整的解决方案，如图 2-14 所示。

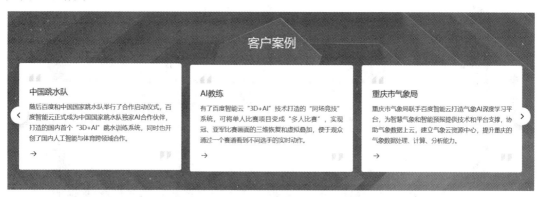

图 2-14　百度人工智能中台行业案例

2) 讯飞开发平台

讯飞开发平台成立于 2010 年，是基于科大讯飞国际领先的人工智能技术能力与大数据运营能力建设的人工智能技术与生态服务平台，以"云＋端"方式提供智能语音能力、计算机视觉能力、自然语言理解能力、人机交互能力等相关的技术和垂直场景解决方案，致力于让产品能听会说、能看会认、能理解会思考。讯飞云是全球首个面向移动开发者提供智能交互服务的领先平台，全面开放业界最领先的语音合成、语音识别、语义理解、语音唤醒、语音评测、人脸识别、声纹识别等 10 项核心能力，旨在构建全新移动互联网语音及交互生态。国内外企业、中小创业团队和个人开发者，均可在讯飞开放平台直接体验先进的语音技术，并简单快速集成到产品中，让产品具备"能听、会说、会思考、会预测"的功能。

讯飞开放平台具有如下特色优势：

(1) 一站式解决方案。作为一个综合性的智能人机交互平台，提供先进的语音合成、语音识别、语义理解等技术，开发者可以同时获得所需的多项服务能力，一站式解决了需要到不同技术供应商获取服务的繁琐过程，让智能人机交互技术更简单、实用。

(2) 稳定可靠的服务支撑。讯飞开放平台配备完善的基于 B/S 架构的管理平台，按照权限登录，可实时监视开放平台服务状态；自动化监控、自动化部署以及自动化测试等平台为开放平台的稳定运行全程护航；利用云计算、大数据等相关技术处理完备的日志记录，为服务性能的提升、优化提供支持。

(3) 丰富的服务接入方式。支持主流的操作系统接入，提供 SDK、Android、iOS、Java、Windows、Linux 等平台。同时支持多类型终端，如智能手机、智能家电、PC、可穿戴设备等，保证用户可以在任何地点以任何方式通过讯飞开发平台获得智能人机交互服务。

讯飞开发平台致力于发展以智能语音交互为核心的人工智能综合云平台，打造资源共享、开放共赢的人工智能创业生态，利用自身强大的人工智能技术能力为各行业场景提供专业的解决方案，如图 2-15 所示。

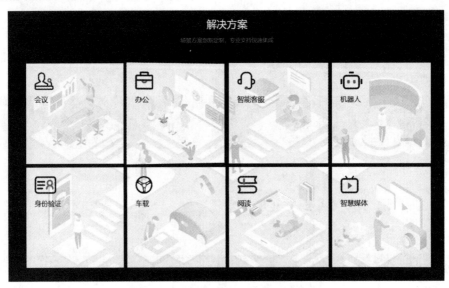

图 2-15　讯飞开发平台的人工智能解决方案

2.1.3　人工智能数据

人工智能数据给人工智能模型提供大量的数据进行训练，因此数据是人工智能应用可以实现并落地的基础和前提。如果没有合理有效的数据资源的支持，人工智能的训练就无从谈起，这更加体现了数据作为一种资源的价值所在。因而未来谁手里拥有大量的数据，谁就可以更加快速地训练人工智能模型并反过来通过训练结果不断优化算法，在激烈的竞争中快人一步赢得主动。

数据的重要作用逐步带动了人工智能基础数据服务行业的爆发式发展。人工智能基础数据服务指为人工智能算法训练及优化提供的数据采集、数据清洗、信息抽取、数据标注等服务，其中又以数据采集和数据标注为主。人工智能如今已经在各行业领域取得了长足的发展，已经从初期的野蛮生长逐步过渡到行业格局较为清晰的阶段，公司开始比拼技术与产业的结合能力，而作为人工智能"燃料"的数据则成为实现这一能力的必要条件。因此，为人工智能模型的训练和优化提供数据采集、标注等服务的人工智能基础数据服务就成为了必不可少的一环。

1. 人工智能数据的关键问题

1) 原始数据的获取

在人工智能时代，数据是一种新的"石油"。一些头部的互联网企业通过对用户数据多年来的积累和垄断，逐渐形成了一种先发优势，从而构建了公司坚实的护城河。目前，人工智能领域相关科技企业在数据集的获取方面已经形成了多种策略，由于商业模式、公司的关注点以及融资情况的不同，不同的企业采用的采集策略也有所差异。企业的数据获取策略主要有公开数据集、产业数据协同、网络爬取、自筹数据、购买商业数据集、人工生成数据等。总体来说，原始数据的获取渠道可以有多种方式，但关键核心数据的获取依然是许多中小科技公司无法解决的难题。

2) 数据清洗或预处理

数据清洗是数据生产过程中的必须环节。我们知道，人工智能算法能力主要来自于模型对大数据特征的学习。假如输入了错误或者无效的数据，那么输出时就会产生严重偏差。数据清洗包含多种目标和手段，比如检查数据一致性、处理无效值、识别数据冲突、去重等。如果不做清洗，而是拿"脏"数据或重复数据直接去标注，会增加非常多的人力成本。

原始数据的一个特点是具有多种多样的数据格式或存储方式，如图像、视频、语音、文本等。由于数据格式的多样化以及应用场景的不同，使得数据的清洗或预处理方式很难统一化和标准化。因此，针对特定场景下的常用数据集的清洗方式，有必要形成一套成熟的清洗或预处理流程。

3) 数据的智能标注

人工智能模型的训练在绝大多数场景下，是对监督学习模型的训练，这就需要大量带有标注的数据。这些海量的数据几乎全部依赖数据标注员手工进行标注。目前主要的标注方式还是在各种可视化标注软件上进行纯人工的数据标注。近些年智能＋人工结合标注的方式，逐步流行起来。在处理具有一定规律性的数据时，可以采用模型智能预测，然后人工再对预测结果进行审核的方式进行标注。关于智能＋人工的标注方式，这里主要有两个关键问题需要解决：一个是用于智能预测的人工智能模型的开发或获取，另一个是针对智能＋人工标注方式的标注平台的开发。

2. 人工智能数据的发展趋势

1) 数据市场规模持续扩大

通过对中国人工智能基础数据服务行业中主要需求方、品牌数据服务商、主要中小型数据供应商等多方调研描绘市场情况，数据显示，2019 年中国人工智能基础数据服务行业市场规模可达 30.9 亿元，见图 2-16。根据需求方投入情况和供应方营收增长情况推算，预计 2025 年市场规模将突破 100 亿元，年化增长率为 21.8%，该行业核心业务与当下以监督学习为主的人工智能市场具有强相关联系，市场发展前景向好。未来中国整体人工智能基础数据服务规模呈现逐渐增大的趋势。

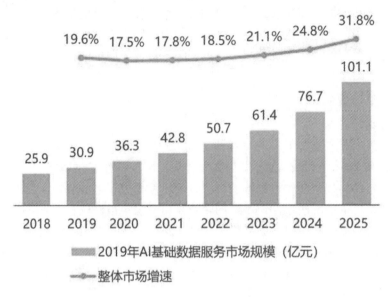

图 2-16　2019—2025 年中国人工智能基础数据服务规模趋势

2) 数据定制化需求成为主流

数据定制化需求成为人工智能发展的一个重要趋势，尤其在深度学习和监督学习领域。随着人工智能技术的逐步成熟和应用领域的扩展，对于训练数据的需求也呈现出量化和多样化的特点。

例如在计算机视觉领域，类似 ImageNet 这样的大型数据集对于深度学习算法的训练至关重要。随着技术的发展，新的算法通常需要更大规模的数据集来训练，以便达到更高的准确度和泛化能力。除了数据规模的增长，数据类型和数据源的多样化也是定制化数据服务的一个重要方面。例如，不同的应用场景可能需要特定类型的图像或声音数据，IoT 设备的普及使得数据采集的场合更加多样化。大规模、定制化的数据集开发和标注需要大量的人力和财力投入，因此如何寻找高效、成本效益高的数据采集和标注方法也是当前研究的一个重要方向。随着人工智能技术的不断发展，对于高质量、定制化数据的需求将持续增长。这不仅要求行业内提高数据采集、处理和标注的效率和质量，还需要在确保数据安全和隐私的前提下，创新数据服务模式，满足不同行业和应用场景的需求。

3. 人工智能数据安全与伦理

随着人工智能 (AI) 技术的迅速发展和广泛应用，数据安全和伦理问题日益凸显。人工智能作为一种依赖大量数据的技术，在处理和分析数据时面临着众多挑战，这些挑战不仅关乎技术本身的安全性，更涉及伦理和道德层面的考量。

(1) 人工智能在数据安全方面将迎来如下核心挑战：

① 隐私保护。人工智能系统在学习过程中需要大量的个人数据。如何在不侵犯个人隐私的前提下收集和使用这些数据，是一个重大的挑战。

② 数据泄露风险。随着数据量的增加，数据存储和传输过程中的安全隐患也随之增加，可能会导致敏感信息的泄露。

③ 滥用风险。人工智能的滥用可能导致数据被用于不道德或非法的目的，如个人信息的盗用、欺诈等。

(2) 人工智能的伦理问题主要有以下几个方面：

① 偏见和歧视。AI 系统可能会无意中学习到了人类的偏见，并在决策过程中加以复制和放大，从而导致歧视问题。

② 透明度和可解释性。AI 决策的不透明性使人们难以理解其决策过程和依据，从而增加了公众的不信任和恐惧。

③ 责任归属。当 AI 系统做出错误决策时，确定责任归属成为一个复杂的问题，特别是涉及人身安全的领域。

(3) 人工智能在安全方面主要应对策略可以从以下几个方面进行考虑：

① 加强数据加密和安全技术。采用先进的加密技术和安全策略，保障数据在存储和传输过程中的安全。

② 制定严格的数据使用规范。建立合理的数据收集、使用和存储标准，确保个人信息不被滥用。

③ 提高算法的透明度和可解释性。开发可解释的 AI 模型，增强公众对 AI 系统的信任和理解。

④ 设立伦理审核机制。在 AI 系统的设计和部署过程中，建立伦理审核机制，确保技术应用符合伦理标准。

⑤ 进行跨学科研究。结合法律、伦理学、社会学等多个学科的知识，全面审视和解决 AI 带来的问题。

⑥ 培养伦理意识。在工程师和开发人员的培训中加入伦理教育，提高他们对数据安全和伦理问题的意识。

人工智能的发展不应仅仅是技术的突破，更应该是对人类价值和伦理的深刻思考。在追求技术进步的同时，我们必须确保数据的安全性和 AI 的伦理性，以便构建一个更加公正、透明和安全的智能化未来。

2.1.4 人工智能应用场景

人工智能的应用场景是指 AI 技术在特定领域或问题中的实际应用，它决定了 AI 技术如何为实际生活和工作创造价值。作为人工智能的四要素之一，应用场景对于 AI 的发展和推广具有至关重要的作用。下面是应用场景在 AI 四要素中的关键作用。

(1) 明确方向。应用场景为 AI 研究和开发提供了明确的方向和目标。只有知道要解决的实际问题，研究者和工程师才能开发出有针对性的算法和模型。

(2) 驱动创新。面对实际的应用需求和挑战，研究者往往能够受到启发，推动技术创新。例如，为了满足自动驾驶汽车的实时决策需求，对相关的算法和计算框架不断进行优化和创新。

(3) 评估效果。应用场景为 AI 技术提供了实际的测试和评估平台。例如，在医疗图像分析中，算法的准确性和可靠性可以直接在真实的病例数据上进行测试。

(4) 促进普及。成功的应用场景可以增强公众对 AI 技术的信心和接受度，从而促进技术的普及和应用。例如，智能语音助手、推荐系统等已经成为大众日常生活的一部分。

（5）提供反馈。在实际应用中，技术可能会遇到预期之外的问题或挑战，这为研究者提供了宝贵的反馈，并帮助他们持续优化和完善技术。

（6）经济和社会价值。应用场景是 AI 技术从理论走向实践，为社会和经济创造实际价值的关键。例如，AI 在制造业、医疗、金融等领域的应用，已经为社会带来了巨大的效益和价值。

总之，应用场景不仅是验证 AI 技术有效性的"试验田"，也是推动技术持续进步和创新的关键因素。没有真实的应用场景，AI 技术可能仍然停留在实验室的研究阶段，难以真正为社会带来实际的变革和价值。

人工智能四要素之间相互依赖，构成了人工智能技术的生态系统。数据提供了学习的材料，算法使系统能够从数据中获取知识，计算力支持了算法的执行和模型的训练，而应用场景则将这些要素融合在一起，创造出有实际价值的解决方案。人工智能领域的发展离不开这四个要素的相互作用和不断创新。

人工智能产业生态是指人工智能产业的全貌和生态系统，涉及硬件、算法、应用、数据、人才、法律伦理、创新研发、产业链条、行业应用、政策支持、国际竞争、资金投入、标准和规范、孵化和加速器、技术融合、用户体验和可信度等多个方面。

2.1.5　人工智能四要素与人工智能产业生态关系

人工智能四要素与人工智能产业生态之间存在紧密的关系，具体来说包括以下几个方面：

（1）数据与人工智能产业生态。数据是人工智能的基础，质量和规模的数据对于算法的训练和模型的构建至关重要。在人工智能产业生态中，数据层是数据采集、数据清洗、数据存储和数据管理等环节的组成部分。高质量、大规模的数据是进行机器学习和深度学习的基础，也是开发人工智能应用的关键。

（2）算法与人工智能产业生态。算法是人工智能产业生态的核心，涵盖了各种人工智能算法和技术。算法层的发展和创新推动了人工智能的进步，使其能够实现更加智能的任务和应用。在人工智能产业生态中，算法层是人工智能技术的核心驱动力，支持各种应用场景的开发和实现。

（3）计算力与人工智能产业生态。计算力是人工智能产业生态的基础设施之一，包括高性能计算机、云计算平台、GPU 等。这些硬件提供了强大的计算能力和存储能力，支持人工智能算法的运行和处理大规模数据。在人工智能产业生态中，计算力层提供了技术支持和基础设施，促进了人工智能技术的发展和应用。

（4）应用场景与人工智能产业生态。应用场景是人工智能技术在各个领域的具体应用。人工智能产业生态中的应用层将人工智能技术应用到实际场景中，推动产业的发展和创新。应用场景的不断丰富和创新将进一步拓展人工智能产业的规模和影响力。

综上所述，数据、算法、计算力和应用场景是构成人工智能产业生态的基本要素，人工智能生态产业则是将这些要素融合在一起，形成一个复杂的产业体系，推动了人工智能技术的发展和应用。两者之间的关系是相互依赖的，人工智能四要素为产业提供了技术支持，而人工智能生态产业为技术提供了实际应用场景和商业化机会。

2.2　人工智能产业生态

人工智能已经成为现代科技领域的一股不可忽视的力量，其应用遍及各个行业和领域，从医疗健康、金融、教育，到汽车、智能家居等。然而，要全面深入地理解这个庞大而复杂的生态系统，我们需要将其分为三个主要部分：基础层、技术层和应用层，如图 2-17 所示。人工智能行业的分层模型是一个方便我们理解和分类各种 AI 技术和产品的高级结构，它反映了 AI 技术的发展逻辑和市场需求，以及在设计和实施 AI 解决方案时的技术需求和挑战。

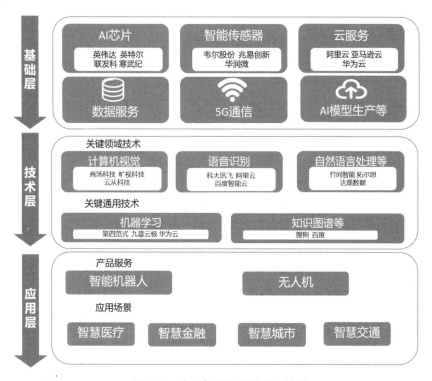

图 2-17　人工智能行业的分层模型

这种分层结构的内在逻辑是底层提供通用的、基础的支持，上层则依赖底层的技术和资源，为用户提供更具价值和针对性的服务。每一层都有其特定的挑战和需求，例如基础层需要解决计算效率和存储问题，技术层需要解决模型的准确性和泛化能力，而应用层则需要解决如何将 AI 技术与实际业务需求相结合，为用户提供友好的产品和服务。

(1) 基础层 (Infrastructure Layer)。基础层是 AI 系统的基础，提供必要的硬件和软件支持。这一层的组成部分包括数据中心、云服务、芯片厂商，以及为 AI 计算提供支持的基础设施。例如，GPU 和 TPU 这样的硬件加速器被广泛用于训练深度学习模型，云服务提供者如 Amazon AWS 和 Google Cloud 提供了必要的存储和计算资源，软件框架如 TensorFlow 和 PyTorch 提供了用于开发和训练 AI 模型的工具。

(2) 技术层 (Technology Layer)。技术层是 AI 系统的核心，这一层的技术和服务将基础层的组件整合在一起，形成更高级的技术和服务。这一层包括机器学习模型的训练和部署，自然语言处理、计算机视觉、语音识别等。位于这一层的公司往往专注于开发和优化特定的 AI 技术，并将这些技术以 API 或 SDK 的形式提供给上游的应用层使用。例如，OpenAI 和 DeepMind 等公司就在这一层。

(3) 应用层 (Application Layer)。应用层是最接近用户的一层，它是基于下层技术开发的各种应用产品和服务。这些应用可以是面向消费者的产品 (如 Amazon 的 Alexa，Apple 的 Siri)，也可以是面向企业的解决方案 (如自动驾驶、医疗影像分析、金融风险控制等)。位于这一层的公司往往专注于特定的行业或市场，将 AI 技术与实际的业务需求相结合，为用户提供具体的产品和服务。

2.2.1 人工智能基础层产业生态

受限于创新难度大、技术和资金壁垒高的特点，我国基础层的发展时间较短，在底层技术和基础理论领域积累不足，与发达国家差距较大，但是，我国非常重视新型基础体系建设，在网络基础、计算力平台、芯片研发、大数据管理制度等方面出台指导政策，结合各地优势，大力推动政策实施。随着华为海思、地平线、寒武纪等"国产之光"出现，我国在基础层已有初步突破，呈现快速追赶的良好发展态势。

另外，在终端推断芯片方面，针对智能手机、无人驾驶、计算机视觉、VR 设备等相关的芯片，中国也有了长足的发展，寒武纪和深鉴科技等中国芯片厂商都在终端人工智能芯片的商用上做出了成绩。

云计算不仅是人工智能的基础计算平台，也是人工智能集成到众多应用中的便捷途径。中国企业阿里云、腾讯云、百度云纷纷布局了云计算数据中心，从竞争格局来看，国外科技巨头仍占据主要市场份额，亚马逊、微软、谷歌组成的 CR3 占比达到 60%，此外，以阿里云为代表的国产云计算厂商开始崛起，份额稳步扩张，如表 2-2 所示。

表 2-2　云计算厂商特点

厂　商	产品种类	优　势
Amazon AWS	云主机、对象存储、弹性块存储、数据库、云分发、管理工具与应用程序服务	数据中心遍布多个国家，入行时间早，经验丰富，产品成熟；细分产品丰富，帮助客户覆盖更多领域；规模巨大，云服务覆盖国家广泛；客户资源丰富，积累多年大客户以及企业服务经验
Microsoft Azure	云主机、对象存储、数据库、块存储、云分发、管理工具、Web 与移动应用管理	规模巨大，云服务覆盖国家广泛；客户资源丰富，积累多年大客户以及企业服务经验
阿里云	云主机、对象存储、数据库、云分发	产品种类丰富；数据资源丰富；软件开发和创新能力强，又有 IaaS 服务经验
腾讯云	云主机、数据库、块存储	在社交、视频和游戏领域产品众多，经验丰富；微信开放平台带来大量客户；软件开发和创新能力强，拥有一定 IaaS 服务经验

2.2.2　人工智能技术层产业生态

在人工智能行业中，技术层是一个关键的组成部分，它起到了连接基础硬件和具体应用的桥梁作用。技术层主要包括各种 AI 技术和算法，如机器学习、深度学习、自然语言处理、计算机视觉、强化学习等。这些技术就应用而言可以分为三大技术方向，分别为计算机视觉、智能语音、自然语言处理，这也是中国市场规模最大的三大商业化技术领域。

(1) 计算机视觉是一种使计算机能够理解和解析图像或者视频数据的技术。这种技术的目标是让计算机能够像人类一样理解视觉信息，包括识别物体、人脸、动作以及场景等，在许多领域都有广泛应用，例如自动驾驶、医疗影像诊断、安全监控和增强现实等。

(2) 语音识别或语音处理，是指让计算机理解和生成人类语音的技术。这对于创建语音助手 (如 Amazon 的 Alexa 和苹果的 Siri)、自动转录服务以及语音控制的设备都是必不可少的。

(3) 自然语言处理 (NLP) 是人工智能和语言学的交叉领域，旨在让计算机理解、生成和与人类自然语言进行交互。NLP 的应用范围广泛，包括机器翻译、文本摘要、情感分析以及问答系统等。

受益于互联网产业发达和大量用户数据，国内计算机视觉、语音识别和自然语言处理领先全球，如图 2-18 所示。

(1) 百度在自然语言处理方面，虽然研究起步较晚，且中文存在大量一词多义、同音异义、笔画复杂的情况，但后来居上，被认为超越了谷歌和微软。

(2) 阿里巴巴的 AI 实验室在机器视觉、机器学习和自然语言处理等领域进行了大量的研究和开发，其技术被广泛应用于电商、金融、物流等领域。

(3) 腾讯的 AI Lab 在深度学习、计算机视觉和自然语言处理等领域有深度的研究，其技术被广泛应用于游戏、社交、媒体和其他业务。

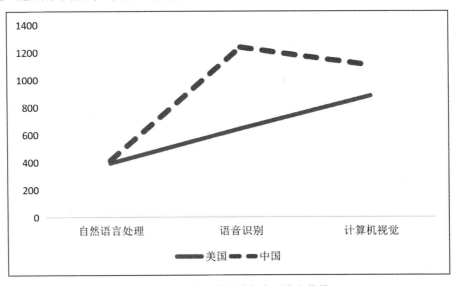

图 2-18　中美三大领域高水平论文数量

在国际范围内，许多知名的 AI 公司也在技术层面取得了显著的成就。

(1) Google 的 AI 团队在自然语言处理、机器视觉和深度学习等领域处于全球领先地位，其开源深度学习框架 TensorFlow 被全球的 AI 研究者和开发者广泛使用。

(2) Facebook AI Research(FAIR) 在深度学习、自然语言处理和计算机视觉等领域进行了大量的研究，其技术被广泛应用于 Facebook 的各种产品和服务。

(3) OpenAI 在自然语言生成、强化学习和深度学习等领域进行了先进的研究，其 GPT 系列模型在自然语言处理领域产生了深远影响，包括机器翻译、文本生成、问答系统等。

(4) Amazon 的 AI 团队在机器学习、自然语言处理和计算机视觉等领域有深入的研究，他们的技术被广泛应用于 Amazon 的电子商务平台，以及其语音助手 Alexa。

2.2.3　人工智能应用层产业生态

应用层在人工智能中的定义，通常指的是 AI 技术在各种行业和领域中的实际应用，这是 AI 技术价值得以体现的关键环节。应用层包括但不限于医疗、教育、金融、制造业、零售、交通等众多领域，具体的应用产品有聊天机器人、推荐系统、语音助手等。

中国侧重应用层产业布局，市场发展潜力大。欧洲、美国等发达国家和地区的人工智能产业商业落地期较早，以谷歌、亚马逊等企业为首的科技巨头注重打造从芯片、操作系统到应用技术研发再到细分场景运用的垂直生态，市场整体发展相对成熟。应用层是我国人工智能市场最为活跃的领域，其市场规模和企业数量也在国内 AI 分布层级占比最大。

据统计，2019 年国内 77% 的人工智能企业分布在应用层。得益于广阔的市场空间以及大规模的用户基础，中国市场发展潜力较大，且在产业化应用上已有部分企业居于世界前列。

(1) 中国 AI + 安防技术、产品和解决方案引领全球产业发展，海康威视和大华股份分别占据全球智能安防企业的第一名和第四名。

(2) 百度的 Apollo 自动驾驶平台是全球领先的自动驾驶解决方案之一，已经在多个城市进行了试运营。此外，百度的 DuerOS 语音助手在智能家居领域也占有重要地位。

(3) 阿里巴巴的 AI 技术在其电子商务平台上有着广泛应用，包括智能搜索、推荐系统和客服机器人。其云计算业务部门阿里云也提供了一系列 AI 服务以支持各种应用。

(4) 腾讯的 AI 技术被广泛应用于其游戏、社交和内容平台，包括推荐系统、内容审查和游戏 AI 等，其 AI Lab 还开展了一系列在自然语言处理和机器学习领域的前沿研究。

在国际范围内，许多企业也在 AI 应用层做出了重要贡献。

(1) Google 的 AI 技术被广泛应用于其搜索、广告、YouTube 等产品，其开发的语音助手 Google Assistant 和自动驾驶项目 Waymo 都是行业的领导者。

(2) Amazon 的 AI 技术被广泛应用于其电子商务平台和云服务，其开发的语音助手 Alexa 在全球范围内备受欢迎。

(3) Facebook 的 AI 技术被广泛应用于其社交网络，包括内容推荐、广告定向投放、虚假信息检测等。此外，其 AI 研究所也在自然语言处理、计算机视觉和机器学习等领域进行了大量的研究。

(4) IBM 的 Watson AI 系统在医疗、教育、法律等领域有着广泛的应用。例如，Watson 医疗助手可以帮助医生分析病历、制定治疗方案，从而提高医疗效率。

无论是中国还是国际的企业，都在 AI 应用层做出了重要的贡献，推动了 AI 技术的发展并为我们的生活带来了便利。然而，AI 应用层的发展还面临着许多挑战，如数据隐私、算法偏见、技术伦理等问题。因此，我们需要在推进 AI 应用的同时，也要重视这些问题，寻求在技术发展和社会伦理之间取得平衡。

2.3　AIGC 产业生态

AIGC(Artificial Intelligence Generative Content，生成式人工智能) 是指基于生成对抗网络、大型预训练模型等人工智能的技术方法，通过已有数据的学习和识别，以适当的泛化能力生成相关内容的技术。它的核心思想是利用人工智能模型，根据给定的主题、关键词、格式、风格等条件，自动生成各种类型的文本、图像、音频、视频等内容。AIGC 可以广泛应用于媒体、教育、娱乐、营销、科研等领域，为用户提供高质量、高效率、高个性化的内容服务。

2.3.1　AIGC 发展历程

AIGC(AI Generated Content) 的发展经历了从早期萌芽到沉淀积累，再到快速发展的三个阶段。每个阶段都有其特点和重要的技术突破，从而推动了 AIGC 技术的进步和应用。中国信息通信研究院发布的报告《人工智能生成内容 (AIGC) 白皮书》将 AIGC 发展总结为三个阶段，如图 2-19 所示。

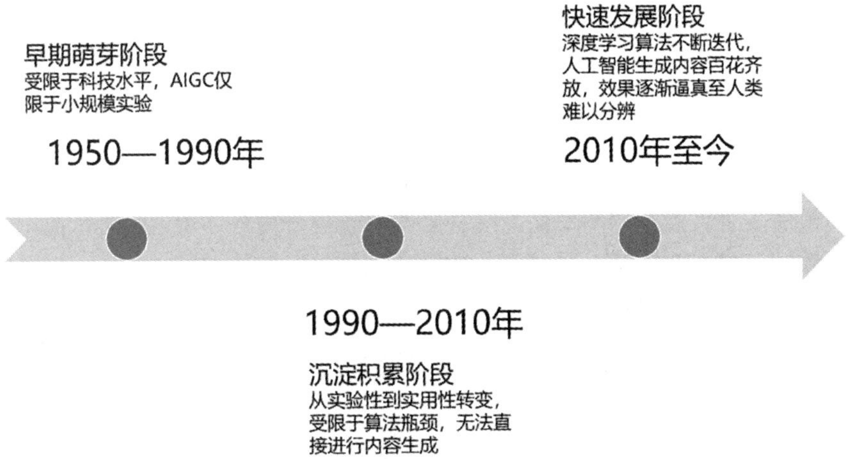

早期萌芽阶段
受限于科技水平，AIGC仅限于小规模实验
1950—1990年

快速发展阶段
深度学习算法不断迭代，人工智能生成内容百花齐放，效果逐渐逼真至人类难以分辨
2010年至今

1990—2010年
沉淀积累阶段
从实验性到实用性转变，受限于算法瓶颈，无法直接进行内容生成

图 2-19　AIGC 发展阶段及特点介绍

早期萌芽阶段 (1950—1990 年)：这个阶段是人工智能概念的初步提出和探索时期。虽然在这个阶段 AIGC 的发展受到了科技水平的限制，但这个时期的研究和实验为后来的技术发展奠定了基础。

沉淀积累阶段 (1990—2010 年)：在这个阶段，人工智能技术开始从实验性向实用性转变。深度学习算法、GPU、TPU 等硬件技术的发展，以及训练数据规模的扩大，都为 AIGC 的发展提供了条件。尽管如此，AIGC 的发展仍然受到算法瓶颈的限制，效果还有待提升。

快速发展阶段 (2010 年至今)：这个阶段是 AIGC 技术取得突破性进展的阶段。特别是自 2014 年起，以生成式对抗网络 (GANs) 为代表的深度学习算法的提出和迭代更新，极大地推动了 AIGC 技术的发展。在这个阶段，AI 生成的内容越来越多样化，效果也越来越逼真，甚至在某些方面达到了人类难以分辨的水平。

AIGC 产业链已经基本形成基础层、模型层、应用层三层架构。

(1) 基础层。作为整个产业链的根基，该层提供必要的物理和数字基础设施。芯片为 AI 提供强大的计算能力，尤其是在处理复杂的机器学习模型时；传感器用于收集数据，是物联网 (IoT) 的重要组成部分；大数据是 AI 模型的训练和优化所必需的大量数据；云计算提供弹性的计算资源，对于处理和存储大量数据尤为关键；预训练模型为基础层的上层提供通用的 AI 模型。基础层的准入门槛高，需要大量资本和技术积累。

(2) 模型层。该层位于产业链的中间层，包括各种 AI 模型和应用工具，分为通用大模型和行业大模型。通用大模型 (如 GPT-3、BERT 等) 可以在多个领域内使用，行业大模型针对特定行业定制 (如医疗、金融等)。模型层是整个产业链的技术核心，对上下两层的发展具有至关重要的影响。

(3) 应用层。结合 AIGC 和具体应用场景，该层为不同行业提供解决方案、软件产品和硬件产品。应用层可为行业企业提供定制化的 AI 服务，提供基于 AI 的图像编辑、文本生成等软件，还有搭载 AI 芯片的智能设备。应用层根据内容的不同，可进一步细分为图像、音频、文本、视频等模态，覆盖广泛的行业和消费者需求。

中国信息通信研究院认为，AIGC 技术演化出了三大前沿能力，体现了人工智能技术在数字内容领域的深入应用和创新发展。

(1) 智能数字内容孪生能力指通过人工智能技术，对现实世界中的信息进行深度理解和学习，从而在数字世界中创建出与之对应的虚拟模型。这种能力在工业设计、城市规划、虚拟现实等多个领域都有广泛应用，可以帮助人们更高效、更精准地进行决策和规划。

(2) 智能数字内容编辑能力是构建虚拟世界与现实世界之间的桥梁，它使虚拟内容能够反映并模拟现实世界的状态和变化。这种能力对于提升用户体验，尤其是在游戏、教育、远程工作等领域有着重要影响，同时也是数字孪生技术发展的关键。

(3) 智能数字内容创作能力是指人工智能在文化创意产业中的应用，通过算法使机器能够进行艺术创作、文学创作等。这种能力的发展不仅能够丰富人们的文化生活，提高文化产品的质量和多样性，还可以推动文化产业的转型升级。

AIGC 技术的发展正在深刻改变内容生产的方方面面。通过人工智能算法，可以自动化生成文本、图像、音频、视频等多种类型的内容，极大地提高了内容生产的效率和质量。

这种技术不仅能够创造出新的内容形式，还能够深入传统内容生产的领域，拓展其范围和深度。它的应用场景包括 AI 绘画、AI 写作、AI 对话、AI 播客、AI 搜索引擎等，如图 2-20 所示。未来随着 AIGC 技术的不断发展，必将开拓全新的应用场景。

图 2-20　AIGC 应用场景举例

2.3.2　AIGC 典型应用场景

1. AIGC + 资讯行业

AIGC 在资讯行业中的应用已经相当广泛，并且随着技术的进步，其影响力和应用范围还在不断扩大。下面是 AIGC 在资讯行业中的一些关键应用和优势。

(1) 信息收集与整理。AI 技术可以帮助记者和研究人员快速准确地收集和整理信息。例如，AI 转写工具可以实时生成文稿，帮助记者快速整理采访内容，提高工作效率。

(2) 资讯生成。基于自然语言生成 (NLG) 和自然语言处理 (NLP) 技术，AI 能够自动撰写文章、报告和其他文本内容。这些技术不仅提高了写作速度，还能够在一定程度上保证内容的准确性。

(3) 内容分发。AI 技术在个性化内容推荐方面已经相当成熟，同时也在探索新的应用场景，如虚拟主播。这些虚拟主播可以通过视频或直播形式分发内容，为用户提供沉浸式体验。

(4) 提高准确度和质量。AI 辅助的写作和编辑过程可以减少人为错误，提高内容的准确度和质量。这对于需要处理大量数据和信息的资讯行业尤为重要。

(5) 减轻人力压力。AI 技术的应用可以减轻记者和编辑的工作压力，让他们有更多时间专注于深度报道和调查性新闻的创造。

(6) 创新内容形式。AI 技术还能够创造新的内容形式，如交互式新闻故事、基于数据的可视化内容等，这些都能够吸引更多的用户，提高用户的参与度。

随着 AI 技术的不断发展，AIGC 在资讯行业中的应用将更加深入，可能会出现更多创新的服务和产品，为用户提供更加丰富和个性化的资讯体验。同时，这也对新闻行业的从业者提出了新的要求，需要他们适应这些变化，利用 AI 技术提升自己的工作效率和内容质量。

2. AIGC + 电商行业

AIGC 技术在电商行业的应用正在推动行业变革，提高效率和用户体验。下面是 AIGC 在电商行业中的几个关键应用领域。

(1) 商品建模。AIGC 技术可以通过视觉算法生成商品的三维模型，提供多方位视觉体验，帮助消费者更直观地了解商品，从而改善购物体验并减少购物风险。

(2) 家居购物体验。例如，阿里巴巴的每平每屋业务，利用 AIGC 技术让用户通过手机扫描家居环境，AI 生成商品模型，预览实物效果，这样用户可以更好地想象商品在自己家中的样子，提升家居购物体验。

(3) 服饰电商。AIGC 可以为商家提供创意素材，助力电商广告和营销。例如，阿里巴巴的 AI 设计师"鲁班"和 ZMO 公司提供的平台，商家上传产品图和模特图后，可以快速生成展示图，降低营销成本。

(4) 虚拟主播。虚拟主播可以全天候进行直播，不受时间和空间限制。例如，京东美妆虚拟主播"小美"在多个美妆大牌直播间进行直播，提供与真人主播相似的互动体验，提高直播效率。

这些应用不仅提高了电商行业的运营效率，还增强了消费者的购物体验，推动了电商行业的创新和发展。随着 AIGC 技术的不断进步，未来可能会有更多创新的应用出现，进一步改变电商行业的工作方式和消费者的购物习惯。

3. AIGC + 影视行业

AIGC 技术在影视行业中的应用正在改变传统的影视制作流程，它能提高生产效率，降低成本，并激发新的创意潜力。下面是 AIGC 在影视行业中的几个关键应用领域。

(1) 剧本创作。AI 可以通过学习大量的剧本数据，快速生成符合特定需求的剧本，这不仅能够提高工作效率，还能够激发创意，帮助创作者产出更优质的作品。例如，纽约大学研发的 AI 在学习了经典科幻电影剧本后，成功编写了新的剧本和配乐歌词。

(2) 创意落地。AI 技术可以帮助将创意转化为实际的表达，突破传统的表达瓶颈。例如，通过实时渲染工具，如优酷的"妙叹"工具箱，可以帮助工作者实时把握效果或做出修改，节省成本，减轻人员负担，提高影视制作的效率。

(3) 提升观影体验。随着观众对高质量影视内容需求的增长，AI 技术可以帮助提升观影体验，如通过 3D 电影技术提供的沉浸式观影体验，满足观众对高质量内容的需求。

(4) 流程优化。在影视制作的各个环节，如剪辑、特效制作、音效合成等，AI 技术可以自动化完成许多重复性工作，减少等待时间，提高整个工作流程的效率。

随着 AI 技术的不断进步，未来 AIGC 在影视行业中的应用将更加广泛，可能会涉及个性化内容推荐、自动化影视剪辑、智能音效合成等领域。这些技术的发展不仅能够提高生产力，还能够为观众带来更加丰富和高质量的影视作品。同时，这也对影视行业的从业者提出了新的要求，需要他们适应这些变化，利用 AI 技术提升自己的工作效率和内容质量。

2.3.3　我国 AIGC 发展现状

国内 AIGC 产业链结构主要由基础大模型、行业与场景中模型、业务与领域小模型、AI 基础设施、AIGC 配套服务五部分构成，并且已经形成了丰富的产业链，如图 2-21 所示。

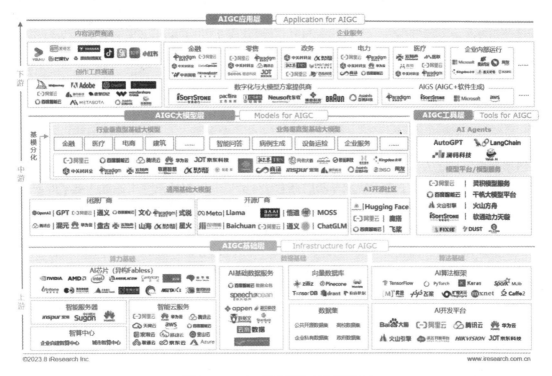

图 2-21　AIGC 商业落地产业图谱 2.0

(1) 基础大模型是通过大量无标签或通用公开数据集，在数百万或数十亿参数量下，训练的深度神经网络模型。这种模型经过专门的训练过程，能够对大规模数据进行复杂的处理和任务处理。大模型需要占用大量的计算资源、存储空间、时间和电力等资源来保证它的训练和部署。

(2) 行业与场景中模型是基于行业与场景专有数据，在较小参数量下训练的深度神经网络模型。面向特定场景和行业，该模型运行速度更快，也更加轻便。代表供应商类型包括行业头部数字化供应商、AI 厂商、行业巨头、基础大模型厂商、数据服务供应商。

(3) 业务与领域小模型是基于少量、特定领域或企业独有数据，在小规模参数下训练的深度神经网络模型。这种模型适用于解决一些简单的、小规模的问题，可以在低功耗设备上运行，具有更快的推理速度。代表供应商类型有垂直领域数字化服务供应商 (包含 SaaS 服务供应商)、行业巨头、AI 厂商、基础大模型厂商。

(4) AI 基础设施为模型厂商提供计算力、算法、数据服务三大套件支持，包括服务器、芯片、数据湖、数据分析能力。

(5) AIGC 配套服务围绕大模型，提供建模工具、安全服务、内容检测、基础平台等服务。AIGC 产业链上游主要提供 AI 技术及基础设施，包括数据供给方、数据分析及标注、创造者生态层、相关算法等；中游主要针对文字、图像、视频等垂直赛道，提供数据开发及管理工具，包括内容设计、运营增效、数据梳理等服务；下游包括内容终端市场、内容服务及分发平台、各类数字素材以及智能设备，AIGC 内容检测等。

目前国内的 AIGC 技术与应用，供需两侧主要集中在营销、办公、客服、人力资源、基础作业等领域，并且这种技术所带来的赋能与价值已经初步得到验证。TE 智库《企业 AIGC 商业落地应用研究报告》显示，33% 企业在营销场景、31.9% 的企业在在线客服领域、27.1% 的企业在数字办公场景下、23.3% 的企业在信息化与安全场景下迫切期望 AIGC 的加强和支持。

本 章 小 结

本章主要基于人工智能的产业生态，介绍了人工智能的算法、计算力、数据、应用场景四大要素，重点阐述了人工智能算法的概念、分类以及国内外三种主流算法框架的应用，从人工智能基础层、技术层、应用层三个方面详细介绍了人工智能的产业生态，并详细介绍了 AIGC 技术与应用以及一大批涌现出的人工智能产业中的国内知名企业。

本章强调了云计算平台和 GPU 在提供 AI 计算力方面的重要性。同学们要理解高效的计算资源是支撑复杂 AI 运算的关键，要对当前云计算和硬件加速技术的最新发展趋势有所认识，并为未来的研究和创新打下坚实基础。

本章在人工智能数据方面详细讨论了人工智能数据的重要性，特别是数据的收集、处理与应用，以及与之相关的隐私和伦理问题。同学们在学习的过程中要建立起对数据处理的社会责任感和伦理意识，确保在实际操作中既专业又负责。

本章还对 AIGC 技术及其在国内外企业中的应用情况进行了全面的介绍，旨在提供一个关于人工智能产业当前状况的宏观视角，使学生更深入地理解人工智能产业的动态发展，从而积极参与并作出贡献。

希望同学们在学习过程中加强对人工智能产业的全面认识，理解其所承担的社会责任，努力成为具备宏观视野和综合素养的先锋人才，为打造智能化社会和推进科技创新献出自己的力量。期待大家对人工智能的未来发展贡献出自己的智慧与激情。

思 考 题

1. 简述人工智能四要素以及它们与人工智能产业生态关系。
2. 简述人工智能行业的分层模型，以及每一层的特点及应用。
3. 请简述什么是 AIGC，AIGC 典型应用场景有哪些。

第 3 章　人工智能技术学业向导

3.1　人工智能产业人才需求

3.1.1　人才需求现状分析

1. 人工智能行业人才供需矛盾凸显

人工智能产业
人才需求

近几年，随着政府的重视，人工智能为社会生产力以及经济发展注入了新的动力。在政府的大力扶持和产学研结合的推动下，该行业发展迅速。截至 2021 年末，中国的人工智能行业规模年增幅为 434 亿，较上年同期增加 13.75%，高于世界人工智能行业规模增长率。国内人工智能主要领域规模不断扩大，语音识别和图像识别等标志性人工智能技术发展到国际领先水平，已经具备了技术覆盖面完善的产业链与应用生态系统。在算法、算力、大数据和应用环境的支撑下，推动了人工智能行业的发展。

伴随着行业的快速发展，人工智能行业人才的供不应求已成为行业发展的主要问题之一。从对企业的调查来看，企业认为在推进人工智能的探索应用中遇到的最主要的障碍是人工智能专业人才的缺乏，占比高达 51.2%，其次是高质量的数据资源，占比达到 48.8%。同时，工信部发布的数据显示，人工智能不同技术方向岗位的人才供需比均低于 0.4，说明该技术方向的人才供应严重不足。从细分行业来看，智能语音和计算机视觉的岗位人才供需比分别为 0.08 和 0.09，相关人才极度稀缺，如图 3-1 所示。

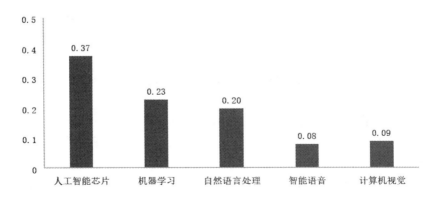

图 3-1　人工智能各技术领域人才供需比

我国人工智能产业人才供给严重不足的主要原因可归为研究起步晚、产业化积累不足，从而导致人才培养速度没有跟上产业发展需求。我国人工智能研究始于20世纪80年代，但由于基础不稳、参与研究的科研机构和高校数量有限，因此无法实现规模化培养和输出人才，因而导致我国人工智能产业人才资源先天不足。2017年后，以人工智能学院、人工智能专业为代表的人工智能专项人才培养在全国快速展开。但当前依然处于人才培养方式的初期探索阶段，人工智能产业人才的培养速度依然较慢，而行业内部自发的人才培养还没有成体系发展，因此，现阶段我国院校端和产业端高质量人才供给水平仍然很低。

2. 我国人工智能人才培养体系的建设

人工智能产业属于知识密集型产业，从业人员受教育程度处于较高水平。相关调查表明：目前从业人员中，高职毕业生占22.4%，本科生占68.2%，研究生及以上占9.4%，如图3-2所示。受产业结构升级转型、科技创新能力提升、信息化普及等因素影响，涌现出"人工智能工程技术人员""人工智能训练师"等为代表的新职业。这些新职业对人才的知识、素质、能力提出了新要求，人工智能作为一种革命性、融合性的技术必然需要国家层面建设完备的、合理的人才培养体系。

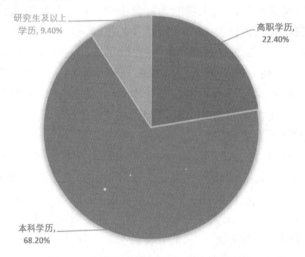

图3-2　人工智能行业从业人员知识结构

近年来，围绕人工智能行业人才培养，我国加快了人工智能学科建设，多层次人工智能人才培养体系逐渐形成。2018年4月，教育部发布的《高等学校人工智能创新行动计划》提出，到2020年建立50家人工智能学院、研究院或交叉研究中心。2019年，新增人工智能专业的高校达到了180所，也是2019年度新增备案专业数量较多的学科。2020年，包括清华大学、北京语言大学、华北电力大学等在内的130所高校增设人工智能专业。国内众多高等院校设置了人工智能专业相关的硕士、博士点乃至博士后工作站。

此外，截至2021年底，有173所高职院校开设"人工智能技术服务"专业。截至2021年，共有385所高职院校成功申报"人工智能技术应用"专业。另外，包含"智慧"二字的专业，如智慧农业、智慧水利、智慧林业、智慧技术等共计15个，设置"人工智能＋专业"如智能交通管理、智能建造工程、智能制造工程技术等共计77个。随着人工智能产业的不断发展, 以及产教融合进程的不断推进, 职业院校将在未来人工智能行业领域高技术技能型人才培养中扮演重要的角色。

与此同时, 人工智能行业也在积极推动人工智能岗位技能证书体系的完善和发展, 例如人工智能职业技能等级认证 (AIOC) 项目, 如图 3-3 所示。AIOC 是由中国人工智能学会 (CAAI) 主办, 依照工信部发布的人工智能岗位建设标准, 整个认证包含了配套专业学习、考试以及实训, 采用三位一体的线上学习与线下实训相结合的人工智能技术与应用岗位能力的学习平台, 让报考学员通过学习平台、实训操作, 最终获得与证书相匹配的能力。认证者通过官方指定的学习平台 (http://www.91aioc.com) 进行线上学习与实训、在线认证测试, 考试合格后获得由中国人工智能学会颁发的人工智能职业技能等级认证证书, 证书可通过中国人工智能学会官方查询入口 (http://zscx.caai.cn/) 在线查询。

图 3-3   人工智能职业技能等级认证证书封面

3.1.2   人工智能就业岗位分析

1. 人工智能行业社会岗位供给分析

根据各人工智能企业对人才的需求, 可以将岗位归纳为高级管理岗、高端技术岗、算法研究岗、应用开发岗、实用技能岗以及产品经理岗等。这一分类方式完全符合人工智能从研发到应用的整个过程。在数字经济背景下, 管理、技术和服务等多类型人才的协同合作, 促使人工智能的应用得以落地, 这已成为人工智能产业人才的核心特色, 图 3-4 描绘了人工智能产业的人才岗位类型。

下面是对典型岗位类型的简要介绍。

(1) 算法研究岗专注于创新和突破人工智能算法与技术研究, 该岗位将人工智能的前沿理论与实际算法模型开发相结合, 是推动人工智能技术进步的关键角色。

(2) 应用开发岗将人工智能的算法和技术 (例如机器学习、自然语言处理、智能语音和计算机视觉等) 与行业需求相结合, 实现相关应用的工程化落地, 是实现人工智能技术在各行业应用的桥梁。

(3) 实用技能岗位的人员需要理解人工智能技术的基本概念, 并且能够结合具体的使用场景，确保人工智能相关应用的快速、高效部署。他们在人工智能技术的实际应用中扮演着重要的支持角色。

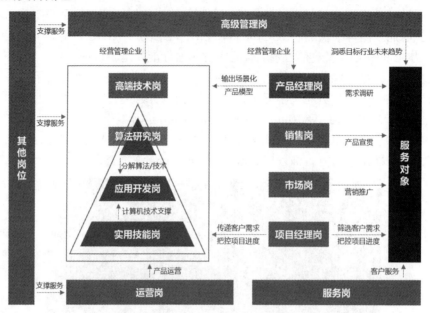

图 3-4　人工智能产业人才岗位类型

2. 高职人工智能应用技术专业岗位分析

对于大多数在校生来说，在校学习的过程中我们要明确学什么的问题，而学什么这个问题的解决取决于我们毕业后做什么。

2021 年国家人社部颁布了新的职业技术技能标准，其中新职业"人工智能工程技术人员（职业编码 2-02-10-09）""人工智能训练师（职业编码 4-04-05-05）"赫然在列。"人工智能工程技术人员"的职业定义为从事与人工智能相关算法、深度学习等多种技术的分析、研究、开发，并对人工智能系统进行设计、优化、运维、管理和应用的工程技术人员。"人工智能训练师"的职业定义为使用智能训练软件，在人工智能产品实际使用过程中进行数据库管理、算法参数设置、人机交互设计、性能测试跟踪及其他辅助作业的人员，其工作任务包括对原始数据的标注和加工、专业领域特征的分析和提炼。

根据 2021 年人工智能行业岗位调研的数据，对于高职层次人工智能专业的毕业生围绕上述人工智能领域的两大新的国家职业技术技能标准，有四大标志性岗位，即数据标注工程师、人工智能运维工程师、人工智能软件开发工程师、人工智能算法工程师。下面我们主要介绍这四个岗位的典型工作职责以及工作场景。

1) 数据标注工程师

数据标注工程师是从事人工智能行业的工程技术人员，相当于互联网上的数据"编辑师"，负责用一些数据标注工具，对大量文本、图片、语音、视频等数据进行归类、整理、纠错和批注等工作。

专业的数据标注工作包含分类、画框、描点等。分类标注是从标签集中选择数据所对应的标签，是封闭集合，如标注图片中的男人、女人、小孩等，或标注语句中的主语、谓语、宾语、名词、动词等。画框标注通常用于计算机视觉，需要工作者框定要检测的对象，如图片中的人脸、车辆等。描点标注用于对特征要求细致的场景，如人体关节、面部特征等。数据标注的内容、输出的格式、精细程度等可以根据客户需求定制化。根据应用场景的不同，数据标注工作的复杂度差异较大，例如，熟练的数据标注员可以每天完成两千余张普通图片的分类标注，而只能完成三百张自动驾驶所需要的激光雷达点云标注。

在人工智能训练师国家职业技能标准(2021年版)中定义，初、中级的人工智能训练师便是数据标注员。该职业的工作内容、技能要求如表3-1所示。

表3-1　数据标注岗位要求

职业功能	工作内容	技能要求
数据标注 (初级)	原始数据清洗与标注	1. 能够根据标注规范和要求，完成对文本、视觉、语音数据清洗； 2. 能够根据标注规范和要求，完成文本、视觉、语音数据标注
	标注后数据分类与统计	1. 能够利用分类工具对标注后数据进行分类； 2. 能够利用统计工具，对标注后数据进行统计
数据标注 (中级)	数据归类和定义	1. 能够运用工具，对杂乱数据进行分析，输出内在关联及特征； 2. 能够根据数据内在关联和特征进行数据归类； 3. 能够根据数据内在关联和特征进行数据定义
	标注数据审核	1. 能够完成对标注数据准确性和完整性审核，输出审核报告； 2. 能够对审核过程中发现的错误进行纠正； 3. 能够根据审核结果完成数据筛选

随着国家职业技能标准的出台，数据标注员的岗位工作内容和技能也就有了明确的规定，相应的从业人员也呈现逐年递增的趋势，对从业人员的经验要求也逐渐提高。并且随着职级的增加，数据标注员还可以向更高级别的人工智能训练师岗位进行拓展，可从事人工智能数据处理、算法训练以及智能系统维护和优化等。

随着人工智能的发展，数据训练的规模也越来越大，很多大公司开始设置与数据标注相关的部门和岗位进行专门的人工智能数据处理，同时也诞生了很多专业的数据标注公司，因此对数据标注相关从业人员的需求量也越来越大。

数据标注岗位相对于人工智能行业的其他岗位来说，起步门槛较低，大部分岗位面向应届或者具有1～2年工作经验的高职学生，也有部分公司的岗位面向本科生进行招聘。要求数据标注岗位的求职者具有基本的数据标注的知识储备、掌握标注相关的主流工具的使用方法以及具备数据清洗和处理等相关的技能。由于数据资源涉及信息安全，敏感度较高，因此除基本的知识技能以外，企业还格外看重员工的责任心、诚信度以及综合解决问题的能力等。薪资待遇各地域具有一定的差异，大致分布范围在0.4～1万/月。

2) 人工智能运维工程师

人工智能运维工程师主要从事大数据、机器学习以及其他人工智能技术产品的运营维护工作，例如大数据与人工智能产品相关运营、运维产品的研发，相关组件的运维工具系统的开发与建设，大数据与人工智能云产品的客户支持等。

通常意义上运维工程师的主要职责是保障服务系统的稳定性和高可靠性，比如公司产品上线后需要保障其稳定的运行状态，确保产品可以 24 小时不间断地为用户提供服务，并且能够在日常维护中不断优化产品的系统架构和部署，进一步提升服务的性能。运维与研发、测试一样同为支撑企业技术发展的重要部门。在传统运维技术基础之上，利用人工智能的强大能力，对系统的运维信息进行不断地学习，通过智能决策等技术，可以发掘和处理很多人类无法决策的信息场景，进行精准决策也提升了运维效率。

我们从人工智能工程技术人员 (2021 年版) 国家标准中整理了部分人工智能运维工程师的工作内容和技能要求，如表 3-2 所示。

表 3-2　人工智能运维岗位要求

职业功能	工作内容	技 能 要 求
人工智能 产品运维	人工智能应用产品运维 （初级）	1. 能根据产品手册和运维手册，部署、操作常见的人工智能产品； 2. 能根据产品手册与运维手册，执行标准的运维流程，包括日常巡检、部署升级等； 3. 能记录日常运维工作，撰写运维日志和运维文档
	人工智能应用产品运维 （中级）	1. 能根据常见人工智能产品的运行状况、故障特征及判定方法，按照标准步骤排查现场运行的简单问题和故障； 2. 能开展人工智能应用集成上线运行后的日常维护，解决客户的技术要求、疑问和使用过程中的问题； 3. 能进行运维流程、相关规范、手册的制订及实施
	人工智能应用产品运维 （高级）	1. 能制定人工智能应用集成的部署升级规范、日常巡查规范和运维预案； 2. 能针对运维期间的疑难问题和突发故障，针对性地进行分析和处理； 3. 能开展人工智能应用集成系统的性能优化； 4. 能根据人工智能应用运行结果及场景需求，优化 AI 算法、AI 软件

通过招聘网站部分运维岗位发布的情况分析，运维岗位学历要求主要为本科和高职。该岗位的职责主要是服务系统和相关设备的运行维护，要求学生对所维护的系统和设备较为熟悉，具备快速排查解决问题的能力，同时要能够适应出差的工作。薪资待遇根据员工的学历和工作经验会有区别，大致分布范围在 0.5～2 万 / 月。

3) 人工智能软件开发工程师

软件开发从传统意义上来说是属于软件工程领域的概念，严格讲它和人工智能应该是两个相互独立的领域。但是，随着人工智能的飞速发展，其所带来的优势越来越大，就逐渐影响到传统的软件工程领域，人们希望可以开发更为智能化的软件系统。本文的人工智能软件开发主要是指依赖人工智能的新技术，融入软件工程领域，开发具备自动化、信息化和智能化的软件的过程。

人工智能对软件开发的影响是巨大的，其实目前很多主流的软件系统都已经应用了人工智能技术，例如我们日常使用的人脸识别门禁系统、智能语音客服系统、智能辅助驾驶系统等。因此，软件企业对人工智能软件开发的岗位需求量呈现逐年增大的趋势，人工智能软件开发工程师也迎来了高速发展期。

我们从人工智能工程技术人员(2021年版)国家标准中整理了部分人工智能软件开发工程师的工作内容和技能要求，如表3-3所示。

表3-3　人工智能软件开发岗位要求

职业功能	工作内容	技 能 要 求
人工智能需求分析	人工智能应用集成需求分析	1. 能收集用户对人工智能应用的需求，进行需求分析； 2. 能根据人工智能产品主要的应用领域、服务对象和使用场景、应用需求，选择人工智能产品； 3. 能撰写人工智能应用集成需求分析文档
人工智能设计开发	人工智能应用集成设计开发	1. 能列出人工智能应用中涉及的数据，并利用数据分析与处理方法准备数据； 2. 能使用常用编程语言和主流平台工具，进行人工智能应用相关模块代码的开发； 3. 能根据人工智能应用集成设计方案和开发方案，进行人工智能应用接口的基础性开发
人工智能产品交付	人工智能应用集成产品交付	1. 能按照人工智能应用集成的交付流程和交付标准，进行人工智能应用主要组件和接口的安装、配置、调试； 2. 能按照人工智能应用集成的交付流程和交付标准，进行人工智能应用的功能测试验证和性能测试； 3. 能基于业务场景编制人工智能应用安装手册、使用手册等交付文档

软件开发岗位本来就是招聘网站上火热岗位之一，需求量很大，现在随着人工智能的快速发展，很多企业开始大量招收具有人工智能背景的软件开发人员。接下来我们具体分析在招聘网站中人工智能软件开发岗位的招聘要求。

通过分析招聘网站相关的岗位发布情况，目前大部分的岗位要求学历为本科及以上，不过仍然有部分人工智能的软件开发岗位提供给高职的学生，主要为中小型软件公司以及部分传统行业的软件职位。同时对工作经验也有一定的要求，具有一定人工智能相关工作经验的同学会比较有优势。该岗位一般要求学生能熟练掌握1～2门编程语言，具备一定的编码能力和良好的编码习惯，熟悉常见的人工智能算法模型并能实现模型的工程化应用。薪资待遇根据员工的工作经验水平会有比较大的差异，大致分布范围在1～3万/月。

4) 人工智能算法工程师

人工智能算法工程师是指从事与人工智能算法、深度学习等多种技术的分析、研究、开发，并对人工智能系统进行设计、优化、运维、管理和应用的工程技术人员。人工智能算法工程师是一个概括的说法，其实根据具体的技术领域，又可以分为多个细分岗位，比如说计算机视觉算法、自然语言处理、机器学习、数据挖掘以及智能机器人算法等。本书把这些与人工智能相关的算法岗位统一归纳为人工智能算法岗位，由此可见，人工智能算法工程师涉及领域和行业是非常广阔的。

我们从人工智能工程技术人员 (2021 年版) 国家标准中整理了部分人工智能算法工程师的工作内容和技能要求，如表 3-4 所示。

表 3-4　人工智能算法岗位要求

职业功能	工作内容	技 能 要 求
人工智能算法应用	人工智能算法选型及调优 (初级)	1. 能准确地判断应用任务是否适合用机器学习技术解决； 2. 能应用深度学习或主流机器学习算法原理解决实际任务； 3. 能运行基础神经网络模型，按照一定的指导原则，对深度神经网络进行调优
	人工智能算法实现及应用 (初级)	1. 能使用至少一种国产化深度学习框架训练模型，并使用训练好的模型进行预测； 2. 能实现深度学习框架的安装、模型训练、推理部署
	人工智能算法选型及调优 (中级)	1. 能快速判断并选择所需要的模型，合理使用机器学习模型与深度学习模型并进行模型调优； 2. 能调研及运行深度的神经网络模型，在需要进行参数调整和适配到自身的应用问题时，对关键参数的调整能提出解决方案
	人工智能算法实现及应用 (中级)	1. 能完成深度学习框架安装、模型训练、推理部署的全流程； 2. 能使用深度学习框架的用户接口进行神经网络模型搭建
	人工智能算法选型及调优 (高级)	1. 能在面对用户需求和业务需求时，将其准确转换为机器学习语言、算法及模型； 2. 能对机器学习技术要素进行组合使用，并进行建模； 3. 能在标准算法基础上，对组合多种机器学习技术要素进行模型设计及调优的能力
	人工智能算法实现及应用 (高级)	1. 能使用深度学习框架实现算法的设计和开发； 2. 能合理组合、改造并创新深度学习模型来解决更加复杂的应用问题

人工智能算法岗位是人工智能产业中最核心的岗位，也是技术难度最大的岗位，相应的薪资待遇也是最为优厚的，是企业的核心竞争力所在。

在招聘网站中通过人工智能算法的关键字进行搜索，根据结果分析，该岗位目前供需不足，有大量的岗位进行招聘活动，但是岗位的要求主要为硕士学位以上，本科和高职会有少量岗位提供，但是在一般情况下要求具有相关的工作经验，对高职的学生提出了更高的挑战。人工智能算法岗位要求学生掌握主流的深度学习或者机器学习的算法，能够熟练安装、调试和训练人工智能模型，然后还能进行相应的工程实践。薪资待遇大致分布范围在 1～5 万 / 月。

3.1.3　人工智能应用人才技能需求及学习路径

整体来看人工智能专业就是一门交叉学科，它是随着科学技术的逐步发展、各个学科的逐步融合慢慢发展而来的，其中数学和计算机编程是人工智能专业最为重要和核心的两个方面。很多同学在学习人工智能的过程中会被里面的很多复杂的数学公式、晦涩难懂的概念劝退，往往觉得难以理解。其实如果开始学习的时候不过分追求细节、能够循序渐进、按部就班地学习和理解人工智能相关的知识，就会发现其实没有想象的那般困难。

下面我们从通用型和典型岗位两个方面来介绍人工智能技术应用专业的技能需求以及对应的学习路径。

1. 通用型技能

所谓通用型技能是指所有人工智能技术应用专业的学生都应该具备的技能，是以后从事任何人工智能相关工作的基础和前提。它主要包括基础知识储备和专业理论知识学习两个部分。

1) 基础知识储备

人工智能专业的学生需要掌握的数学知识有线性代数中的欧式距离的计算、矩阵的变换等。要求学生具备一定的计算机知识素养，掌握计算机学科的基础知识体系、常用的计算机术语、主流的编程语言和开发工具、网络和操作系统以及数据库等。例如 Python 是在 AI 领域非常受欢迎的一门编程语言，学好 Python 受益良多。

基础知识储备学习课程如表 3-5 所示。

表 3-5　基础知识储备学习课程

数 学 知 识	计 算 机 基 础
高等数学 线性代数 概率论与数理统计 计算机数学 数学建模	Python/Java 程序设计基础 Linux 应用技术 计算机网络 数据库原理与应用 数据结构 计算机应用与维护

2) 专业理论知识学习

专业理论知识的核心内容为机器学习，因为目前人工智能主要的实现方式就是机器学习。深度学习是机器学习的一种，也是最重要的人工智能专业知识。除此之外，学习基本的数据处理方法也是非常必要的。在此基础上，可以进一步补充人工智能应用领域的知识体系，比如计算机视觉、自然语言处理、智能机器人开发等内容。

专业理论知识学习内容如表 3-6 所示。

表 3-6　专业理论知识学习内容

人工智能导论 Python 数据处理 机器学习技术 深度学习技术 开源 AI 框架基础	图像处理技术 计算机视觉 自然语言处理 数据挖掘 智能机器人应用开发

2. 典型岗位技能

结合前述四个标志性的人工智能岗位，下面我们深入探讨在通用性专业技能要求之外，还需要培养哪些技能。

1) 数据标注岗位

数据标注岗位要求员工建立完备的数据标注知识体系。数据根据标注时间可分为两大类：原始数据与标注后数据。对于原始数据，需熟悉常用的数据清洗与标注工具。而针对标注后数据，需学习如何运用工具对数据进行分类、总结和统计，以建立有价值的数据集。此外，对于数据标注审核，需要了解审核规则和标准，以及掌握相应的审核工具的使用。

2) 人工智能运维岗位

人工智能运维岗位主要包含智能系统的维护和智能系统的优化两个方面。针对前者，学生需要具备维护智能系统所需要的知识和数据，懂得知识整理、数据整理和智能应用的方法。针对后者，学生要能够利用分析工具对系统进行数据分析并输出分析报告，并根据报告对系统的功能进行优化。学生还要掌握数据拆解、数据分析以及数据分析工具使用的方法。

3) 人工智能软件开发岗位

人工智能软件开发岗位主要包括智能产品设计、智能产品功能实现和智能产品测试三个方面，企业中工程师会根据级别和工作经验分别承担其中的某一方面的岗位。

智能产品设计要求能够设计出解决某一工业领域问题的智能产品解决方案并推动实现。学生要熟练掌握某一领域的知识，具备应用人工智能的技术设计产品解决问题的能力。

智能产品功能实现需要将解决方案转化为产品功能需求并实现该功能。要求具备产品开发的项目管理知识和工程实践能力。

智能产品测试要求能够根据原始的功能需求对智能产品进行功能测试，保障产品功能的可靠性和稳定性。需要学习专业的软件测试流程和技术。

4) 人工智能算法岗位

人工智能算法岗位主要包括算法选型及调优和算法的实现及应用。

算法选型及调优要求算法工程师准确判断是否可以利用机器学习或者深度学习来解决实际问题，并在开发过程中不断对算法模型进行调优。学生需要对人工智能的各种学习算法有较为深刻的理解和掌握，比如卷积神经网络、图神经网络等。同时学生还需要了解各种学习算法的评估方法，了解各种评估指标，如准确率、召回率、检测指标等，才能根据评估指标对模型进行调优。

算法的实现及应用要求学生能熟练使用至少一种深度学习框架训练模型，并能实现该深度学习框架的安装、模型训练和推理部署。学生还需要学习深度学习框架的基本内容，重点是框架的使用方法，并能准确熟练地利用框架来实现人工智能算法模型的训练和预测。

▌▌ 3.2　人工智能复合型人才学业向导

随着人工智能技术的快速发展，带来的不仅是人工智能自身产业的繁荣，同时也赋能许多的传统行业，进而带动了传统行业新技术的革新和发展。现在越来越多的传统行业的从业人员也投入到学习人工智能技术的浪潮之中，期望给行业带来更多的机会和增长点。

国家从战略方面高度肯定了人工智能复合型人才培养的重大意义。2017 年，国务院颁布的《新一代人工智能发展规划》中明确提出大力建设人工智能学科、完善人工智能领域学科布局、设立人工智能专业、推动人工智能领域一级学科建设；鼓励高校在原有基础上拓宽人工智能专业教育内容，形成"人工智能＋X"复合型专业培养新模式；重视人工智能与数学、计算机科学、物理学、生物学、心理学、社会学、法学等学科专业教育的交叉融合；加强产学研合作，鼓励高校、科研院所与企业等机构合作开展人工智能学科建设。

人工智能复合型专业人才如何定位，目前在业界还没有一个明确的认识和统一的界定。本书认为人工智能复合型人才具体表现为具备传统行业知识，通过学习部分实用的人工智能技术，将人工智能的现有成熟的技术直接应用到本行业的生产活动中，进而提升工作效率或者改进工作流程的技能人才。与人工智能技术应用专业比较，复合型人才对人工智能专业知识的理解不需要特别深入，更多在于了解人工智能的相关行业术语、把比较成熟的人工智能模型应用套用到自己熟悉的传统行业领域中，进而实现人工智能与传统行业的融合。复合型人才其实更强调其传统的专业知识背景，而这也是人工智能专业人员所不具备的优势，结合所学习的人工智能技术便可以实现复合型人才的培养目标。

人工智能复合型人才除了自身的专业技能知识以外，仍需要额外拓展一些与人工智能相关的知识。但是学习的侧重点不同，以原有专业为主，人工智能技术为辅助，进而相辅相成，为以后人工智能赋能各行业的学习和工作打下一个坚实的基础，学习路线如图 3-5 所示。

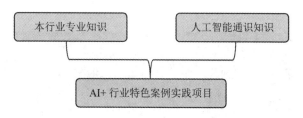

图 3-5　人工智能复合型人才学习路线

下面我们以几个产业为例，介绍相关产业复合型人才的学业向导。

3.2.1　人工智能赋能智能交通产业复合型人才

交通运输行业作为国民经济的命脉和基础性保障，随着"交通强国""新型基础设施建设"等国家战略的实施，不断向信息化、网络化、智能化方向进行转型升级，交通运输行业用人单位面对新技术、新模式和新业态的到来，急需既掌握交通系统规划、交通运输管理与优化等业务知识，又精通大数据处理技术、人工智能算法、计算机技术的复合型人才，因此智能交通专业人才需求量巨大。智能交通专业学生毕业后，可在交通运输领域从事城市及区域智能交通开发、智能交通工程项目维护、智能交通控制与管理等工作。

智能交通是人工智能专业与交通运输行业结合的典型应用场景。

(1) 交通运输专业的基础知识主要包括道路工程、交通工程基础、交通规划基础、交通管理与控制基础、交通规划与仿真、交通设施设计、道路交通安全、道路勘测设计等。

(2) 人工智能专业技术主要包括数据库原理、Python 编程、算法与数据结构、人工智能基础、计算机概论、机器学习及实践等。

(3) 交叉结合的课程主要包括智能交通大数据与信息处理、智慧交通系统等。

3.2.2 人工智能赋能数字商务产业复合型人才

智能商务也叫商务智能，包括的技术有数据仓库、数据挖掘、数据集成和存储管理、数据分析和建模、联机分析处理 (OLAP)。它是一套完整的解决方案，用来将企业中现有的数据进行有效的整合，快速准确地提供报表并提出决策依据，帮助企业做出明智的业务经营决策。

在给出商务智能解决方案上要做到的正是，将平常业务人员大量的手工数据收集与整合操作通过计算机软件系统进行实现，从而达到商务智能快速准确的要求，将人从琐碎的数据收集与整合工作中解脱出来，专注于分析与决策工作。

商务智能 (Business Intelligence，BI) 是指结合人工智能的算法，用现代数据仓库技术、线上分析处理技术、数据挖掘和数据展现技术进行数据分析以实现商业价值。商务智能包含了数据分析的过程，以及通过智能化算法对商业趋势、未来商业热点进行判断的过程。商务智能重点体现在能给企业带去商业价值，让企业决策者从人工智能领域得到有价值的洞察力和判断力，使他们能够做出更优决策。这是一套完整的由数据仓库、查询报表、数据分析等组成的数据类技术解决方案。

随着大数据和人工智能的发展，商务智能逐步应用到企业级数据分析中，越来越多的 BI 工具出现在企业数据分析的应用场景中，如图 3-6 所示。这就是一个商务智能大屏数据分析的实例，通过数据展示以及数据后台智能分析展现某个垂直行业的商务核心价值。

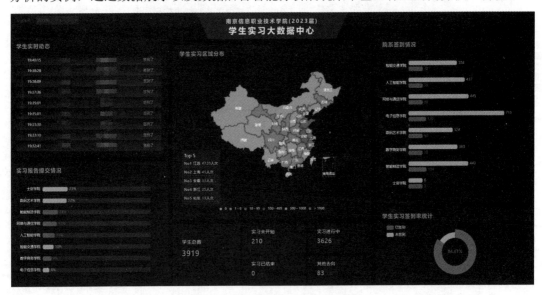

图 3-6　商务智能的大屏数据展示

人工智能专业技术主要包括人工智能技术、大数据、数据挖掘、数据可视化等。

3.2.3 人工智能赋能智能制造产业复合型人才

智能制造，源于人工智能的研究，一般认为智能是知识和智力的总和，前者是智能的基础，后者是指获取和运用知识求解的能力。

智能制造应当包含智能制造技术和智能制造系统，智能制造系统不仅能够在实践中不断地充实知识库，而且还具有自学习功能，具备搜集与理解环境信息和自身的信息并进行分析判断和规划自身行为的能力。智能制造技术包括自动化、信息化、互联网和智能化四个层次，产业链涵盖智能装备(机器人、数控机床、智能传感器、其他自动化装备等)、工业软件(制造执行系统、数据采集与监控系统等)、工业互联网(云技术、大数据、工业以太网、网络安全等)，以及将上述环节有机结合的自动化系统集成和生产线集成等。

智能制造是人工智能与传统的机械制造行业融合的应用场景。

(1) 传统机械制造专业知识主要包括工程图学、工程力学、机械设计基础、电工电子学、公差与检测技术、数字化制造技术等。

(2) 人工智能专业技术主要包括计算机程序设计(Python)、人工智能技术、工业机器人技术、数据库技术、物联网技术与应用等。

(3) 交叉结合的课程主要包括智能传感技术、工业互联网与物联网、工业大数据、智能运维与健康管理等。

本 章 小 结

本章为人工智能技术应用专业的学生提供学业向导。本章首先结合当前人工智能行业的人才需求现状，重点分析了高职层次典型的人工智能岗位职责和工作内容，总结出人工智能技术应用专业的技能需求和学习路径；其次本章还提供了针对人工智能复合型人才的学业向导。本章重点阐述了在智能交通、数字商务和智能制造等领域，如何培养既熟练掌握本领域技能同时又熟悉人工智能知识的复合型人才。通过本章的学习，为人工智能技术应用以及相关专业的学生提供学业向导，也为未来从事人工智能相关工作打下良好的基础。

学完本章内容，对于人工智能技术应用专业的学业规划和职业发展，同学们可以从以下几个方面进行思考和探讨：

(1) 职业目标明确性。首先思考自己的职业目标。这可能包括成为一名数据科学家、机器学习工程师、智能交通系统开发者等。明确职业目标有助于同学们更有针对性地选择课程和项目，以满足未来的职业需求。

(2) 技能发展路径。同学们需要制订技能发展路径，就意味着需要了解并掌握人工智能领域的核心技能，如编程、数据分析、深度学习等。这些技能是进入行业必需的技能，因此同学们应该积极参加相关的课程、实验和项目的学习，不断提高自己的技能水平。

(3) 跨学科知识。如果希望成为复合型人才，则需要在多个领域之间建立连接。这意味着同学们需要主动探索与智能交通、数字商务和智能制造等领域相关的交叉知识。学会如何将人工智能技术应用于这些领域将使大家更具竞争力。

(4) 实践经验。除了理论知识，实践经验也至关重要。同学们应该积极参与项目、实习和研究，以应对实际问题并建立自己的作品集。这将有助于同学们在职业市场上脱颖而出。

(5) 持续学习和适应能力。人工智能领域发展迅猛，技术不断演进。同学们需要培养持续学习的习惯，跟踪行业的最新趋势和技术，以保持竞争力。

(6) 社会责任感。在学习人工智能技术的同时，同学们也要思考技术的社会影响和伦理问题。作为未来的从业者，我们有责任确保人工智能的应用是合法、道德和可持续的。

同学们在人工智能技术应用专业的学习中需要不断努力，积累知识和经验、明确职业目标、培养技能，以及关注社会和伦理问题。这将有助于我们在未来从事人工智能相关工作中取得成功，为社会的科技进步和发展作出积极的贡献。

思 考 题

1. 简述人工智能行业的典型岗位类型。
2. 简述什么是数据标注工程师。
3. 简述人工智能复合型人才的内涵。
4. 描述智能商务的概念。

第二部分

人工智能在产业中的应用

第 4 章　人工智能在电子信息领域中的应用

4.1　人工智能在芯片设计及制造方向的应用

芯片设计技术是半导体应用领域的关键分支。随着芯片制程技术的不断进步，单一芯片动辄内含数十亿到数百亿个晶体管，整个架构变得极为复杂。SoC(System on a Chip，片上系统) 设计成本高，开发团队规模持续扩大，使得先进的 SoC 的开发成为少数大型跨国公司的专利。传统方法难以应对未来的工程挑战，因此无论在线路布局还是在设计仿真方面，采用机器学习已是大势所趋。随着 GPU 性能的不断提升，为了能够在合理时间内完成运算任务，一些从业者开始尝试在芯片设计过程中引入人工智能技术。

人工智能在芯片设计以及制造方向的应用

4.1.1　人工智能助力芯片设计

机器学习带来了崭新的、突破性的、由人工智能驱动的芯片设计解决方案，这种新型的设计工具从图 4-1 所示的三个方面解决了传统电子芯片设计业遇到的问题，可以在芯片设计环境下，从迭代和使用过程中不断学习，并实现设计效率的飞跃。

图 4-1　人工智能对电子芯片设计的影响

1. 降低电子芯片设计成本

芯片设计行业作为高新技术领域的尖端行业，对于从业者的能力要求非常高。尽管行业的从业者往往是电子信息专业最顶尖的人才，但是，每年一次的 EDN(Electrical Design News) "Mind of the Engineer" 研究发现，电子芯片设计者们在项目工作量、资源限制和紧迫的上市时间方面承受着巨大的压力。

人工智能被认为是开发者的得力助手。尽管人们对机器可能取代人类的担忧在一定程度上依然存在，但在芯片设计领域，利用人工智能作为提高生产效率、设计性能和能源效益的策略已经受到广泛关注。《福布斯》指出，芯片行业已经进入人工智能协助设计芯片的新阶段，开发团队必须紧跟半导体行业的快速发展。随着芯片尺寸的不断扩大，特别是人工智能和高性能计算等新兴应用领域的芯片尺寸的扩大以及承载这些应用的超大规模数据中心的扩大，芯片设计变得越来越具有挑战性。以美国 Cerebras 公司的晶圆级引擎 (WSE) 为例，其面积达到了 46 225 平方毫米，包含 1.2 万亿个晶体管和 40 万个人工智能优化内核，成为目前为止面积最大的芯片。显然，仅依靠扩大团队规模来应对这种大型芯片设计的工作量既不切实际，也不可持续。因此，运用人工智能来协助芯片设计不仅有助于提高生产力和优化设计，还可以确保行业的可持续发展。

因此，人工智能提供了一种满足设计和业务目标的扩展方法。随着硅技术日益复杂，布局布线 (P&R) 工具已经取得了显著的成果——包括确定逻辑门和 IP 模块的放置，以及合理选择绕线路径和互连层以完成所有的布线连接。然而，布局布线流程的输入信息构成了庞大的潜在解决方案搜索空间，涵盖功能 (宏观架构)、形式 (微观架构) 和拟合 (硅技术)。这些数据可能需要漫长的计算时间，而如果借助人工智能，芯片设计者就可以迅速做出复杂决策。

2020 年，新思科技推出了业界首个用于芯片设计的人工智能应用程序——DSO.ai。在 DSO.ai 的辅助下，工程师能够摆脱繁琐的重复性劳动，专注于更具增值性的芯片设计任务，例如提高良品率的设计空间。这极大地降低了电子芯片设计的人员需求，实现了真正的"降本增效"。

2. 缩短电子芯片设计周期

人工智能在芯片设计中的一个颠覆性应用就是设计空间优化 (DSO)，这是一种创成式优化模式，它采用强化学习技术自主搜索设计空间，以获得最佳解决方案。通过将人工智能应用于芯片设计工作流程，DSO 有助于大规模扩展选择探索的范围，大量影响较小的决策则可以通过自动化方式做出。这种方法使得该技术有机会持续以训练数据为基础，并应用学到的知识最终加速流片过程，实现功耗、性能和面积 (PPA) 目标。人工智能的一个关键优势就是支持复用，即从一个项目学到的知识可用于未来的项目，从而提高设计效率。

美国兴起的电子复兴运动 (Electronics Resurgence Initiative，ERI)，提出了人工智能在芯片设计领域的终极目标，即创造出一个以人工智能为基础的芯片设计软件，能在 24 小时内完成一次设计循环，进而让定制化 SoC 能大量、快速地产出。

3. 解决电子芯片设计重大难题

先进的 SoC 通常采用包含数十亿晶体管的先进制程，较高的成本使得仅有少数市场规模较大的应用，如智能手机芯片，能吸引电子芯片设计公司为其开发定制 SoC。然而，除了这些"明星"应用外，许多系统设备 (如国防和航天航空领域) 对电子芯片的先进性和可靠性也有强烈需求。由于这些需求规模相对较小，传统电子芯片设计开发的高昂费用使得先进 SoC 难以普及。

在与国家安全和民生等领域密切相关的应用中，实现成本可接受且在合理时间内完成芯片设计的唯一方法是利用人工智能技术辅助电子芯片设计。这将有助于满足各领域对先进 SoC 的需求，降低成本并提高设计效率。

电子芯片设计产业主要集中在全球少数发达国家。在这些国家普遍面临劳动力短缺问题的背景下，电子芯片设计产业的劳动力短缺问题日益严重。根据《中国集成电路产业人才发展报告 (2020—2021)》，2020 年中国大陆半导体产业从业人员规模约 54.1 万人。以产业结构区分，IC 设计人员规模为 19.96 万人、IC 制造为 18.12 万人、封装测试为 16.02 万人。预计到 2023 年前后，全行业人才需求将达到 76.65 万人左右，其中人才缺口将达到 20 万人。另一方面，随着婴儿潮时代的结束，许多资深半导体专业人士即将退休，未来劳动力短缺问题将更加严重，甚至可能导致经验传承中断的危机。对于定制化的 ASIC 和模拟芯片而言，设计经验至关重要。如果不立即采取措施将资深专家的经验转移到基于机器学习的开发环境中，那么对 IC 设计将是非常不利的。此外，当代年轻人对进入半导体产业的兴趣并不浓厚。因此，让机器承担更多工作并提高工程师的工作效率，将是未来必然要走的道路。

4.1.2 人工智能助力芯片制造

芯片制程工艺繁复，一片晶圆要经过几百甚至上千道的工序才能做好，所以不管是电子芯片设计公司还是电子芯片制造公司，都要考虑良率的问题。在传统的芯片制造生产过程中需要大量高强度的人力介入，每天工程师需要穿着无尘服在无尘区工作，如图 4-2 所示。人工智能技术的应用可以极大地降低芯片制造过程中人力的介入。

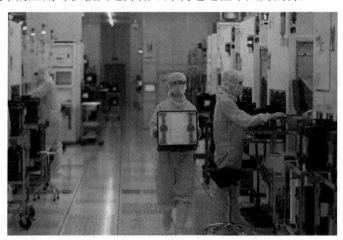

图 4-2　芯片制造过程中无尘生产环境

以 RPA(Robotic Process Automation，机器人流程自动化) 为代表的人工智能技术有希望在生产决策、调整良品率、解决缺陷等三个方面解决芯片制作过程中面临的问题。

1. 提升生产决策效率

随着半导体技术的发展，制程复杂度呈指数级增长，这使得电子芯片制造成为世界上最复杂的制造产业之一。一家大型芯片制造公司通常需要生产不同制程技术和尺寸的电子芯片。例如，根据台积电 2021 年的年报数据，台积电可提供 261 种不同的制程技术，为 481 个客户生产超过 1 万种不同的电子芯片。

在如此多样化和大量的技术服务背景下，芯片制造商需要满足不同客户的需求，而这背后的制造管理和生产设备管控无疑是一项复杂而艰巨的挑战。以台积电最新的超大晶圆厂为例，其面积约为 10 个足球场大小，厂内机台数量庞大。在如此巨大的制造规模下，仅依靠人力完成生产管理显然是不现实的。一方面，物料搬运工作繁重且效率低下，另一方面，庞大的决策规模已超过人脑的负荷极限。因此，为提高生产效率并应对制造业的复杂挑战，半导体制造企业需要寻求更为先进和高效的管理方式。

人工智能在复杂芯片制造场景下的生产流程控制的主要优势在于实现原材料搬运车、芯片生产设备和芯片生产原料之间的实时互联互通。这有助于实现生产设备自动化 (Equipment Automation)、派工自动化 (Dispatching Automation) 和搬运自动化 (Transportation Automation)。

借助人工智能强大的派工决策系统，可以实时确定在庞大的芯片生产流程中何时将原料送入生产设备以及下一站应转移到哪个生产设备以获得最佳的生产效率和质量。由于半导体制造流程是循环式加工流程，一片晶圆的加工过程可能包含超过上千道次工序，因此在单一工站上决定生产顺序是不现实的。在执行派工决策时，必须综合考虑制程的上下游关系再进行排程和派工。

利用人工智能技术，一名作业员可以处理高达 80 台芯片生产设备，这是传统生产效率的 25 倍；同时，处理客户紧急订单的能力提高了 10 倍，准时交付率接近 100%。这种技术创新为芯片制造业带来了显著的生产效率和质量提升。

2. 提高芯片制造良品率

近年来，在 7 nm 以下制程的高端芯片制造领域，基本上只剩下三星和台积电两家竞争者。然而，三星在相同制程上屡次受到台积电的压制，主要原因是三星难以保证良品率，这使三星在赢得客户信任方面大打折扣。在 4 nm 制程工艺时期，三星的良品率仅为 35%，远低于台积电 70% 的良品率。这也使得高通将骁龙 8 Gen1 Plus 的生产订单转交给了台积电。台积电能够在先进制程领域保持全球领先地位，高良品率是其关键优势。

与此同时，另一大芯片巨头英特尔也受到良品率问题的困扰。2020 年 7 月，英特尔发布消息称，原计划于 2021 年底上市的 7 nm 芯片因工艺缺陷导致良品率下降，发布时间将推迟 6 个月。此前，英特尔在 10 nm 制程研发过程中就遇到了诸多困难，多次延期，直至 2019 年初才实现量产。由此可见，芯片良品率的重要性不言而喻。鉴于芯片良品率的重要性，整个行业都高度关注这一问题。晶圆厂、IC 设计企业、半导体设备和材料厂商以及行业科研机构都在利用人工智能进行研究和探索，共同努力提升芯片良品率。

2021 年，全球最大半导体设备制造商应用材料公司推出了一款具有颠覆性的新产品——新一代光学半导体晶圆检测机。这台机器采用了大数据和人工智能技术，不仅能自动检测更多芯片，还能显著提高检测致命缺陷的效率。其系统每小时可减少 260 万美元的良品率损失。尽管这样一台机器的价格高达数百万美元，但它为芯片厂带来的收益可能超过百亿美元。

利用大数据和人工智能技术，缺陷检测系统能够迅速且准确地识别芯片表面的异常情况 (例如,两条电路线交叉可能导致芯片短路),并在可能的情况下自动修复缺陷。这样一来，缺陷就不会破坏电路，从而帮助芯片制造商提高每片晶圆的收入。得益于人工智能技术降低了检测设备的成本，芯片制造商可以在工艺流程中设置更多检查点，进而提高生产线监控的有效性。该方法能够在芯片良品率出现偏差之前进行预测，及时检测出偏差并停止晶圆加工，从而保证良品率。通过追踪根本原因并优化纠正措施，可以提高芯片制造的良品率并快速恢复大规模生产。这对于半导体行业来说意义重大,有助于进一步提升产量和质量。

3. 解决芯片制造缺陷

在电子芯片生产制造过程中,传统的人工缺陷检测方式已无法满足检测需求,智能化检测技术正日益发挥重要作用。缺陷自动检测及分类(Automatic Defect Classification,ADC)技术能对芯片生产过程中产生的不良问题,如不良种类、大小、位置等进行综合计算和自动分类,对环境干扰、设备故障等干扰因素进行及时修正和改善,避免不良品继续产生。

此外,ADC 技术还能为后续的返工(Rework)和返修(Repair)工艺操作提供指导,从而提高效率,降低整个芯片制造系统的不良率。这有助于及时减少返工和返修工作量,显著提升缺陷识别率、缺陷分类正确率和检测效率。这种智能化的检测技术为半导体行业带来了显著的生产效率和质量提升。

通过训练模型使其具备缺陷判别知识,ADC 技术可以实现自动分类和识别,全面实时检测各种产品缺陷。同时,系统通过传感设备纠正错误结果,并实时将修正结果反馈到 ADC,使模型得到持续学习,进一步提升缺陷判别效果。训练有素的模型甚至可以检测到肉眼几乎无法察觉的微小缺陷。

全球领先的电子芯片制造企业台积电已广泛部署了机器学习,如图 4-3 所示。台积电在在线边缘计算 ADC 和离线云计算 ADC 方面取得了显著成果。这种先进的技术应用不仅提高了芯片生产的检测效率,还为整个半导体行业带来了质量和生产效率的提升。

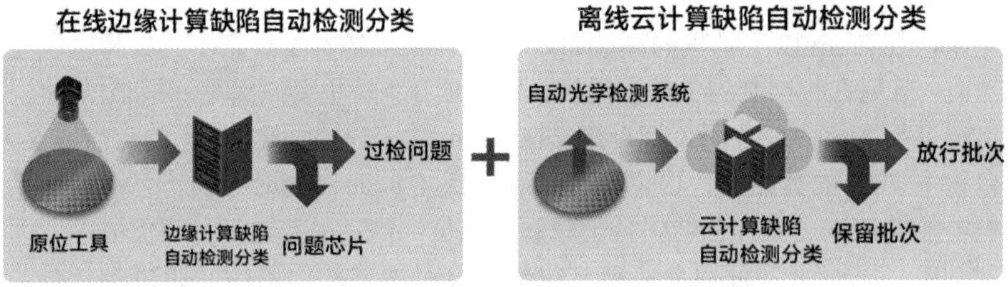

图 4-3 台积电 ADC 应用架构

4.1.3 人工智能为芯片封装测试提质增效

在芯片裸片(DIE)生产完成后,需要将其封装在一个密闭空间内,并引出相应的引脚。完成测试后,才能将其作为基本元器件使用,此过程即为封装和测试。此过程的目的在于保护芯片免受损伤,确保芯片的散热性能,实现电能和电信号的传输,从而保证系统正常运作。芯片测试则涉及对芯片外观和性能的检测。中国半导体封装产业正以迅猛的发展态势蓬勃兴起,并在全球市场中占据重要份额。据预测,到 2025 年,该产业的价值将达到约 850 亿美元。与此同时,另一个值得关注的趋势是,随着摩尔定律逐渐失效,芯片制程不会无限缩小。摩尔定律已经遇到瓶颈,芯片的特征尺寸已接近物理极限,因此,先进的封装技术就成为继续推进半导体产业发展的关键途径。先进的封装制程工艺复杂度极高,每一道工序后都有非常严格的质检环节。传统的质检依靠人力来进行,往往要占用一条先进封装工艺生产线上 80% 的人力,这已成为封测企业生产力主要的瓶颈。

通过部署封装缺陷人工智能检测工具,将获取到相关的数据,把数据与定制开发的算法、包含高精度质量参考模板和新编设计的 GDS 图纸信息以及人工标注数据的经验融合在一起，可进行相关质量的鉴定。智能质检分析及分类系统如图 4-4 所示。该解决方案包括了核心的 Reference 参考设计、模板辅助故障检测、设计同源、图像抗干扰、大模型深度定制。目前国内的芯片封测厂商智能质检分析系统上线效果整体缺陷召回率可以达到 99.9%(传统设备水平大约是在 90%)，关键缺陷召回率 (拦截率)100%，人力复判成本节约达到 50% 以上，缺陷漏检率仅为人工操作的 1%。通过对这些缺陷信息进行实时统计建宏，可以划分缺陷的热力图，便于进一步做良品率追踪，归因分析，最终实现改善制程的成品率。

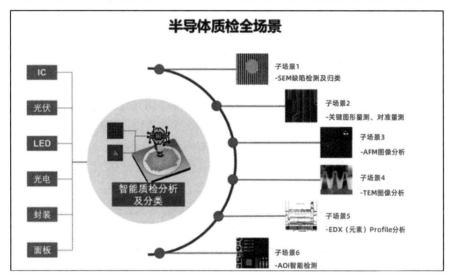

图 4-4　智能质检分析及分类系统工作场景

4.2　人工智能在电子电路设计制造方向的应用

在过去的三十年中，电子电路的设计从最初的手工绘图发展到使用计算机软件辅助设计，人工智能技术的发展为 PCB 电路板高度集成化的自动布线带来了非常多的解决方案。

人工智能在电子电路设计制造方向的应用

4.2.1　人工智能技术在电子设计自动化软件中的应用

电子设计自动化 (EDA) 工具已经深度融入电子信息领域的各个方面。作为支撑集成电路产业发展的基石和工具，EDA 随着摩尔定律的演进、芯片设计规模的扩大、制造工艺的复杂化以及产品成本和上市时间的压力，面临着巨大的挑战。

为了应对这些挑战，现代主流 EDA 正在将人工智能和机器学习技术应用于集成电路研究，以及芯片和系统的设计与工艺中。这方面主要课题包括快速提取模型化数据，热点检测在布局中的应用，布局和布线的优化，电路仿真模型的改进、性能、功耗和面积 (PPA) 的决策优化，从传统的经验模型向基于深度学习的训练和推理模型的转变。新一代集成人工智能技术的电子自动化设计工具，将在降低开发成本、缩短上市周期、提升性能、增加良品率等方面发挥巨大作用。可以毫不夸张地说，以人工智能驱动的电子设计自动化正在重新定义芯片和电子电路的设计与制造范式。

早在 2018 年，美国国防部高级研究计划局 (DARPA) 就树立了远大的目标，即实现"全自动芯片设计"，并积极邀请业界从业者参与这一高度具有挑战性的研究计划。近两三年来，利用人工智能技术加速芯片设计流程已经成为 EDA 工具领域的热门话题。尤其值得注意的是，在布局布线 (P&R) 以及仿真 (Simulation) 阶段，人工智能技术已经显现出巨大的应用潜力。在这一基础上，美国国防部立志通过人工智能实现芯片设计的全自动化 (Push Button IC Design) 愿景。

1. EDA 软件厂商人工智能技术的应用

在 2021 年，知名 EDA 软件供应商 Synopsys 宣布开发一套完全整合了人工智能的 EDA 工具。这些工具有望降低芯片开发成本，缩短上市时间，提高性能并提升产出率。Synopsys 表示，借助支持人工智能的设计工具，这些成本可以减少高达 50%，并且开发周期可以缩短数个数量级。这不仅将对行业产生深远影响，还将为更多公司带来更具竞争力的机遇。

2021 年 7 月，EDA 巨头 Cadence 宣布推出 Cadence Cerebrus Intelligent Chip Explorer，这是他们首个创新性的基于机器学习 (ML) 的设计工具。Cerebrus 与 Cadence 的从 RTL(Register Transfer Level，寄存器传输级) 到最终签发流程紧密结合，为高级工艺芯片设计师、CAD 团队和 IP 开发者提供全面支持。据报道，与传统的人工方法相比，Cerebrus 可以将工程生产力提升多达 10 倍，同时可提升功耗、性能和面积结果达 20%。

Cerebrus 为客户带来了多重优势，其中包括强化的机器学习功能、机器学习模型的可复用性、允许工程师同时为多个区块自动进行优化的完整 RTL 到 GDS(Graphic Data System，图形数据系统) 流程，从而提高了整个设计团队的工作效率，此外还包括大规模分布式计算和用户友好界面。这一创新工具的推出将有望引领芯片设计领域的发展，为设计团队带来更高效、更智能的设计方法。

在 2021 年 6 月的 Cadence LIVE Americas 大会上，Cadence 的首席执行官 Lip-Bu Tan 推出了全新的 Allegro X 设计平台，总裁 Anirudh Devgan 博士详细地介绍了 Allegro X 的特点。Allegro X 首次将原理图、版图、分析、设计协作和数据管理统一在一个系统设计平台中，如图 4-5 所示。Allegro X 平台还允许利用云计算资源来合成部分或全部 PCB 设计，实现更高效的设计。此外，Allegro X 创新的机器学习 (ML) 技术在进行 PDN 设计、器件布局与信号连接的同时，可以同步优化设计的可制造性以及信号完整性和功率完整性 (SI/PI) 设计需求。

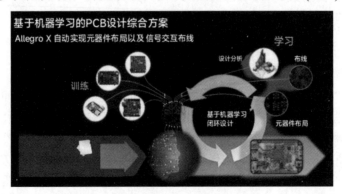

图 4-5　Allegro X 平台

西门子于 2019 年 5 月宣布推出人工智能 / 机器学习 (AI/ML) 开发套件，以加强 Calibre 工具的功能。西门子推出了两项 AI/ML 技术，分别是 Calibre Machine Learning OPC(mlOPC) 和 LFD with Machine Learning。这两种技术都能够通过机器学习使软件获得更快速、更精准的结果。此外，全新的 Calibre mlOPC 产品大幅提升了 OPC 运行速度 (提高了 3 倍)，从而达到了高达 75% 的运行时间效益。这些举措展示了西门子 EDA 在 AI/ML 领域持续不断的创新和投入，为设计工程师提供了更高效、更强大的工具，加速了集成电路的发展。

人工智能和机器学习为 EDA 厂商提供了有效的工具，以突破效率瓶颈。在计算光刻领域，西门子 EDA 的软件运用机器学习，以纳米级的精度，将光学邻近校正 (OPC) 输出的预测速度提高了 3 倍，如图 4-6 所示。在 LFD 制造方面，它还能够预测产量限制因素并制定设计指导。通过应用机器学习与深度数据分析，西门子 EDA 的 Solido 软件可以实现对变化性的感知设计和特征提取。在诊断驱动的产量分析方面，基于机器学习的 YieldInsight 软件极大地提升了客户 FinFET 设计的良品率分析能力。

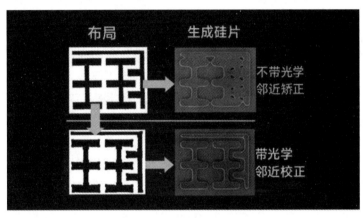

图 4-6 以纳米级的准确度来预测 OPC 输出

在 FPGA 领域，Xilinx 推出了 Vivado ML 版本，这是业界首个基于机器学习优化算法以及基于其高级设计流程的 FPGA EDA 工具套件，能够显著缩短设计时间和降低成本。相较于现有的 Vivado HLx 版本，Vivado ML 版本的编译时间缩短到原来的 1/5，而复杂设计的质量 (QoR) 平均提高了 10%。基于机器学习的优化技术支持逻辑优化、延迟估计和智能设计运行，可以自动执行减少时序收敛迭代的策略，通过提供一键式方法来积极改善时序结果，生成 QoR 建议，并提供专家级的质量结果。这在复杂电路设计的情况下，能够显著减少用户分析工作的难度。Xilinx 通过引入机器学习和新的设计概念，为用户提供了更高效、更灵活的设计工具和方法，进一步推动了 FPGA 技术的发展。

2. 人工智能在 EDA 应用方面的学术研究

伊利诺伊大学 (UIUC) 厄巴纳 - 香槟区 (UIUC) 的机器学习与高级电子学研究中心 (CAEML)，旨在对电子设计进行自动建模，并以此为基础，对其进行快速精确的设计与测试。他们的相关主要研究项目包括基于机器学习的网络预测方法、基于循环神经网络的电路老化 (含随机作用) 快速模拟方法；研究内容主要有基于模块化机器学习的电路及系统性能分析方法、基于机器学习的 IP 复用方法、基于深度网络的电路性能检测方法。

IDEA 是由卡内基梅隆大学、Cadence 和 NVIDIA 公司联合发起的电子设备智能设计项目，其目标是建立一个集成芯片与系统封装 (SiP) 与 PCB(PCB) 的一体化集成平台，形成一套完备的智能化设计过程，从而使其具备更高的自主研发水平。Cadence 与 NVIDIA 及卡内基 - 梅隆大学共同组建了 MAGESTIC 研究与发展计划，从设计的角度来推动产品的发展，从而为整个体系的设计打下坚实的基础。

在我国，清华大学信息工程学院、北京宇航大学等高校教师已在前期研究工作中，以开放源码 DREAMPlace 算法为核心，构建了一套可布线驱动的网络布局算法 DrPlace，并以此为核心，将可布线驱动总体布局、可布线驱动的合理布局与细化布局相结合，形成了一套完整的布局架构。在整个版图设计中，可以将管脚的密度函数引入一个新的优化设计中，并且设计了一个以 GPU 为核心的管脚密度。北大电脑科技学院教授致力于以机器学习为基础的设计自动化，以深度神经网络为基础，改善了传统的版图路由算法。

当前，卷积神经网络 (CNN) 在热点探测中发挥着越来越重要的作用。但是，在芯片的设计和制作中，标记信息的采集是非常耗时的。为此，复旦大学陈建利等人提出了一种基于积极的学习方法来减少标注数据量的方法。在积极学习理论中，通过对样本进行过滤和抽样以获取最有价值的数据，同时也增加了生成标记的开销。

广东理工大学微电子学院的团队在 EDA 设计中对设计参数的选择及常规布图设计方法进行了深入的研究。西南交大资讯系邸志雄教授致力于晶片物理学的可执行之演方法，他带领的课题提出了一种基于图论的可分配的线性预测方法。该方法能够在小型样本上获得很好的推广效果，并可提高版图优化的效果。同时，该方法也说明了基于图神经网络的 EDA 设计方法相对于其他设计方法上的优越性。

另外，国内其他高校如电子科大、东南大学等，也在 EDA 人工智能与机器学习领域开展了相应的研究工作。通过研究工作的开展，机器学习与人工智能技术已逐渐深入电子产品的设计中，为芯片设计与优化提供了更多的创新性与可能性，也为行业的发展注入了新的活力。

4.2.2　人工智能技术在 PCB 制造中的应用

PCB(Printed Circuit Board) 即印制电路板，有时也被称为印刷线路板，是电子领域的关键组件，为电子元件提供支持，实现元件之间的电气连接。如今，PCB 技术已经迈入全新阶段，涌现出高密度互连 (HDI)PCB、IC 基板 (ICS) 等创新技术，使整个制造过程从手动操作转变为全自动化流程。由此，PCB 缺陷检查变得更加重要且更加复杂，因为任何致命的缺陷都可能导致整个 PCB 板报废。传统的 PCB 制造依赖于多年积累知识的专家，这些专家深入了解制造过程的每一个步骤，了解如何通过他们的经验来优化生产并提高产量。然而，操作员的错误或对 PCB 缺陷的误判可能会导致过度处理，影响良品率，甚至可能损害 PCB 的质量。通过将人工智能集成到制造过程中，机器可以承担一些"学习型"任务，专家可以继续处理更复杂的任务，这些任务需要思考和与人工智能系统互动来进行优化和培训。人与人工智能的协同作用可以提高整体效率和运营水平，这正是人工智能在制造领域的巨大机遇所在。

在过去的五十年里，我国台湾地区的 PCB 产业以其完整的供应链、优良的品质以及两岸布局的优势脱颖而出。自动光学检测 (AOI) 设备则成为提高 PCB 产能和良品率的关键装备。AOI 设备可以部署在生产线中的中间位置，可以在不影响产能的情况下检查半成品。AOI 设备的检测流程首先通过光学扫描来获取待检 PCB 的清晰影像，然后经过计算机图像处理技术来检查 PCB 上是否存在短路、多铜和少铜、断路、缺口、毛刺、铜渣、缺件、偏斜等瑕疵，如图 4-7 所示。

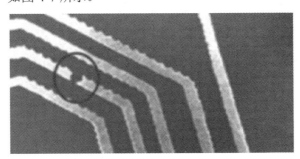

图 4-7　PCB 板上的典型缺陷

碁仕科技推出的 AI 瑕疵检测系统演示利用 Allied Vision Manta G-032C 专业工业相机和 Fujifilm 五百万像素高分辨率镜头进行图像采集，结合最新的 AI 深度学习算法的 SuaKIT AI 视觉检测软件，能够实现对 PCB 的即时检测并标注瑕疵，如图 4-8 所示。

图 4-8　实现对 PCB 的即时检测并标注 PCB 瑕疵

这一设备运用了深度学习技术中的人工智能神经网络来学习 PCB 图像。相对于传统的视觉技术，这个瑕疵检测系统能够分析复杂的影像，显著提升了自动化视觉检测的图像解读能力和准确性，并能够自动对瑕疵进行分类。根据影像的复杂程度，深度学习算法的初始阶段所需的图像数据量可能有所不同，通常在 50～100 张左右即可。此外，即使针对不同公司客户的不同瑕疵标准，该系统也能够灵活地进行适应和调整。

人工智能在
电力电子方
向上的应用

4.3　人工智能在电力电子方向上的应用

无论是发电还是输电，电力电子几乎都存在于每个工业自动化应用中。但随着行业的发展，电力电子设备更高效制造、控制和维护的需求也在不断提高。人工智能已被证明可以更加高效地维护以及检修电力电子设备。除此之外，人工智能还可用于能源电力以及电网优化等方向，可以极大地提升能源以及电网的使用效率和可靠性。

4.3.1 人工智能在电力设备检修中的应用

人工智能技术在电力设备的定期维护和检修中扮演着关键角色。定期维护和检修不仅有助于确保电力设备正常运行，同时也保障了企业运营和民众生活的正常。此外，这种维护还对电力企业的发展至关重要，直接关系到其服务质量和声誉。然而，电力设备的维护和检修周期长、工作量大，传统的运维方法难以满足市场需求。而利用人工智能技术可以快速检测和解决电力设备故障，不仅提高了运维效率，还保障了员工的安全。人工智能技术应用于电力设备检修主要有以下四个方面：

(1) 缺陷识别和故障诊断。传统电力设备维护依赖于人工评价分析，导致效率低下，数据准确性不足。人工智能技术改变了这种状况。人工智能技术能够通过有效的数据分析迅速定位故障，为电力变压器、高压电路器等重要设备提供精准的诊断方案，确保问题及时解决。

(2) 健康状态评估。人工智能技术能对电力设备健康状态进行科学评估，有效预防故障，保障电力系统稳定性。针对陈旧设备，人工智能能够提供详尽的运行情况，有助于合理安排设备更换和采购，降低定期维护频率，提升工作效率。

(3) 电力设备巡检。利用人工智能技术和图像识别，电力设备的巡检更加精准高效。人工智能技术所具有的远程巡逻电力线、自主导航等功能，结合高精准度图像传输，可以有效收集数据，准确了解设备性能和运行状况；同时，通过综合分析不同来源信息，可实现对多变电站、配电室等的同时控制，保障电力系统的稳定运行。

(4) 自动化控制。人工智能技术助力电力系统实现自动化控制，改善运行问题。人工智能技术可以实时监控电力设备，有效收集数据，降低故障频率，提高运维效率。

未来，人工智能技术在电力设备运维检修中将发挥更大的作用，即通过系统优化，确保电力设备运维检修系统的稳定、安全、高效，并降低成本，促进电力企业快速发展。

4.3.2 人工智能在能源电力中的应用

人工智能在能源电力领域的应用主要表现在以下几个方面，第一，管理方式的升级。在电力系统中，各方面的管理工作的自动化、智能化程度偏低，即使有很多工作已经在智能化水平上有一定成果，但成果之间往往相互独立，未能充分发挥出有效的协同作用。人工智能的作用之一就是，有效整合现有系统，发挥系统之间的协同效用，极大地发掘现有系统的潜在价值，实现管理优化。第二，关键领域的开拓。能源电力系统已经存在并发展了许多年，拥有比较成熟的体系，但限于技术水平，很多领域并未能得到有效发展，主要体现在需求响应、负荷预测、设备管理、信息化管理和电力市场预测等方面。

1. 需求响应技术

需求响应技术与用户行为特征息息相关，而对用户行为进行分析是基于历史数据的。人工智能的算法结合大数据技术可以有效挖掘潜在的数据信息，强大的计算能力也可以解决数据规模过大的难题，进而得到更准确的用户行为分析。

2. 负荷预测技术

影响负荷的因素多种多样，比如温度、湿度、季节、天气等，负荷预测方法有很多，近些年基于 R、Python 等大数据分析的负荷预测方法开始出现。随着更多人工智能技术的融入，可以有效解决负荷预测精度问题。

3. 设备管理

设备管理是各行各业都面临的问题，尤其是对于长时间运行的功能性设备，何时进行必要的保养、检修或者更新，以往都是基于经验来决定的。利用人工智能技术对设备历史运行资料（尤其是故障资料）进行分析，合理地安排设备的相应管理及操作，能更充分地发挥设备的价值。

4. 信息化管理和电力市场预测

信息化管理是能源电力领域的必然趋势，但各类能源的数据各不相同，难于统一管理，这将影响信息化的协同建设。如何有效归整各类数据，提取关键信息，建立关联关系，是人工智能在推进能源电力系统智能化建设过程中的重要内容。电力市场是当下国内的一大热点，虽然有大量国外成熟电力市场的实例，但本土化的过程并不容易。人工智能相关算法结合历史的电力数据可以做到对电力市场进行精准预测，并在此基础上优化资源的配置，及时地进行宏观调控。

4.3.3　人工智能在电网系统优化中的应用案例

2022 年 3 月，国网山东枣庄供电公司宣布，与百度智能云合作打造的高精度母线负荷预测系统，整体预测准确率达 98.2%，有效降低了清洁能源给电网带来的高随机性和高波动性，为电网安全稳定运行提供了有力的支撑。

母线负荷预测是电网调度运行过程中的重要一环。它针对一个区域的用电负荷进行预测，预测结果是电力调度控制中重要的指标和参考因素。为了实现"双碳"目标，整个电力行业正在构建"以新能源为主体的新型电力系统"。随着风电、光伏等新能源大量建设和接入，电力系统正面临着越来越严峻的挑战，母线负荷预测的重要性也愈加凸显。更加精确的母线负荷预测有助于增强电网调度的调控能力，对于节约电力系统运行成本、实现精细化管理具有重大的经济价值和社会价值。

在枣庄，分布式光伏的装机量飞速增长，以及并网后带来的高随机性和高波动性也都为母线负荷预测工作带来了巨大的挑战。为此，国网山东枣庄供电公司与百度智能云合作，尝试将人工智能技术应用在母线负荷预测的业务场景中，取得了良好的效果。从 2021 年 10 月开始，该系统已经稳定运行半年，覆盖枣庄电网 34 条母线，整体预测准确率达 98.2%，已经达到业内领先水平，并且一直在持续地优化和提升。

基于业务专家深刻的业务理解和百度的算法能力，枣庄电网与百度智能云共同打造了一套基于百度自研的时序建模引擎的高精度母线负荷预测系统。该系统能够充分挖掘负荷数据在时间序列上的潜在规律；同时采用迁移学习、表征学习等方法提升模型的泛化能力，使得模型能够更好地适应新能源的"双高"特性带来的数据分布变化，增强系统鲁棒性。此外，系统创新性地采用了省、地、县、用户多级协调预测的分布式系统架构，有效解决了限电、方式变化、用电计划调整等业务变化带来的问题，在提升预测精度的同时，也大幅降低了进行预测的工作量。与传统预测方式相比，枣庄电网的工作人员在使用该系统进行预测时平均人效能够提升5倍以上。

4.4 人工智能在遥控无人机中的应用

无人机(UAV)是一种由动力系统驱动，机上无人驾驶，可重复使用的飞行器的简称，最早出现于1917年，主要用于军事领域。20世纪90年代起，无人机逐渐出现在民用领域，并迅速发展。无人机具有机动灵活、任务周期短、相比航空航天飞行器成本低廉、受天气和地形的限制因素小等优点而应用于各行各业，图4-9为无人机在快递业的应用。行业应用的不同特点和不断发展的军事格局对无人机系统(UAS)提出了更高的要求。无人机系统的特点是机上无人驾驶，具有动力装置和导航

人工智能在遥控无人机中的应用

模块，在一定范围内靠无线电遥控设备或计算机预编程序自主控制飞行，因此自主控制技术成为其关键核心技术。从当前阶段的发展现状来看，无人机控制系统的自动化已经解决了飞行自动控制的问题，但是还没有解决智能自主控制的问题。因此，无人机下一步产业化、全域化的发展应用，必须依托人工智能技术的进步。

图4-9 无人机应用于快递业

4.4.1 无人机对人工智能的需求

无人机系统的智能化主要表现在单机飞行智能化、多机协同智能化和任务自主智能化三个方面。在技术的实践和发展历程中，单机飞行智能化是基础，多机协同智能化是途径，任务自主智能化是发展目标。

1. 单机飞行智能化

单机飞行智能化是指面向高动态、实时、不透明的任务环境，无人机应该能够做到感知周边环境并规避障碍物，机动灵活并容错飞行，按照任务要求自主规划飞行路径、自主

识别目标属性，能够用自然语言与人交流等。也就是说，实现单机飞行智能化的无人机应当具备环境感知与规避、自动目标识别、鲁棒控制、自主决策、路径规划、语义交互等能力。为了实现这些能力，需要在智能感知与规避技术、智能路径规划技术、智能飞行控制技术、智能空域整合技术和智能飞行器技术等关键技术方向取得突破。

2. 多机协同智能化

多机协同智能化的具体目标是在无人机系统的"蜂群"作战中实现更高水平的协同。重点在于突破协同指挥控制技术、协同态势感知生成与评估技术、协同路径规划技术、协同语义交互技术等关键技术，以实现无人机系统之间以及无人机系统与有人作战系统之间的紧密协同。这包括自动控制"蜂群"中各无人系统的平台状态、交战状态、任务进度以及各编队之间的协同状态。

多机协同智能化的具体含义包括执行任务时协同行动的能力，通过利用和共享跨领域的 UAS 传感器信息来实现无缝的指挥、控制和通信的能力，能够接收不同系统的数据、信息和功能服务，并使它们有效协作的能力，以及能够提供数据、信息和功能服务给协同团队中其他有人或无人系统的能力。

在多机协同智能的发展过程中，涉及以下关键技术：

(1) 协同指挥控制技术，包括大动态、自组网通信技术，编队飞行控制技术，控制权限的分级、切换和交接技术，以及任务规划与目标分配技术。其中，任务规划与目标分配技术是指根据任务信息为不同无人机分别进行任务规划和分配不同的任务。

(2) 协同态势生成与评估技术，包括协同态势感知技术、协同态势处理技术、协同态势评估技术和协同态势分发技术。其中，协同态势感知利用分布在不同飞行器上的传感器进行环境感知，形成周边态势信息。

(3) 协同语义交互技术，核心在于实现人类与无人机之间，以及无人机与无人机之间的自然语言的机器理解。

(4) 协同路径规划技术，具体指在单机智能路径规划的基础上根据协同内容实时调整路径，以保证协同的成功。

3. 任务自主智能化

无人机作为行业基础工具，搭载各种任务设备，能够提供独特的空中视角。通过搭载监控任务设备，结合地面视频流和图像的 AI 技术，无人机从"看得见"逐渐演变为"看得懂"。随着无人机系统的迅速发展，以及无人机系统在角色上的扩展，无人机与有人机系统的同步操作给使用者带来了巨大的人力资源负担。美国参谋长联席会议副主席詹姆斯·卡特赖特上将曾表示："如今，无人机操作手坐在那里，连续几个小时盯着电视，试图寻找目标或观察某些动态，这是对人力资源的浪费，效率低下！"因此，在有限的人力资源条件下，提高操作效能成为无人机系统使用者亟待解决的问题。增强处理和信息存储能力，特别是机上预处理能力，是改变无人机系统运作方式的一种途径。自主技术的应用减轻了人在操作系统中的工作负担，优化了人在系统中的作用，使人的决策能够更集中在最需要的地方。任务自主智能的发展涉及以下关键技术的应用和进展：

(1) 语音、文字和图像的模式识别技术。模式识别是对不同形式的信息（如语音、文字和图像等）进行处理和分析，以对事物或现象进行描述、辨认、分类和解释的过程。以人类识别苹果为例，人类大脑能够直接抽象出"苹果"的特征，无论是完整的苹果、切开的一部分还是切碎的苹果，人类都能根据特征快速做出正确的判断。将人脑判定"苹果"的思维模式转化为计算机可执行的可靠算法，是模式识别技术的终极目标。语音、文字和图像的模式识别在单机任务的情况下为任务的判断和决策提供最原始的识别数据，是任务自主智能实现的前提基础。

(2) 人工神经网络技术。当前，由于深度学习技术不断优化，卷积神经网络、循环神经网络、递归神经网络、长短时记忆神经网络及其训练算法都取得了显著进展，并在各个领域得到了初步应用。其算法的进步极大地提高了无人机任务自主智能实现的精度和准确度。2015 年，微软的 ResNet 系统夺得了 ImageNet 图像识别大赛的冠军，这是一个 152 层的深度神经网络，目标错误率低至 3.57%，已经低于人类的 6% 的错误率。人工神经网络算法的不断优化为目标识别的准确度提升起到了极大的作用。

(3) 飞行控制专家系统。飞行控制专家系统是无人机中最为关键的子系统，借助人工智能专家系统完成飞行控制，负责控制整个飞行过程，是当前无人机自主任务实现的主要方式之一。飞行控制专家系统的良好工作状态直接影响飞行的质量和安全性。为了确保无人机能够高度安全地飞行，必须保障系统的可靠性和稳定性，并结合故障诊断系统全面准确地诊断出故障部位，及时排除故障。近年来，专家系统在故障诊断领域取得了显著的成就。专家系统是一种基于特定领域内大量知识与经验的计算机智能程序系统。它运用人工智能技术，通过推理和判断，模拟专家在解决问题时基于领域内专业知识和经验所做的决策过程。飞行控制专家系统的应用能够有效地及时诊断和排除无人机飞控系统的故障，以确保飞行的安全，如图 4-10 所示。

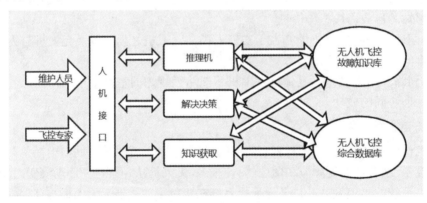

图 4-10　无人机专家系统

4.4.2　人工智能在无人机领域的具体应用

1. 人工智能在军用无人机领域中的应用

1) 智能无人机蜂群

智能无人机蜂群从本质而言，属于一种基于开放式架构的集成系统，主要以智能化为核心，立足计算机网络系统，构建起的一个集抗毁性、功能分布及低成本为一体化的无人机智能化系统。该系统在军事领域中应用时，可通过多元化的方式，快速、准确、及时地执行多种军事任务，如通过地面武器，协同攻击空中、海洋等目标，以实现对战略部署区域的威慑及配合战术行动。即便是在比较恶劣的环境下，该系统也可以良好出色地完成军事任务。目前，此项技术在全世界军事领域中都有研究，尽管其研究还处于发展的初级阶段，但发展速度非常快，具有良好的发展前景。

美国空军发布的《小型无人机系统路线图 2016—2036》报告首页，将无人机及其蜂群系统称为"填补战术与战略之间空白"的技术，凸显了小型无人机系统及其蜂群的重要意义。图 4-11 为美空军研究实验室 (AFRL) 发布的 2030 年空军智能无人机蜂群项目。

图 4-11　美空军智能无人机蜂群项目

欧洲各国联合研发的"神经元"无人机也是智能无人机蜂群应用的典型机型。其综合运用了自动容错、神经网络等人工智能技术，具有自动捕获和自主识别目标的能力，也可通过组网由指挥机控制飞行或作战，并能够在不接受任何指令的情况下独立完成飞行，在复杂飞行环境中完成自我校正。

在 2016 年珠海航展上，中国电科联合清华大学和泊松科技公司展示了国内首个固定翼无人机蜂群试验原型系统，实现了 67 架规模的蜂群原理验证，打破了之前由美国海军保持的 50 架固定翼无人机蜂群的世界纪录。

2) 在情报获取及分析中的应用

美国、德国、法国等发达国家的军用无人机在人工智能技术的支持下，都可以良好地完成战场情报获取和分析工作。比如，美国曾经投入大量财力来研究无人机在情报获取和分析方面的可行性，但由于缺乏先进的数据分析及技术，目前仍然处于研究发展阶段。如果将人工智能技术运用于无人机中，则可以从海量数据库中快速、准确地提取出对战场分析及作战指挥有用的数据，从而为制定作战战略提供数据支持，减轻战场情报分析人员的负担。比如，通过 Tensor Flow API 技术协助计算机的算法识别，可有效获取多种特殊对象及数据，从而为战场情况获取及分析提供更加有效的数据算法，帮助作战提供各项情报。人工智能技术在军用无人机中的应用范围正在逐步扩大，为全球军事发展的信息化、智能化、智慧化奠定了扎实基础。

3) 人工智能无人机联合有人机的应用

人工智能无人机和有人机的联合应用，既能实现它们之间的优点共享，也能实现缺点互补，在作战合作及对抗中具有非常显著的作用。

无人机联合有人机合作系统典型的实例是美国空军在研的"忠诚僚机"项目。该项目旨在将第四代战机F-16改造成无人机，通过人工智能自主运算数据库，协同第五代隐身战机F-35、F-22的驾驶员作战。"忠诚僚机"在不需要地面控制的情况下，依靠强大的人工智能技术，不仅能自主飞行，还能在没有长机的指令下，自主完成作战任务，如图4-12所示。

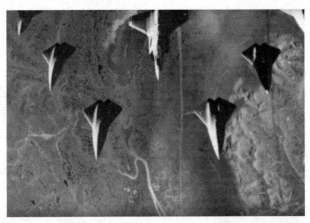

图4-12　美国空军规划的未来无人机 - 有人机联合作战编队

无人机 - 有人机对抗系统典型案例是2016年美国辛辛那提大学研发的ALPHA人工智能无人机在模拟空战中击败了飞行经验丰富的退役空军上校，凸显了人工智能无人机的作战潜力。该系统既可满足飞行员模拟对抗的需求，也可以作为有人机的僚机随行作战任务。

4) 人工智能化物流

飞机分散化导致运营成本激增，多个临时机场的战斗机需要在多个地点提供高成本的后勤支援和相关人力，而人工智能系统可以解决这些问题。

在后勤支援方面，永久空军基地可能拥有成熟的空中走廊，能够连接大型仓库和消耗性补给品仓储设施与临时机场。对于支援和补给的空中走廊仓储端，可以利用大量现有的人工智能技术。对于空中补给和支援走廊，人工智能化物流可以采用具有"跟随领车"自主性的机器人货车。这种能力也被称为"自动化列队行驶"(platooning)，领头的货车有人驾驶，带领着紧随其后的多辆无人驾驶车辆。从技术上来说，设计无人驾驶的空军基地物流配送货车相对较容易，因为它们主要在经过预先勘测、铺设或级配路面上行驶，并可使用全球定位系统。

在后勤空中走廊的临时机场中人工智能系统也大有可为。运用人工智能、机器学习、大数据、云计算、物联网、自主作战和机器人等技术，可以提高飞机出动速度，并显著减少所需人员。进一步地，机场还可以无人值守，由人工智能技术支持的中央控制中心的工程人员和后勤人员在永久空军基地或其他地方进行远程管理。

2. 人工智能在无人机民用领域中的应用

1) 信息技术驱动的智能无人机应用

通过信息技术的应用，也可以促进无人机与时俱进，提升智能化飞行能力。比如，目前很多无人机被广泛应用在物流运输、地形图测绘、交通监管等领域，并形成了很多数据信息。这些数据信息庞杂繁多，仅凭人为筛选技术和挖掘技术根本无法满足实际需求。但是，通过大数据挖掘技术，就可以从海量的数据库中快速检索出有价值、有效的数据，再通过对这些数据的分析研究，就可以为无人机的智能化应用提供更加真实有效的决策，从而获得更大的社会效益和经济效益。无人机体积有限，其搭载容量和数据信息处理能力都是有限的。为了进一步提升无人机智能化水平，就必须释放无人机对数据处理及数据存储的压力，这就需要运用云计算、云存储等先进技术。

2) 在能源巡视中的应用

随着智能化技术及科学技术的飞速发展，无人机愈发强大，发展至今已经实现了长距离、长时间、恶劣环境的良好飞行。能源巡视范围比较大，仅靠人为巡视工作量大，而且难以满足巡视的全范围性。而通过智能无人机就可以实现对区域范围中能源的全范围、全面性巡视，为能源的发展和利用提供更加先进的技术支持。比如，输电线路是社会经济发展的主要能源，输电线路比较长，而且多布置在比较恶劣的环境中，人为巡视很难做到全面性。但通过无人机巡视，可近距离、全方位、清晰化地巡视每项输电线路的运行情况，极大地提升了巡视效率，如图4-13所示。人工智能无人机可自动规划飞行路线，对输电线路进行全方位的智能检测，并且可以通过先进的人工智能技术，对输电线路运行情况进行系统化分析，以便及时掌握运行情况，为输电线路故障维护和治理提供数据支持及理论指导。

图4-13　无人机对输电线路进行全方位的智能检测

3) 在林业方面的应用

在林业中无人机有多种应用，包括森林资源的调查和监测、森林信息提取、营造林核查以及林业执法等任务。

森林资源监测是对森林资源进行定期观测分析和评价的基础工作，涉及数量、质量、空间分布和利用状况。传统方法使用历史数据和实地测点，但存在误差大、费用高的问题。无人机遥感技术作为传统方法的有效补充，具有快速、准确和实时的优势，可以减少外勤工作量，提高工作效率。在森林资源监测中，无人机主要应用于森林火灾监测、病虫害监测和野生动物监测等方面。

森林火灾是一种具有强烈破坏性的突发自然灾害，因此早期监测非常关键。传统的防火方式通过人员巡查，但效率低且成本高。虽然卫星遥感技术可用于监测，但其分辨率和时效性有限。无人机在森林防火中表现出色，具有低成本、高时效、机动灵活、应急快速、实时巡查等优势。它能够提前发现森林火情，及时获取火情信息，有助于快速调动防火力量，减少生命和财产损失。在森林火灾监测中，无人机已经能够成功探测到火点及其范围，并能够提供具体的火点坐标，如图4-14所示。

图 4-14　无人机监测森林火灾

4.5　人工智能在未来电子信息领域应用的展望

　　人工智能对于推动电子信息领域技术的革新有着非常重要的作用。根据《"十四五"规划纲要和 2035 年远景目标纲要》,"十四五"期间,我国集成电路产业将围绕技术升级、工艺突破、产业发展和设备材料研发四个方面重点发展。

人工智能在未来电子信息领域应用的展望

1. 人工智能在芯片设计制造方向的应用展望

　　当前,电子芯片已发展到"后摩尔时代",不再仅以"每两年集成度提高一倍"为主要指标,而是以"降低功耗、提高性能功耗比"作为发展标尺。在"后摩尔时代",利用人工智能强大的深度学习能力能够推动电子芯片在算法更新后能够实施自我更新,减少芯片的固件成本,改善传统芯片只能设定固定算法的弊端,提高芯片更新效率。此外,传统的电子芯片存在运算速度慢且在长时间运算后会出现运算速度下降的问题,这会极大地影响其工作性能,而人工智能芯片则不同,它含有自我更新学习的能力,在运算过程中会采用深度学习能力改良算法,及时找出解决问题的最优解,并有可能在这个更新学习的过程中提高运算速度。我国的人工智能产业和技术水平处在全球第一梯队,充分利用人工智能这一新兴技术赋能电子芯片生产动态调度、故障分析诊断、电子芯片设计以及电子芯片的控制与保护就可以有效地弥补我国在电子芯片设计、制造领域的短板,加快对世界电子芯片领先水平的追赶速度,甚至有望实现弯道超车。

2. 人工智能在电子电路设计方向的应用展望

　　人工智能技术在电子电路设计方向的应用前景非常广泛,未来大部分 EDA 电路设计软件都将通过长期数据的积累结合人工智能的算法提供智能化布线的功能,智能化布线以及电子元器件的布局也会随着更好的人工智能算法的出现而得到不断的优化。除此之外,未来五年内电子电路的智能化仿真系统会得到极大的发展,在不制作实体电路的情况下,应用人工智能算法比较设计电子电路系统的可靠性以及性能成为行业研究的主流。相信在人工智能技术的助力下，未来电子电路系统成品的可靠性和性能将得到极大的提升。

3. 人工智能在电气自动化方向的应用展望

人工智能技术在电气自动化中具有广阔的发展空间与运用前景，故而需要加以重视。第一，在电气自动化中，通过将人工智能技术科学运用其中，有助于提升电气生产的自动化水平，让自动化处理电气生产信息成为现实，从而有效提高机械生产的效率，降低人工工作量，优化人力资源配置，使电气生产的质量与效率得到保障，为企业有效控制生产成本奠定基础，切实增强电气企业的市场竞争优势。第二，在电气自动化控制中，通过将人工智能技术有效运用其中，有助于高效优质地采集电气设备的相关数据信息，在完成自动化生产的同时，全方位监测生产过程中的数据信息，利用人工智能技术对各种数据信息进行分析处理，以便及时识别出异常数据,结合异常阈值的具体情况实时模拟人工处理。总之，将人工智能技术科学运用于电气自动化控制，一方面有助于提升电气自动化水平，另一方面有助于提高电气生产的稳定性及效率，有效发挥智能化预警处理、模拟故障处理等功能，在人工智能系统的辅助下妥善处理相关问题。在工业生产中人工智能技术对电气设备的故障诊断效率也比较高，对比传统故障诊断优势明显。电气设备在工业生产过程中的故障率一直居高不下，而利用人工智能中的计算机系统可对电气设备故障进行智能化诊断，通过智能化技术强大的分析计算功能，有效提升电气自动化设备的故障预警和排除能力，降低传统自控技术故障收敛性，从而切实保障电气自动化的运行质量。

本　章　小　结

本章主要概括了人工智能在电子信息领域的应用，内容包括了人工智能在芯片设计以及制造方向的应用现状、人工智能在电子电路设计制造方向的应用现状、人工智能在电力电子方向上的应用现状、人工智能在遥控无人机方向的应用现状。本章还进一步地介绍了典型人工智能在电子信息领域的应用场景，包括芯片封装测试提质增效、PCB 缺陷检测、电网系统优化的应用场景等。本章最后还阐述了人工智能在芯片制造领域、电子电路设计领域、电气自动化方向的应用前景。

人工智能在电子信息领域中的应用呈现出令人激动的前景。芯片设计、电路制造、电力电子等领域的 AI 应用，为我们提供了学习和发展的机遇。AI 的未来发展也为我们提供了广阔的空间，我们可以通过参与电路设计、电气自动化等项目，发挥创造力和想象力，为科技发展贡献力量。

思　考　题

1. 简述人工智能技术如何助力芯片设计。
2. 简述几种典型的人工智能技术在电子信息领域的应用场景。
3. 简述人工智能在遥控无人机方向上的应用。
4. 举例说明人工智能在 PCB 制造中的应用。

第 5 章　人工智能在通信技术领域中的应用

5.1　人工智能对通信业的影响

人工智能对
通信业的影响

5.1.1　通信业的智能化发展历程

从上世纪 80 年代开始现代通信技术飞速发展，上世纪 90 年代开始固定电话在我国开始普及，同时移动通信技术作为现代通信技术中最重要的产业应用方向开始进入飞速发展的时代。从 80 年代诞生之初到如今，移动通信技术已经经历了三十多年的技术变革，第五代移动通信技术 5G 目前已经在全球范围实现了大规模、多领域的商业应用，给人类的生产与生活带来了极大的便利。

移动通信技术的发展大体可以分为五代，从 1G 到 5G，其技术演进如图 5-1 所示。在移动通信技术发展的早中期 1G 到 3G 的阶段，移动通信网络的生态体系发展还不是很完善，主要的作用是满足人们基本的通话需求，对应的业务场景也较为单一，以语音通话业务、短信业务以及低速的数据传输业务为主。从 4G 开始，伴随着移动通信网络全 IP 化，业界开始提出移动通信网络智能化的需求。在 5G 技术广泛商用的基础上，随着移动互联网应用和高速数据业务的爆发式增长，移动通信网络中产生了海量的用户数据，系统业务数据

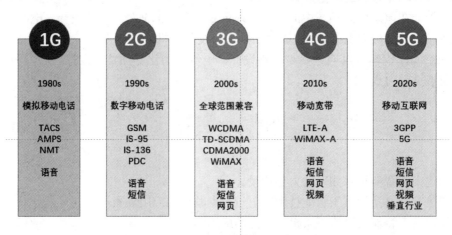

图 5-1　1G～5G 的发展历程

为人工智能助力通信网络技术提供了优质的数据资源。人工智能技术的发展进一步带动了通信技术的创新，促进了通信技术的智能化发展。

5.1.2　通信业人工智能的发展态势

近年来，随着 5G 技术的大规模商用和人工智能平台的日趋完善和成熟，越来越多的通信智能化应用案例纷纷落地并且成效显著。人工智能驱动通信技术革新已经成为了通信技术发展的主要方向。未来人工智能必将进一步带动通信技术乃至新一代信息技术基础设施的发展，促进网络、计算和数据的融合，为通信行业带来全面智能化的支撑和助力。

1. 通信智能化迎来重要发展期

将人工智能技术引入新一代通信基础设施建设，是构建通信智能化和实现万物互联的前提和保障，对于促进通信、信息技术与实体产业的融合和发展具有重要的意义。人工智能技术可以为通信基础设施提供基于数据的预测、感知和管控能力，优化通信网络结构，解决了很多传统通信技术无法处理的难题。在实际的应用中我们发现，很多复杂的通信场景需要借助人工智能技术进行决策，因为人工智能往往比人类能做出更准确的判断和具备更良好的效率。

人工智能技术可以应用于通信网络的智能部署，例如智能网络参数配置和智能资源配置，还可以应用于移动通信网络的智能运维，例如故障归因分析和网络异常检测；智能网络优化，包括 SLA(Service Level Agreement，服务品质协议) 稳定保障和智能设备节能等；进一步地，人工智能技术还可以应用于通信网络的智能管理，例如智能网络切片和智能负载均衡等。据 Tractica/Ovum 预测，到 2025 年，电信业整体 AI 用例软件市场将以 48.8% 的年复合增长率增至 113 亿美元。目前国内外的标准化组织、运营商和服务商在积极探索通信网络智能化的需求、架构、算法和应用场景，人工智能在通信智能化方向的应用正逐步由概念验证进入落地阶段。

2. 通信各行业加大人工智能的研究与部署

目前，全球主流的网络通信运营商都在积极探索和引入人工智能和大数据技术，为 5G 时代的网络运维提供辅助技术支持。国内三大运营商也在积极布局人工智能领域，围绕智慧客服、智慧城市、智慧医疗、智能交通、智能网络运维、智能 5G 网络等做了很多的工作。

中国移动积极推动了网络智能化水平分级框架和评估方法标准化工作，并且落地了多个结合人工智能技术的通信应用案例和场景，比如智能客服、网络故障端到端智能运维和业务质量智能感知等，都取得了良好的成效。另外值得一提的是，中国移动还发布了自主的人工智能基础平台"九天"，用来全线孵化系列 AI 能力和应用服务能力，该平台的功能架构如图 5-2 所示。

中国联通和中兴通讯于 2019 年 6 月联合发布了《网络人工智能应用白皮书》。该白皮书详细描述了将人工智能技术与网络运营以及业务创新相结合的技术蓝图，规划了通信产业人工智能技术应用的实施流程和计划。中国联通于 2019 年 6 月 27 日在上海 MWC 展会期间发布了网络人工智能平台智立方 (CUBE-AI)，该平台可以提供 AI 模型开发、模型共享和能力开放等网络 AI 即服务 (NAIaaS：Network AI as a Service) 的公有云平台。中国联通目前已经落地部署的人工智能技术在通信技术领域的应用包括基于 AI 的核心网 KPI 异常检测、IP RAN(在通信中的主流的无线接入网 IP 化技术，是移动通信网络实现高速数据传输使用的重要核心技术之一)的智能事件管理、一站式智能排障、基于 AI 的无线网络自排障、基于 AI 的无线多载波吞吐量参数优化、基于 AI 的弱 PON(无源光纤网络) 信号检测等。

图 5-2　中国移动"九天"深度学习平台

中国电信牵头通信行业以及人工智能领域的优质企业共同编制发布了《网络人工智能应用白皮书》，并基于自身在数据、算法、通用算力和渠道方面的优势，从面向客户服务与自身网络运营两个方面探索人工智能技术在通信技术领域的应用。目前，中国电信已经将人工智能技术成熟地应用在了移动基站节能和运维智能化等方面。

与此同时，国外的通信运营商们也纷纷开展人工智能技术的赋能研究，积极推动人工智能技术在通信领域的应用。其中美国老牌通信巨头 AT&T 提出了 Network 3.0 Indigo 的新一代网络平台战略，计划将人工智能技术应用在网络故障预警、移动网络现状分析等领域，实现运营商内部大量常规操作流程的自动化。日本 NTT Docomo 则提出将利用人工智能技术实现移动网络的泛在智能。除此之外，西班牙电信、德国电信、沃达丰等运营商也都明确提出了网络智能转型计划，在网络运维、优化、业务服务等领域引入人工智能技术。

3. 通信网络智能化标准的制定

从 2017 年以来，国内外多个标准组织和产业联盟陆续成立了一系列网络通信与人工智能技术相融合的工作组和标准项目。主要包括欧洲电信标准协会 (ETSI) 体验网络智能工作组 (ENI)、国际电信联盟 (ITU) 机器学习 - 未来网络焦点组 (FG-ML5G)、全球移动通信系统协会 (GSMA) 的网络人工智能 (AI in Network) 特别工作组以及中国通信标准化协会 (CCSA) 各技术委员会、IMT-2020(5G) 推进组的 5G 与 AI 融合项目组等。经过各个组织的研究和探索，逐步形成了人工智能技术在网络通信业务应用等方面的共识。

1) ETSI

ETSI(European Telecommunications Standards Institute，欧洲电信标准协会) 向来十分重视人工智能技术在信息通信技术 (ICT) 领域的应用，于 2020 年 6 月发布《AI 及其用于 ETSI 的未来方向》白皮书。ETSI 于 2017 年 2 月正式成立了体验网络智能工作组，致力于研究如何借助人工智能技术辅助电信网络实现智能化运维服务。

2) GSMA

全球移动通信系统协会，简称 GSMA，于 2019 年 6 月成立 AI in Network 特别工作组，并于 2019 年 10 月发布《智能自治网络案例报告》白皮书。该白皮书汇集了人工智能技术在移动通信网络应用中的七大标杆案例，包括网络站点部署自动化、Massive MIMO(大规模多输入多输出通信系统) 参数智能优化、智能报警压缩及原因分析、智能网络切片管理、智能节能、垃圾短信智能分析与优化、智能投诉处理。除此之外，GSMA 还积极举办全球 AI 竞赛，吸引更多研究者与运营商、设备商投入人工智能技术在通信系统中应用的研究与实践中。

3) CCSA

中国通信标准化协会 (China Communications Standards Association，CCSA) 下设的多个技术委员会和标准推进组都陆续开展了人工智能技术在通信技术领域应用的行业标准和研究项目。CCSA TC1 主要研究面向互联网基础设施和应用的智能化分级、IP RAN 网络故障溯源以及行业应用等。CCSA TC3 主要研究制定核心网络智能化切片应用、基于人工智能的网络业务量预测及应用场景研究、面向 SDN 的智能型通信网络架构的意图网络等方面标准。CCSA TC5 目前主要关注 5G 核心网络智能切片的应用研究、5G 基站智慧节能技术研究、人工智能和大数据在无线通信中的应用研究等。

 5.2 人工智能在通信业的应用现状

人工智能在
通信业的
应用现状

5.2.1 人工智能在通信业的应用概述

人工智能技术可以从各个环节为通信行业赋能，其中包括接入网、传输网以及核心网的多个层级。无论是移动网络还是固定网络的场景应用，人工智能技术的应用都取得了显著成效，充分保障了用户的通信需求，为用户带来最优质的服务体验。目前人工智能技术在通信网络中的不同层面都得到了广泛应用，其在通信网络中的应用从广义上来说被分为了智能配置、智能运维、智能管控、智能优化和业务应用五大维度，如图 5-3 所示。

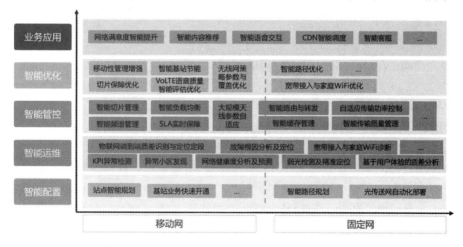

图 5-3 人工智能技术在通信网络中应用的五大维度

1. 智能配置

随着通信网络越来越复杂，网络的设计与配置过程需要大量的人工成本和专家经验，利用人工智能技术结合网络历史数据、将专家经验数字化知识化，通过对网络性能进行预测和自动化操作配置，有望实现移动站点智能规划、基站业务快速开通、智能路径规划和光传送网自动化部署等应用。

2. 智能运维

通信网络的智能运维是目前人工智能技术应用于通信行业的最重要的技术方向。人工智能技术可以为通信网络提供运维故障根因定位、网络健康度分析及预测、网络自愈合等能力，实现物联网端到端质差识别与定位、无线网络异常小区发现、IP RAN 故障分析定位。人工智能技术还可以有效减轻运维人员负荷、提升运维故障处理效率，不断促使网络运营和运维模式发生根本性变革。

3. 智能管控

人工智能技术可以基于网络历史数据对网络进行预测，动态且自适应地对网络进行资源管理和参数调整，从而实现智能频谱管理、智能切片管理、智能负载均衡、智能缓存管理、智能路由、自适应传输功率控制与传输质量管理等典型的通信网络智能管控应用。

4. 智能优化

在现有通信网络中，为了保障网络的全覆盖及网络资源的合理分配，运营商在网络优化工作中投入了大量的人力物力。在网络日趋复杂和业务多样化的趋势下，基于人工智能技术可以实现网络主动自适应优化、全局参数动态优化等智能优化技术。目前，通信网络的智能优化主要包括移动性管理增强、智能基站节能、无线网策略参数智能优化、智能路径优化等。

5. 业务应用

依托于人工智能技术领域的语音识别、自然语言处理、人脸识别、知识工程等技术，在业务服务与内容提供方面，可以在通信领域的客户业务层面实现 CDN(Content Delivery Network，内容分发网络) 智能调度、网络满足度智能提升、智能内容推荐、智能客服与语音交互等应用。

5.2.2　人工智能在通信业的应用分析

1. 从时间数据"颗粒大小"维度分析

从时间和数据颗粒大小维度，可将人工智能在通信领域的应用分为以下三大类，如图5-4 所示。第一类主要面向以小时/天/月为时间单位的管理面优化，一般所需的数据为整网运维和性能数据。第二类相比于第一类所需的时间和数据颗粒度更细，一般是秒级到分钟级别的智能决策，主要是面向解决子网级别和用户级别的控制面优化问题。第三类应用与业务要求更加实时，所需时间和数据颗粒度最小，一般为秒以下甚至毫秒级别，所需的数据为网元/用户的实时数据。

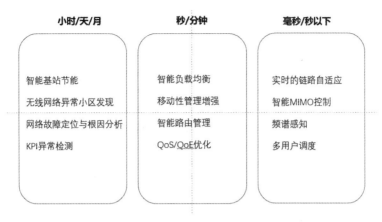

图 5-4　时间数据颗粒维度场景划分

在这三类应用场景中，第一类目前由于数据主要基于现有网络运维 (O 域)、管理域 (M 域) 及业务域 (B 域) 数据，行业内已出现较成熟的数据共享平台，且最后智能决策运行环境一般依托于集中的数据分析或网络运营维护平台。此类应用对传统网络通信设备的影响较少，目前的研究相对成熟，部分网络智能化应用已经进入商业应用阶段，且已经在现网中提供服务；第二类应用和第三类应用由于受限于数据的时间颗粒度更细，数据获取难度大且 AI 智能决策实体与网络设备耦合度较高，无线控制对实时性、准确度和鲁棒性的要求也更高，目前第二类应用主要处于测试验证阶段，有部分应用已经在进行实验室及现网的试点测试；第三类应用则多处于理论研究阶段，距离现网试点和商用还有一段距离。

2. 感知预测类应用发展优于决策控制类应用

目前通信智能化应用主要集中在感知预测类，通过数据中心对数据进行收集和分析，输出结果为运维人员提供网络运维和管理参考。典型的落地应用包括 KPI 异常检测、故障预测、故障根因分析与定位、光网络健康度分析及预测、家宽业务识别与内容智能推荐等。人工智能算法输出结果一般为人所用，不直接影响网络执行、网元功能和网络控制面，而网络内生自治化能力较弱。决策控制类，目前典型的落地应用主要集中在网络的 B 域与 O 域，包括 DC 智能巡检、业务智能热迁移与设备节能等，而直接影响网络运营的应用尚处于试点或研究阶段，例如智能基站节能、智能 M-MIMO、智能负载均衡、大规模天线智能控制等。在这类应用中，人工智能决策实体需要与网络设备进行耦合，人工智能决策与控制结果对实时性、准确度、鲁棒性要求较高，网络内生自治化能力提升，但网络架构也需要一定的演进与变革。

3. 通信智能化能力现状

ITU、3GPP、ETSI、GSMA、TM Forum、GTI 与 CCSA 等联盟与标准化组织此前均已展开与通信智能化能力分级相关的研究工作。结合通信智能化需求及特点，可以从智能化的通用实现过程中抽象出具备广泛适用性的智能化能力分级的六个等级来进行评估。

(1) L0 级别。从需求映射、数据感知、分析、决策到执行的网络运营全流程均通过人工操作方式完成，没有任何场景实现智能化。

(2) L1 级别。执行过程基本由系统自动完成，少数场景需要人工参与；在预先设计的部分场景下依据人工定义的规则由工具辅助自动完成数据收集和监测过程；分析、决策和需求映射全部由人工完成；不支持完整流程的智能化闭环。

(3) L2 级别。执行过程全部由系统自动完成；大部分场景下系统依据人工定义的规则自动收集和监测数据；在预先设计的部分场景下系统根据静态策略/模型完成自动分析过程；人工完成其他过程，不支持完整流程的智能化闭环。

(4) L3 级别。执行和数据感知过程全部由系统自动完成，其中部分场景下系统自定义数据收集规则；大部分场景下系统自动完成分析过程，其中特定场景下分析策略/模型由系统自动迭代更新，形成动态策略；在预先设计的场景下系统可辅助人工自动完成决策过程；人工完成其他过程，系统在人工辅助下接近形成完整流程的智能化闭环。

(5) L4 级别。执行、数据感知和分析过程全部由系统自动完成，其中收集规则由系统自定义，分析策略/模型由系统自动迭代更新，形成动态策略；大部分场景下系统自动完成决策过程；在预先设计的部分场景下系统可自动完成需求映射，系统已形成完整流程的智能化闭环，部分场景仅需要人工参与需求映射并辅助决策。

(6) L5 级别。在全部场景下，由系统完成需求映射、数据感知、分析、决策和执行的完整流程的智能化闭环，实现全场景完全智能化。

基于通信智能化能力分级的原则，目前通信智能化应用能够达到能力等级的 2～3 级。以通信网络的智能运维应用为例，目前智能化系统已经能够基于专家经验总结生成的分析规则来辅助人工进行告警根因分析，生成关联规则并基于专家经验给出故障处理方案建议；基于系统生成的关联规则和故障处理方案建议，人工决策判断告警根因和故障处理方案，下发网络配置操作指令或派发故障处理工单 (2 级)，而对于特定的告警和故障类型，智能运维系统可以自动决策判断告警根因和故障处理方案，并根据网络拓扑和其他环境变化来自动更新对应规则 (3 级)。经过以上分析得出，当前通信智能化应用已达到 2～3 级智能能力等级，网络的闭环执行与内生智能将成为未来的发展与演进重点。

5.3　典型通信技术人工智能应用场景

5.3.1　智能网络规划

5G 网络规划的考虑因素相比 4G 有大幅增加，5G 网络规划的复杂性呈指数级增长。而基于 4G 现网下积累的容量、覆盖等方面的历史数据，再结合 5G 新特性，借助人工智能技术进行关联分析、学习训练、智能推理，将能有效指导 5G 无线网络规划。

典型通信技术人工智能应用场景

1. 智能化容量评估

对于 5G 高带宽业务场景，可以用 4G 现网的网管、MR(Measurement Report，测量报告) 等数据为基础，结合工参、用户业务模型、套餐、网络性能负荷等信息，利用相关算法分析热点场景的特性，建立用户需求预测模型，为 5G 网络的容量规划及建设提供指导。

2. 自动站址规划及覆盖效果评估

5G 刚开始建网时，可利用人工智能技术基于 4G 现网 MR 数据进行 5G 站址规划和覆盖评估。针对 5G 网络基站的选址问题，我们可以利用 AIshai 最优化算法从现有 4G 站址中筛选出推荐列表，优先纳入 5G 站址规划。在 4G 以及 5G 网络混合组网的过程中，我们还可以利用人工智能算法对无线覆盖特性进行学习训练和建立模型，然后结合 5G 频段、环境等特性对 5G 网络的覆盖效果做出评估，并可根据实际覆盖效果对所建立的模型做进一步的迭代优化。

5.3.2 智能网络运维

智能网络运维的主要作用是进行实时监控、实时报警、异常检测、故障根源分析和趋势预测等。通过同步运维数据，将平台数据集中起来进行优化，分析和处理，达到动态监控的目的，从多维度、多数据源对现场操作和维护指标的特征进行记录，实时预警，及时对关键的监测点制定动态检查计划。数据挖掘技术可以提早发现，并主动预防可能出现的问题，以达到提升运维效率的目的。

1. 智能故障溯源

智能故障溯源系统的应用，是信息技术发展的一个重要趋势，特别是在数字化转型和智能化升级的推动下，运维管理智能化成为提升网络运行质量和效率的关键途径，如图 5-5 所示。智能系统通过收集网络流量、性能、配置、业务使用情况等多个维度的数据，进行综合分析，全方位理解网络状况。同时能够对新的故障事件进行特征提取，并与规则库中的故障模式进行匹配，以快速定位故障类型和根源，然后自动执行规则匹配过程，减少人工干预，提高诊断速度和准确性。

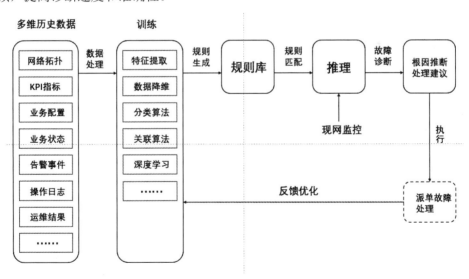

图 5-5 智能故障溯源系统示意图

智能故障溯源系统的实施，可以大幅提高运维团队的工作效率，缩短故障恢复时间，降低业务中断的风险，对于维护网络稳定运行和提升用户体验具有重要意义。随着技术的不断进步，未来这类系统将更加智能化，能更好地适应复杂多变的网络环境和业务需求。

2. 智能健康度预测

智能健康度预测在网络运维领域的应用革命性地改变了传统的事后修复模式，通过主动预防和及时干预极大地提高了网络的稳定性和用户体验。智能健康度预测系统通过机器学习和深度学习技术，识别出可能导致网络故障的多种因素和模式。如图 5-6 所示，系统利用历史运维数据进行线下学习，线上会不断收集网络的实时数据，定期对网络的健康状况进行评估，利用训练好的模型对即将发生的故障进行预测，当实际发生未预测到的故障时，系统会使用故障点之前的数据来重新训练模型，这有助于模型更好地学习并提高预测的准确性。

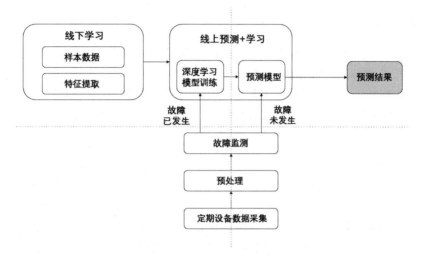

图 5-6　智能故障预测系统示意图

　　通过智能健康度预测，网络运维可以实现从被动应对到主动管理的转变，这不仅提高了网络的可靠性和运维效率，还间接地降低了运营成本，提升了用户满意度。随着人工智能技术的不断发展，这样的智能预测系统将变得更加精准和高效，为现代网络环境提供强有力的支持。

　　3. 智能工单管理

　　智能工单管理在运维工作中扮演着至关重要的角色，它作为任务驱动的中心，将运维人员与组织结构有效连接，确保运维工作的高效和有序进行。在传统工单管理中，人力的合理调度是关键环节，而随着技术的进步，智能工单管理系统的出现，极大地优化了这一过程。系统利用电子化数据处理、精准的位置定位技术、丰富的用户交互体验和强大的接口能力，实现了运维工作的全过程可视化、可管理、可控和可分析。这样的系统使得运维工作从被动响应转变为主动运维，即在故障发生前就能进行预测和预防，从而提高运维效率和质量。

　　智能工单管理系统的实施，使得运维工作更加有序和高效。它通过自动化和智能化的方式优化了资源分配，确保了运维人员的能力得到合理调度和使用，进而提升了运维响应的速度和质量。此外，系统的可视化和分析能力也为运维决策提供了数据支持，有助于实现主动运维，预防潜在的问题，而不是仅仅响应已经发生的事件。这种转型不仅提高了运维团队的工作效率，也提升了整个组织的运营水平。

　　4. 智能 DevOps

　　智能 DevOps（开发式运维）是将 DevOps 的理念与人工智能技术相结合的一种创新实践，它通过智能化手段进一步提升软件开发和运维的效率与效果。在智能 DevOps 模式下，人工智能不仅用于自动化流程和决策支持，还能够预测和适应业务需求的变化，从而实现更高的业务价值。通过网络实时数据并结合流量趋势分析,利用机器学习算法预测未来市场热点,为业务设计提供数据支持。DevOps 团队可以迅速进行业务设计和部署,实现业务开发端的价值最大化。同时结合 DevOps 策略平台和自动弹缩、自愈等技术,实现基于策略的自动化运维闭环,提高运维效率和系统稳定性。

智能 DevOps 的实施,使得组织能够更加灵活地应对市场变化,提高开发和运维的协同效率,加快产品迭代和创新速度。同时,通过智能化优化资源管理和自动化运维流程,能够降低成本,提高系统的可靠性和用户满意度。

5.3.3 智能网络优化

智能网络优化是利用人工智能技术对网络的性能、覆盖、效率等方面进行智能化的分析和优化,以提升网络的关键性能指标 (KPI) 和用户体验。与传统的网络优化方法相比,智能网络优化通过大数据分析和机器学习算法,能够更快速、准确地识别问题并生成优化方案,从而提高网络运营的效率和效果。网络无线覆盖质量不高、信号差的问题一直是屡遭用户投诉的痛点之一,直接影响到用户体验。基于人工智能的无线覆盖智能优化,即利用人工智能技术,根据历史覆盖数据进行学习、训练,生成优化控制模型,可以自动输出参数规划及调优建议,从而实现无线覆盖智能优化,如图 5-7 所示。整个流程方案主要包含网络综合数据采集、数据处理、模型训练和输出以及参数优化实施等步骤。

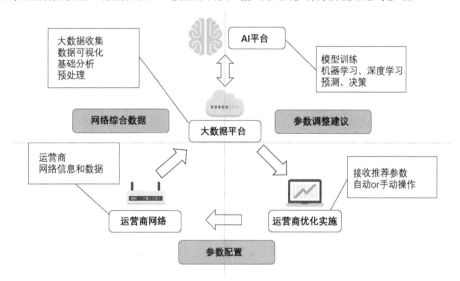

图 5-7 无线覆盖智能优化方案示意图

智能网络优化能够实现对网络问题的快速响应和精准定位,自动生成优化方案,减少人为干预,提高网络的性能和可靠性。同时,这种优化方式也有助于减少网络运营成本,提升用户满意度。随着人工智能技术的不断进步,智能网络优化将更加精细化、智能化,成为未来网络运营的重要趋势。

5.3.4 智能基站节能

智能基站节能是应对 5G 时代基站能耗挑战的重要手段。随着 5G 网络的部署,基站的能耗显著增加，因此，提高基站能效成为运营商关注的焦点。下面是一些智能基站节能策略和技术手段：

(1) 基站能耗分析。利用机器学习和时间序列预测模型分析基站的历史能耗数据，识别能耗高峰和低峰时段，以及不同业务场景下的能耗特征。

(2) 智能调度和优化。基于业务需求和能耗分析结果，智能决策系统可以动态调整基站的运行参数，如发射功率、上下行链路调度、小区切换策略等，以实现能耗优化。

(3) 业务感知分析。通过深度学习和自动机器学习模型，分析业务流量和用户行为，以便在业务高峰时段合理分配资源，避免能耗浪费。

(4) 智能唤醒和刹车。在业务量较低时，系统可以自动降低基站功耗或进入休眠模式；当检测到业务量增加时，快速恢复基站的正常运行，减少不必要的能耗。

通过实施这些智能基站节能策略，运营商可以显著降低运营成本，提高网络性能，同时也有助于实现绿色环保的目标。中国电信在 4G 基站智慧节能系统的建设和优化方面已经取得显著成效，这些经验对于 5G 网络的节能管理同样具有重要的参考价值。

5.3.5 智能感知服务

智能感知服务是 5G 网络中提升用户体验和网络效率的关键技术之一。通过将多接入边缘计算 (MEC) 与人工智能技术相结合，可以实现对网络环境和用户行为的深度感知与分析，从而提供更加智能、个性化的服务。下面是智能感知服务的几个主要方面：

(1) 无线上下文环境感知。MEC 平台从多个 4G/5G 站点收集无线网络信息 (RNIS)，构建无线上下文环境。结合用户终端特性和业务特性数据，利用 AI 技术分析数据间的关系，建立用户特征模型库。MEC 根据实时数据与特征库进行匹配，可以准确预测用户环境和业务特性变化，优化算法策略和参数配置。

(2) 频谱感知。利用长期频谱测量结果和统计数据，结合人工智能和大数据技术进行分析和建模，实现准实时的频谱共享和异系统干扰协同等。人工智能技术可以实现在异系统间分时共享频谱资源。MEC 中的 iCS 智能协调服务器可以利用其 AI 能力，对系统的频谱资源进行分析决策，动态调整相关门限，实现异系统的频谱资源共享，如图 5-8 所示。

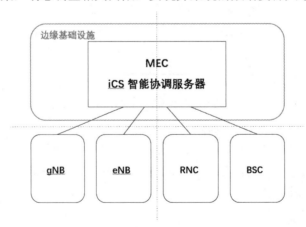

图 5-8 异系统频谱资源共享示意图

(3) 业务感知。深度挖掘数据、业务和无线环境间的内在规则，为不同无线环境下的业务提供精确的特征识别。在边缘节点部署高算力硬件加速器资源，提供高实时、高性能的解析能力，更好地支撑 5G 业务感知。

(4) 用户感知。统计分析用户终端的协议、性能、业务特性，建立用户特征库。实时用户测量数据与用户特征库比对，更精确地预测用户业务变化趋势和行为对网络负荷的影响。准实时优化用户算法策略及参数配置，提升用户体验。

通过这些智能感知服务，5G 网络可以更好地满足低时延、高带宽的业务需求，同时为用户提供更加个性化、差异化的服务。这有助于运营商在竞争激烈的市场中脱颖而出，并为垂直行业应用提供更有力的支持。

5.3.6 智能 5G 应用

1. 5G 网络编排

5G 网络的运营及编排层是整个网络中非常关键的一环，它涉及的不仅是技术层面的操作，还包括业务和资源的设计、调度及管理。这一层面的目标是通过智能化手段，提升网络运营的效率和质量。

在 5G 网络中，如果运营商已经有了成熟商用的大数据平台，那么引入人工智能引擎将会是一个有效的策略，否则就需要考虑部署融合了大数据和人工智能的平台产品，从而提升运营的智能化水平。随着 5G 和虚拟化网络的建设，编排系统可以逐步叠加人工智能的能力，这样网络就可以实现动态的、智能的策略调整，实现网络的随需而动。

总的来说，人工智能在 5G 网络的运营及编排层中的应用，将会极大地提升网络的智能化水平，实现更高效、更灵活的网络运营。

2. 5G 基站调优

5G 基站调优是确保 5G 网络性能的关键环节，特别是在城市环境中，由于 RF 频谱资源的紧张和业务需求的不断增长，对基站进行智能调优显得尤为重要。Massive MIMO(大规模天线技术) 是 5G 网络中提高数据传输速率和网络容量的核心技术，但它也对基站的管理和调优提出了更高的要求。

在 4G 和 5G 网络中，通过增加天线数量来提高网络性能是常见的做法，但这种增加方法带来了参数组合的爆炸性增长，传统的人工调优方法已经无法满足用户快速、高效的需求。因此，根据当前网络状况可以引入人工智能技术，自动调整天线的权值、方向和倾角等参数，来优化网络性能。通过这种智能化的调整，5G 网络可以更好地适应城市环境中复杂的无线环境和不断变化的用户需求，实现更高的网络效率和用户满意度。随着人工智能技术的不断发展，未来 5G 网络的智能化水平将进一步提升，为用户提供更加优质的服务。

5.4 人工智能助力下通信领域面临的问题与展望

5.4.1 人工智能助力下通信领域面临的问题

目前，通信网络智能化应用与服务对人工智能计算需求的问题包括以下四个方面：

(1) 网络中的大部分数据涉及用户隐私，需要遵守严格的数据隐私保护规定，数据样本的获取成本较高，尤其是带标签的数据，需要专业人士进行标注，很难获得足够的样本。

(2) 针对特定应用场景的人工智能模型需要算法专家结合场景需求，选择合适的模型并进行调优，建模门槛高。

(3) 人工智能模型在线部署后，网络应用场景往往不是静态的封闭环境，数据分布会随着环境的变化发生漂移，导致人工智能模型性能劣化。

(4) 由于大多数人工智能模型由数据驱动，模型的可解释性较差。

为了解决以上问题，联邦学习、迁移学习、学件等技术开始得到更多应用与关注。其中，联邦学习可以在数据保留在本地的前提下，联合多个参与方共同进行模型训练，在提高模型泛化能力的同时提高算力资源利用效率。学件技术利用一定的模型归约对人工智能模型进行特征画像，通过集成不同种类的特征库，可以在不同网络应用场景下根据数据特征自动进行模型的选择适配，结合元学习与迁移学习实现模型的高效重用，满足网络特定场景与复杂场景的人工智能建模需求。目前，行业内已经开始关于联邦学习、迁移学习、运维学习等相关的标准化工作与落地示范，例如在 3GPP SA2 第 139 次电子会议上，由中国移动提出的"多 NWDAF 实例之间联邦学习"解决方案的标准提案获得通过。华为启动了智能运维学件技术研究，实现一站式的人工智能模型集成与建模能力。随着人工智能新范式的提出与发展，网络智能化与应用将得以更好地展开。

5.4.2 人工智能助力下通信领域的展望

1. 通信智能化能力持续增强

人工智能在通信领域中的应用与业务开展需要数据、算力、基础设施、商业模式与人才经验等各个方面的支撑升级。随着通信运营商和设备商在智能云平台和数字化方向的发力，目前通信行业对智能化能力所需的数据、算法、算力、工具、人才等进行的聚集和积累已初具规模。与此同时，随着开放数据集、智能算法库的逐步开放与共享、国内外智能网络标准化工作的推进、开源项目与平台的建设等，都为筑牢网络人工智能技术、人才底座，为通信智能化能力的持续增强、人工智能应用的落地打下了良好的基础。通信智能的发展需要网络节点、存储、数据、计算与通信能力的高度融合与协同，通过通信网络与人工智能技术的相互促进和发展，实现通信智能化能力的持续增强。

2. 人工智能和经验知识深入融合

传统通信行业，从设备的制造到系统的部署都需要专业人员具备大量通信理论与经验知识。传统的系统运维非常依赖于专家的经验。将专家经验数字化，并与人工智能技术相结合来进行工程化融合，是目前通信智能化发展关注的重点。通信领域专家经验在特征工程、模型优化等方面发挥着重要作用，通过进一步深入研究经验与人工智能技术相融合，能够更好地适配通信智能化应用的需求，提高应用的性能和运营效率。

3. 人工智能与云计算、未来网络进一步融合

随着新技术、新业态对传统通信产业冲击的不断加强，越来越多的通信企业开始注重数字化转型。目前通信行业已经开始探索人工智能、云、网的融合建设，通过构建云网统一的数据资源，将云和网中不同类型的数据以原始格式进行统一存储、分析和提供；通过

构建多层多级的人工智能平台以打造云网智能内生的能力，基于人工智能平台，将云网的大数据资源通过人工智能算法转化为云网的智能规划、分析、故障诊断、动态优化能力，并为各种用户提供云化的人工智能服务，在云计算和网络互相渗透的基础上，围绕云网融合形成差异化的"网＋云＋AI"的整体服务能力并进行最新的应用实践。利用未来网络构建人工智能分布式算力、数据治理框架与云功能，将实现信息技术、通信技术、数据和行业智慧在网络内的深度融合，重新定义端管云生态，构建通信行业的新商业模式。

本 章 小 结

　　本章主要介绍了人工智能在通信技术领域的应用，分析了人工智能的发展对通信行业的影响以及当前在通信行业的应用现状，总结归纳了人工智能技术与通信领域结合的六种典型的应用场景，最后阐述了在人工智能助力下通信行业面临的问题以及对未来的展望。希望通过本章的学习，让与通信相关专业的同学们了解通信行业和人工智能当前紧密结合的现状，为将来可以利用人工智能更好地解决通信领域的问题做好准备。

思 考 题

　　1. 简述人工智能技术在通信网络中应用的五大维度。
　　2. 简述几种典型的通信技术人工智能的应用场景。
　　3. 简述智能网络运维的主要作用。
　　4. 请列举智能感知服务的主要内容。

第 6 章 人工智能在智能制造
领域中的应用

▊▊| 6.1 人工智能对制造业的影响

人工智能对
制造业的影响

6.1.1 传统制造业智能化发展趋势——智能制造概念的提出

智能制造的研究始于 20 世纪 80 年代人工智能在制造领域中的应用,并在"工业 4.0"战略计划及 21 世纪以来新一代新兴信息技术背景下逐步将"智能制造 (Smart Manufacturing)"推向成熟。智能制造是指在制造工业的各个阶段,将移动互联网、物联网、大数据、人工智能、云计算等新一代信息技术与先进自动化技术、传感技术、控制技术、数字制造技术和管理技术相结合,以一种高度柔性与高度集成的方式,支持工厂和企业内部、企业之间和产品全生命周期的实时管理和优化。

6.1.2 人工智能对制造业的影响

随着人工智能表现出愈发明显的通用技术和基础技术特征,它对制造业的影响日渐突显。具体来看,人工智能对制造业的影响如图 6-1 所示。

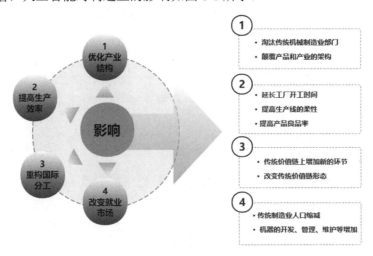

图 6-1 人工智能对制造业的影响

1. 优化产业结构

人工智能技术之所以能够优化制造业的产业结构，主要在于其能够引入高度自动化和智能化的生产方式。这些技术包括自动化机器人、智能控制系统以及先进的数据分析和预测能力。

通过自动化，制造企业能够取代繁重和重复性的人力工作，从而提高生产效率并减少劳动力成本。这不仅使制造业能够更高效地生产产品，还能够实现精细化和高度专业化的产业结构。同时，人工智能技术还赋予制造业更强大的数据处理和分析能力，可以帮助企业更好地预测市场需求、优化供应链管理、合理安排生产计划、更及时地调整生产线，有助于避免过度生产和库存积压，从而改善整体的产业结构。

2. 提高生产效率

人工智能能够执行复杂的生产任务，实现实时监测和优化生产过程。这样的自动化和数据驱动的方法能够显著提高制造业的生产效率。结果是生产效率的提高将带来多方面的积极影响。

首先，它降低了生产成本，包括劳动力成本和资源成本，从而提高了企业的盈利能力。其次，更高的生产效率意味着更快的生产速度、更快地交付给客户，提高客户满意度。此外，生产效率的提高有助于减少生产中的错误和不良品率，提高产品质量。

3. 重构国际分工

人工智能重构制造业的国际分工是由于其引入了新的生产和服务方式，它对传统的制造业国际分工产生了深刻影响。首先，人工智能本身成为了价值链上的新制高点，并吸引发达国家竞相抢占这一制高点，以强化其在全球分工中的主导地位。其次，人工智能改变了传统制造业的形态。传统制造业通常依赖于大量劳动力，而人工智能技术的广泛应用降低了制造业对人力资源的需求，这对我国等发展中国家以低成本劳动力为优势的经济模式带来了挑战。劳动力成本的相对上升和人工智能的更多应用使劳动力成本优势逐渐减弱。

总的来说，人工智能技术重构了制造业的国际分工，对我国等发展中国家产生了独特的影响。它促使我国要加快技术应用和产业升级，以适应新的产业格局，同时也给我们带来了在人工智能领域的发展机会。发展中国家需要在全球竞争中找到自己的定位，以实现制造业的可持续发展。需要强调的是，人工智能将在制造业的不同领域产生不同的影响，如图6-2所示。

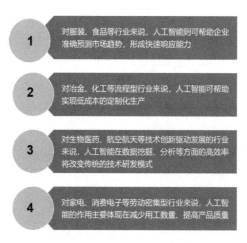

图6-2　人工智能将在制造业的不同领域产生不同的影响

4. 改变就业市场

人工智能技术提高了生产效率，还降低了人力成本，但同时也减少了对某些低技能和重复性工作的需求。

然而，人工智能也在创造新的就业机会。随着技术的发展，需要专门技能的工作岗位正在增加，例如 AI 系统的维护、数据分析，以及机器学习模型的开发和调整。此外，AI在增强人类工作岗位中的角色方面发挥着越来越重要的作用，例如通过精准数据分析辅助决策，或在复杂的生产过程中提供高级指导。

总的来说，人工智能正在改变制造业就业市场的结构。它既是一个挑战，也是一个机遇。对于劳动者来说，这意味着必须适应新技术，提高技能，以适应不断演变的工作环境。对于雇主和政策制定者来说，这意味着需要在教育和培训系统中投入资源，以确保劳动者具备未来市场所需的技能。

6.2　人工智能助力下制造业产业链

人工智能助力下
制造业产业链

从产业分工全局看，智能制造行业产业链细分可如图 6-3 所示，上游为核心零部件供应商，中游为智能制造企业，下游则为需求方。

上游：核心零部件供应商	中游：智能制造企业	下游：需求方
硬件层 ✓ 创鑫激光 ✓ Raycus ✓ Sentasy ✓ Texas Instruments **软件层** ✓ 中国航天 ✓ 国电南瑞	**智能制造装备供应商** ✓ KEYENCE ✓ INOVANCE ✓ ESTUN ✓ WATTMAN **智能制造解决方案供应商** ✓ SIEMENS ✓ ROCKWELL AUTOMATION ✓ 石化盈科	**汽车** ✓ 比亚迪汽车 ✓ 广汽集团 **3C电子** ✓ 小米 ✓ OPPO **重工业** ✓ 鞍钢集团 ✓ 中国铝业

图 6-3　智能制造行业产业链

6.2.1　上游：核心零部件供应商

总体来说，中国企业随着产业升级和"中国制造 2025"目标推进，在智能制造硬件与软件领域，已取得一定竞争力，但一些核心领域还需持续创新研发。

1. 上游——硬件层

(1) 智能传感器。传感器是智能制造设备需求较为广泛的核心零部件，在传统传感器制造行业，中国市场处于供需平衡状态；而在智能传感器领域，中国在部分核心技术上与国际最前沿还存在一定差距，整体仍处于快速迭代创新的阶段。但在自动驾驶等领域高景气的带动下，中国涌现出多个专业智能传感器初创企业，带动智能传感器技术升级创新。中国企业市场占有率呈逐年上升趋势。随着关键技术的研发突破，中国企业在智能传感器的市场份额将进一步提升，如表 6-1 所示。

表 6-1 中国智能传感器市场份额

厂商类别	2016 年占比份额	2020 年占比份额	
中国厂商	13%	31%	国内市场占有额在快速提升
国际厂商	87%	69%	

(2) 激光器。激光器是智能制造设备的核心零部件之一，中国激光器出货量逐年提升，低功率激光器国产化达到 90%，但智能制造设备所需的高功率激光器国产化还不足 40%，对国际厂商有一定依赖性，但随着国内智能制造整体产业发展，国内已涌现出锐科激光、杰普特、大族激光等一批优秀的高功率激光科创企业，这让中国智能制造产业上游夺取核心技术高地充满良好前景。

2. 上游——软件层

智能制造产业上游工业软件主要包括研发设计类工业软件和生产管控类工业软件。

(1) 研发设计类工业软件。目前研发设计的工业软件市场以西门子、Auto desk、法国达索为代表的老牌国际工业企业为主导，在技术与产业基础上具有较大优势，因此占据较高市场份额。但近十年以来，我国制造业在 CAD、CAE、CAM 等主流设计工具方向已涌现一批创新企业，如武汉科技大学的 3UCS 工业软件、中望软件和苏州浩辰的 CAD 软件、北京精雕的 CAM 软件。

(2) 生产管控类工业软件。中国生产管控类工业软件的细分领域市场结构分布较为均匀，其中 PLM(研发管理系统) 作为产品生命周期管理软件在中国市场的普及程度最高，在这一领域已有一批优秀中国企业，如航天神软与金航数码，他们的市场份额就分别占据了 12% 与 8% 比例。而 MES(智能管理系统) 虽然目前市场也以国际企业为主导，但中国厂商正开始陆续崛起，国电南瑞、宝信软件与和利时均已占有一定市场份额。

6.2.2 中游：智能制造企业

智能制造产业链中游主要以基于上游核心零部件开发生产智能制造装备和解决方案的企业为主。智能制造企业在成长初期阶段，由于受硬件成本、定制化需求等因素影响，毛利率会偏低，但随着智能制造渗透程度加深，毛利率将快速增长。

1. 智能制造设备成本结构

如图 6-4 所示，智能制造设备中研发成本与硬件成本是主要成本支出，占比分别为 50% 与 35%。智能制造设备厂商在一定程度上受上游零部件供应商制约，原因为不同行业对零件特性的需求不同，如所需零部件为定制化生产，因为难以产生规模效应以降低成本，导致中游智能制造设备厂商成本上升，尤其是新兴智能制造装备零件，这种情况较为突出，但随着零部件逐步规模化生产后成本会逐步下降，相关中游智能制造设备成本也会下降，如镜头模组等传统零件仍呈现供应充足且售价逐年递减的趋势。

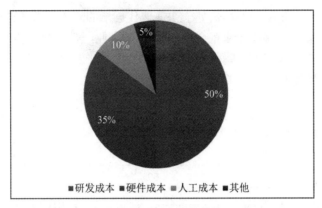

图 6-4　智能制造设备成本结构，2020

　　研发成本是智能制造设备供应商的重点支出，工业细分领域过多，且设备要求不尽相同，设备通用性低，需根据具体领域进行调整。智能制造研发人员学历门槛高，薪资高，因此智能制造企业研发投入较高。智能制造企业初期受硬件成本、定制化需求等因素影响，毛利率偏低，但随着智能制造渗透程度的加深，毛利率将快速增长。

　　2. 智能制造设备与智能制造技术解决方案

　　中国制造业企业进行智能化转型时，自主购买相关智能制造装备与直接购买智能制造解决方案依托第三方进行厂房改造的比例接近，约为 5∶5。中国作为制造业新兴国家，必然面临国际先进智能制造领域的技术及解决方案壁垒，给我国产业升级带来困扰，但随着智能制造的不断深入及中国智能制造业产业链的不断完善，国内智能制造企业不断积累经验，解决方案的能力也在不断提高，未来中国智能制造产业必将形成提供产业技术解决方案和产品并进的产业新形态。

6.2.3　下游：需求方

　　我国智能制造行业渗透率如图 6-5 所示。在中国制造业产业链中，产业下游的智能制造渗透率较高，整体呈现由下游逐渐向上游延伸的趋势，中国智能制造总体渗透水平较低，渗透率提升空间大。

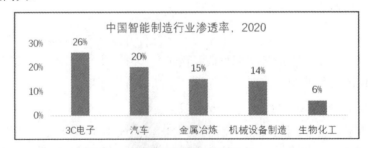

图 6-5　中国智能制造行业渗透率，2020

　　金属冶炼等产业链上游行业工艺技术更新速度慢，因此在智能制造发展初期的渗透率低于 3C 电子与汽车行业。中国智能制造目前总体渗透水平还不高，但随着中国制造产业升级不断深入，未来中国制造业智能化渗透率将快速提高，这也是"中国制造 2025"的重大支撑目标。

6.3 典型智能制造人工智能应用场景

智能制造系统一般由智能装备、智能控制、智能物流、制造执行四个分系组成，它接收 ERP 的生产指令，能够进行优化排产、资源分配、进度、智能调度、设备的运行维护和监控、过程质量的监控和分析、产品追溯、绩效管理等。从生产任务下达到产品交付全过程的人、机、料、法、环的优化管理和闭环控制，都包括在智能生产活动之中。人工智能在制造领域的主要应用方向有机器视觉检测、制造过程控制智能化、装配过程自动化、工厂运行控制智能化。

典型智能制造
人工智能
应用场景

6.3.1 机器视觉检测

机器视觉就是用机器代替人眼来做测量和判断，通过视觉系统对产品图像进行摄取，同时将被摄取的目标转换为图像信号传送给专用的图像处理系统，得到被摄目标的形态信息，再将像素分布和亮度、颜色等信息转变成数字化信号，由图像系统对这些信号进行各种运算来抽取目标的特征，进而根据判别结果来控制现场的设备动作。

和人眼相比，机器视觉具有效率快、精准性高且永不知疲倦等显著优势，因而被广泛应用于工业制造的各个环节，比如，在上下料过程中使用机器视觉进行定位，引导机械手臂准确抓取；在自动化包装领域进行物品数量的识别和数据的追溯；对一些精密度较高的产品进行分类和瑕疵检测，这也是机器视觉目前应用最广泛、取代人工最多的环节。

下面介绍机器视觉检测的几个应用场景。

1. 轮毂分类

在汽车整车加工中，作为轮胎的骨架，轮毂在汽车配件中扮演着重要角色，如图 6-6 所示。轮毂因为直径、宽度、成型方式、材料的不同而种类繁多。在自动化生产线上要实现多品种的混流生产，首先要完成的就是轮毂类型的识别。这些任务早期都是由人工方式来完成的，因而其速度、稳定性和准确性都无法保障。目前，一些前沿制造厂家已经提出基于机器视觉的分类算法，他们根据实验选择了五个特征：轮毂中心是否有孔洞、轮毂边缘区域的孔数、轮毂半径、轮毂面积，以及旋转不变性。利用投票分类器进行分类，与传统方法相比能达到较好的效果。

图 6-6 轮毂图

2. PCB 缺陷检测

在现代电子产品世界中，印刷电路板 (PCB) 是集成各种电子元器件的信息载体，其质量直接影响到产品的性能，如图 6-7 所示。提高 PCB 的质量是电子产品制造厂商应重视的重要课题。PCB 缺陷检测包括外观检测和字符读取检测两个部分。

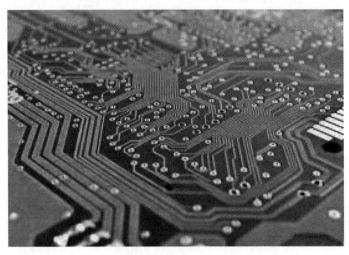

图 6-7 印刷电路板 (PCB)

在工厂流水线上生产 PCB 板字符码时，大多数生产厂商仍采用传统的人工检测方式，如图 6-8 所示。但随着电子技术的发展以及人们对电子设备的高需求，PCB 板向着高密度方向发展且种类更繁多，因而人工检测的方式难以满足复杂 PCB 板的检测要求。因此，目前在工业上设计出了一种高效精准搭载工业相机以取代人眼的机器视觉 PCB 检测系统。

图 6-8 检测 PCB 板字符码

相比国外，在 PCB 视觉缺陷检测系统设备 (专有名词：自动光学检测设备，AOI) 开发方面，我国起步较晚，但最近几年也陆续出现了一些优秀的设备厂商，比如科测电子科技有限公司、海康威视、华为、广州的镭晨科技、东莞神州视觉等，打破了国外厂商在 AOI 市场的垄断，降低了 AOI 检测设备的成本，但对于 AOI 检测设备顶尖的技术，国内相较国外还是存在很大差距，对于一些特别复杂、精度要求极高的元器件还是无法检测。

另外，在 PCB 基础上进行加工的一系列工艺流程称为表面组装技术 (SMT)，电子元器件小型化、器件贴装高密度化、器件管脚阵列复杂化和多样化对现代 SMT 设备提出更高的要求。通过运用机器视觉的定位、测量、检测技术，能够提高 SMT 设备的生产效率、提高贴装精度以及提升连续工作的稳定性。

3. 药品智能管理

药品的生产和加工过程是非常严格的，任何微小的差错都有可能造成严重的后果。通过机器视觉手段实现对药品生产过程的质量控制和管理控制，如对药片外形、计数、包装质量进行监控，可以提升药品质量和包装质量，保障患者的生命安全。

在药品的生产、包装过程中，无论是泡罩包装、液体灌装，还是后段的压盖、贴标、喷码、装盒都不允许有哪怕 0.01% 的缺陷存在。药品在生产制造过程中的缺陷一般有以下六种情况：

(1) 泡罩在包装过程中，容易产生漏装、破损、夹杂异物等情况，重量检测容易受震动干扰而出现检测裂片、碎片等问题。

(2) 药片在刻字过程中会出现划伤、碎片、污渍等缺陷。

(3) 液体药瓶在灌装前需要判断瓶口是否存在破损、缺块、裂缝以及异物等问题。

(4) 胶囊在生产过程中会不可避免地出现长短不一、合缝不好、畸形、污点等缺陷。

(5) 无纺布表面常会出现蚊虫、孔洞、污点、褶皱等瑕疵。

(6) 药品说明书是药品生产不可缺少的部分，说明书上必须清晰准确地注明药品的原材料、功效、副作用等信息，不能受任何其他物体的遮挡。

北京矩视智能科技有限公司是一家机器云视觉提供商，他的云平台针对药品检测搭建了专属底层卷积神经网络架构，可以对微米 (μm) 级的缺陷进行识别定位，识别结果不会受到颜色、背景等外界因素干扰，检测速度可达到毫秒级，能保障检测的速度及精度，最终实现零缺陷生产的目标，在降低生产成本的同时可以将工人从繁重的工作中解放出来，从而发挥更多的价值。各类缺陷以及各类缺陷的检测结果，如图 6-9 所示。

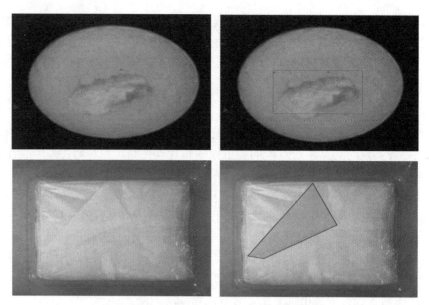

图 6-9　各类缺陷以及各类缺陷的检测结果

图 6-9 中，第一组为药瓶外观瑕疵检测、第二组是胶囊合缝检测、第三组是药品外观检测、第四组是纱布外观检测。

4. 产品表面质量检测

机器视觉也大量应用在产品表面质量检测中，通过机器视觉对产品表面凹陷、划痕、裂纹以及磨损的检查或对产品表面精度、粗糙度和纹理的检测，对产品进行有效的评估或分级。然而，即使检验人员训练有素，但仍有可能漏掉缺陷。如果未能在发给设备制造商前发现瑕疵，就有可能导致代价高昂的产品退货和返工。因此，为了提高产品的质检准确率，降低由于人工失误带来的瑕疵产品流入市场，有必要引入人工智能加速目视检查流程，如图 6-10 所示。

图 6-10　检测流程

华星光电引入了 IBM Visual Insights，这是一款 AI 支持的检验解决方案，通过将产品图像与已知缺陷图像库做比对，智能地检测缺陷。Visual Insights 可与现有检验流程轻松集成，让华星光电能够迅速启动和运行该解决方案。

Visual Insights 对它分类的每张图像分配置信水平，从零 (无匹配) 到 100%(完全匹配) 不等。如果置信水平低于可接受的阈值，系统提示检验人员检查此项目并确定是否确实存在缺陷。另外，Visual Insights 不停地进行学习。它持续地从检验团队获取反馈，纠正信息以及来自车间的图像随后包含到 AI 模型的下次训练周期中，从而改善它检测未来缺陷的能力。Visual Insights 可以在数毫秒内完成产品图像分析，比操作人员快数千倍，这有助于华星光电快速识别缺陷，从而缩短检验交付周期。

6.3.2 加工过程控制优化

制造装备是加工过程的基础。加工过程控制优化是指智能制造装备通过结合传感、人工智能等技术，能对本体和加工过程进行自感知，对与装备、加工状态、工件和环境有关的信息进行自分析，根据零件的设计要求与实时动态信息进行自决策，依据决策指令进行自执行，实现加工过程的"感知—分析—决策—执行—反馈"的大闭环，保证产品的高效、高品质及安全可靠加工。加工过程控制优化如图 6-11 所示，包括工况在线检测、工艺知识在线学习、制造过程自主决策与装备自律执行等关键功能。

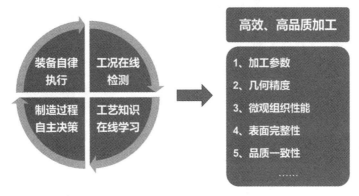

图 6-11 加工过程控制优化

加工过程控制优化的一个关键功能就是工况在线检测。在制造加工中，有大量的工业机器人。如果其中一个机器人出现了故障，当人感知到这个故障时，可能已经造成大量的不合格品，从而带来不小的损失。如果能在故障发生以前就检知，则可以有效做出预防，减少损失。

基于人工智能和 IoT 技术，通过在工厂各个设备加装传感器，对设备运行状态进行监测，并利用神经网络建立设备故障的模型，则可以在故障发生前，对故障提前进行预测，并将可能发生故障的工件替换，从而保障设备的持续无故障运行，流程如图 6-12 所示。

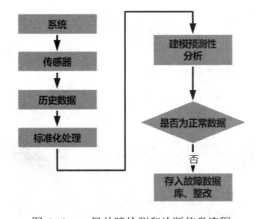

图 6-12 一般故障检测和诊断信息流程

目前国际上已经有能够运用人工智能技术和传感器技术提供工业生产线故障检测解决

方案的供应商，比如来自美国的 Uptake 企业。Uptake 是一个提供运营洞察的 SaaS 平台，如图 6-13 所示。该平台可利用传感器采集前端设备的各项数据，然后利用预测性分析技术以及机器学习技术提供设备预测性诊断、进行车队管理、能效优化建议等管理解决方案，帮助工业客户改善生产力、生产的可靠性以及安全性。来自以色列的 3DSignals 公司也开发了一套预测维护系统，其主要基于超声波对机器的运行情况进行监听。

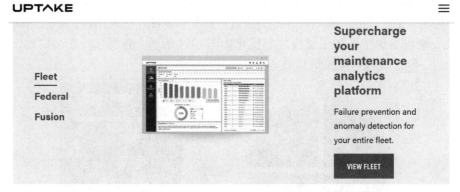

图 6-13   Uptake 网站首页介绍页面

6.3.3   装配过程控制优化

装配过程控制优化是指通过大数据、人工智能等方法，结合智能机器人、人机协同等新兴技术，实现装配过程的自动化与智能化，从而提高装配系统运作效率，为企业创造新的价值。

在现代化生产加工过程中，装配机器人在工业生产线上的应用越来越广，它的精度、速度以及柔韧性等都很高，如图 6-14 所示。通过在成熟机械臂系统中装入多种传感器件，可以提高装配机器人对周边环境的感知以及适应能力，其中，视觉传感系统和人工智能相关算法的引入最为重要。装配机器人的视觉系统通过与触觉和力学等非视觉传感器的协调配合，完成机器人对于待装配工件的识别、定位及检测功能，最终完成抓取、分拣、插入和拧紧等装配动作。

图 6-14   装配机器人

下面介绍两个装配过程控制优化的应用场景。

1. 智能上料装配工作

汽车制造是自动化程度最高的行业之一，越来越多的汽车主机厂及零部件厂商开始布局 AI 视觉智能上下料、装配机器人。湖南视比特机器人面向汽车主机厂、汽车零部件厂的上下料、分拣、装配等场景，研发了基于"AI＋3D 视觉"的机器人上料装配工作站 (SpeedLoader-M)，如图 6-15 所示。依托 3D 视觉高精度定位算法、3D 视觉高精度纠偏算法，实现了对多品类、无序来料的汽车零部件高精度定位抓取及高精度纠偏放置，在汽车全自动柔性机器人生产线中该套系统可实现敏捷开发、快速部署。此外，上料装配工作站可对接 MES、SCADA 等系统，与 AGV 等下游设备联动，实现不同品类、多姿态摆放的零件高精度柔性抓取与放置。

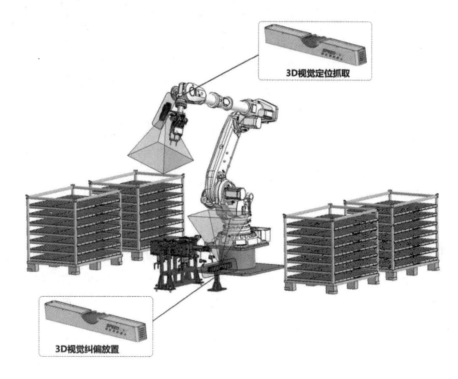

图 6-15　视比特机器人上料装配工作站

视比特机器人与控股子公司敏视启源为汽车智造行业持续推出多个高效、柔性及高性价比的 AI 机器视觉产品系列，包括大尺寸工件超高精度测量专机、缺陷检测专机、视觉引导机器人上下料、装配等，不断助推汽车产业转型升级。

2. 装配机器人视觉分拣

在装配过程中有许多需要分拣的作业，若采用人工分拣，则速度缓慢且成本高，如果采用工业机器人，则可以大幅降低成本、提高速度。但是，一般需要分拣的零件是没有整齐摆放的，机器人必须面对的是一个无序的环境，需要机器人本体的灵活度、机器视觉、软件系统对现实状况进行实时运算等多方面技术的融合，才能实现灵活地抓取，可谓困难重重。

近年来，国内陆续出现了一些基于深度学习和人工智能技术，解决机器人视觉分拣问题的企业，如埃尔森、梅卡曼德、库柏特、埃克里得、阿丘科技等，其主要研究方向为通过计算机视觉识别出物体及其三维空间位置，指导机械臂进行正确的抓取。

埃尔森 3D 视觉定位系统如图 6-16 所示，是国内首家机器人 3D 视觉引导系统，针对散乱、无序堆放的工件进行 3D 识别与定位，通过 3D 快速成像技术，对物体表面轮廓数据进行扫描，形成点云数据，对点云数据进行智能分析处理，加以人工智能分析、机器人路径自动规划、自动防碰撞技术，计算出当前工件的实时坐标，并发送指令给机器人，实现抓取定位的自动完成。

图 6-16　埃尔森 3D 视觉定位系统

库柏特的机器人智能无序分拣系统，通过 3D 扫描仪和机器人实现了对目标物品的视觉定位、抓取、搬运、旋转及摆放等操作，可对自动化流水生产线中无序或任意摆放的物品进行抓取和分拣。系统集成了协作机器人、视觉系统、吸盘 / 智能夹爪，可应用于机床无序上下料、激光标刻无序上下料，也可用于物品检测、物品分拣和产品分拣包装等。目前能实现规则条形工件 100% 的拾取成功率。

当然，目前在装配过程中还是存在一部分复杂的装配工艺，智能机器人无法独立完成，需要通过人机协同技术，在操作员的远程遥控或协同交互下完成。

6.3.4　工厂运行控制优化

工厂运行控制优化是指利用智能传感、大数据、人工智能等技术，实现工厂运行过程的自动化和智能化，基本目标是实现生产资源的最优配置、生产任务的实时调度、生产过程的精细管理等，如图 6-17 所示。其主要功能架构包括智能设备层、智能传感层、智能执行层、智能决策层。智能设备层主要包括各种类型的智能制造和辅助装备，如智能加工设备、机器人、RGV/AGV、自动检测设备等；智能传感层主要包括数据采集和指令下达、智能产线分布式控制系统等；智能执行层主要包括三维虚拟车间建模与仿真、智能工艺规划、智能调度、智能执行系统等功能和模块；智能决策层主要包括大数据中心和决策分析平台。

生产控制中心　　　　　　　　移动终端应用（手机、平板）

智能决策层

大数据中心　　　　　　　　　　决策分析平台

智能执行层

三维虚拟车间建模与仿真　智能工艺规划　　　智能调度　　　智能执行系统

智能传感层

智能产线分布式控制系统（iDCS）

数据采集与指令下达　　　　RFID等
（PLC/路由器/传感器）

智能设备层

智能加工设备 机器人 自动夹具 自动检测设备 RGV/AGV 刀具 通用料盘 车间终端/看板

图 6-17　工厂运行控制优化

　　工厂运行控制优化的关键技术就是车间智能动态调度技术。车间调度作为智能生产的核心之一，是对将要进入加工的零件在工艺、资源与环境约束下进行调度优化，是生产准备和具体实施的纽带。然而，车间生产过程是一个永恒的动态过程，不断会发生各类动态事件，如订单数量/优先级变化、工艺变化、资源变化（如机器维护/故障）等。动态事件的发生会导致生产过程存在不同程度的瘫痪，从而极大地影响生产效率。因此，如何对车间动态事件进行快速准确处理，保证调度计划的平稳执行，是提升生产效率的关键。

　　目前，中国科学院沈阳自动化研究所在车间智能调度方面取得新进展，基于深度强化学习方法，他们实现了动态订单下可重构车间对动态生产调度和车间重构的实时优化和智能决策。相关研究成果发表在 International Journal of Production Research 上。由于车间调度问题多属于 NP 难问题，传统元启发式算法只能在多项式时间内求得近优解。对于大规模问题，元启发式算法的求解时间难以满足动态生产环境下实时决策的需求。另外，小批量定制化的生产模式，要求车间满足动态可重构。如何对可重构车间的生产调度和车间重构进行实时优化和动态协同是研究难点。科研人员基于深度强化学习方法，将生产调度和车间重构的决策过程建模为马尔科夫决策过程，建立了调度和重构系统的深度强化学习模型，设计了奖励函数、状态空间和行为空间等。训练后，决策智能体在求解质量和求解时间上取得了比两种元启发式算法（迭代贪婪算法和遗传算法）更优的结果。智能体对单个工件的决策时间仅为 1.47 ms，可用于动态生产环境下可重构车间的实时优化和智能决策。

6.4　人工智能助力下制造领域面临的问题与展望

6.4.1　人工智能助力下制造领域面临的问题

人工智能助力下
制造领域面临的
问题与展望

中国"十四五"规划的这五年将是打造数字经济新优势的重要阶段。以智能制造为契机推动制造业高质量发展，既是中国数字经济与实体经济融合发展的主攻方向，也是实现双循环新发展格局的关键突破口。

新冠疫情发生以来，制造业企业大都经历了生产中断、供应链断裂、复工复产的过程，老牌企业多年积累的竞争优势有可能被颠覆，新生企业也有可能抓住机遇快速发展壮大，行业竞争格局有望被重塑。加之全球贸易格局不稳定，供应链风险加大，企业运营成本上升而利润空间不断受到挤压，布局以智能制造驱动的制造业数字化转型已成为各大企业的重中之重。

然而，埃森哲在 2020 年对包括中国在内的全球 1550 位制造和工业企业高管进行的一项调研显示，有三分之二的企业完全没有看到数字化投资在促进收入增长方面的作用，究其原因，主要有以下五个方面，如图 6-18 所示。

图 6-18　制造业面临问题

1. 缺乏顶层设计

很多企业没有从战略高度规划智能制造的路径。缺乏顶层设计意味着企业在推进数字化转型时没有清晰的目标和方向，这不仅阻碍了新技术的有效应用，还可能导致资源配置不合理。例如，企业可能盲目追求最新技术，而忽略了如何将这些技术与自身的长期发展目标相结合。有效的顶层设计应包括市场分析、技术路径规划、人力资源培训以及持续的创新机制建设。

2. 重技术单点优化，轻整体价值提升

企业在智能制造实施中常常只关注单一技术或硬件的投入和优化，忽视了对整体生产流程的考量。例如，一家企业可能投入大量资金用于自动化设备，但如果这些设备无法与现有的生产流程或数据管理系统有效整合，就可能导致效率低下，甚至增加了额外的维护

成本。技术优化应与整体流程优化和员工技能提升相结合，形成一个协同效应。

3. 数据孤岛严重，系统集成度低

数据在智能制造中扮演着核心角色,但许多企业的数据管理存在孤岛现象。例如,生产、物流和销售部门可能各自使用不同的数据管理系统，导致信息无法有效共享和整合。这种孤立的数据管理方式不仅降低了数据的实际价值，还阻碍了决策效率和精准性。打破数据孤岛，建立统一的数据平台，是提高集成度、优化资源配置的关键步骤。

4. 设备连通性差

设备的连通性对于实现高效的生产管理至关重要。在很多企业中，生产设备与信息技术系统之间的连接不足，导致了设备运行数据难以实时监控和分析。这不仅增加了设备故障的风险，也限制了对生产过程的优化和调整。通过提高设备连通性，实现设备的实时监控和预测性维护，可以显著提升生产效率和设备使用寿命。

5. 集成能力解决方案供应商少

智能制造涉及多个技术领域，需要综合性的解决方案来实现有效的系统集成。当前市场上缺乏能够提供全面集成解决方案的供应商，这对于许多企业来说是一个大难题。一方面，企业需要供应商能够提供定制化的解决方案来满足特定的生产和管理需求；另一方面，供应商需要具备跨领域的技术能力和深入的行业理解，以实现真正有效的系统集成。

6.4.2　人工智能助力下制造领域的展望

随着人工智能、物联网、大数据分析和云平台等数字化技术与制造核心环节的融合应用，未来智能制造发展逐步迈入以新数字技术赋能的自动化、信息化、网络化、智能化过程，这一过程最终目标是通过企业内外价值链的互联互通，实现动态的、需求驱动的智能制造。在实现这一最终目标的过程中，根据埃森哲研究，可以根据企业数字化技术与制造核心环节的融合深度而分为自动化、网络化、智能化、信息化四个不同的成熟阶段,如图 6-19 所示。

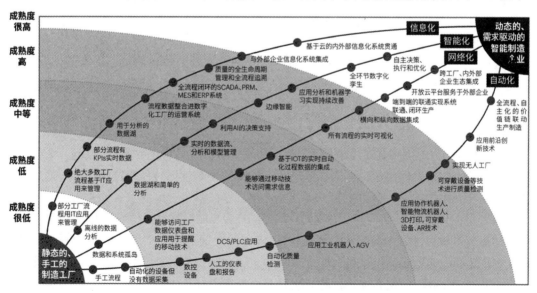

图 6-19　成熟度模型 (来源：埃森哲研究)

1. 自动化：制造全流程生产装备形成自主化生产

制造企业可以利用自动化生产线、数控机床、机器人、3D 打印等新技术实现生产环节的人机协同以及整个产线、工厂的管控和流程优化，以实现提质增效、精益管控的目标。

例如，华晨宝马位于沈阳的生产制造基地投资于视觉识别、智能数据采集及分析、自动化创新及数字化生产流程四大技术领域，在部分工作中使用机械完全代替人工。截至 2019 年年底，铁西工厂的车身车间内拥有超过 600 台机器人，自动化率达到 95%。

未来，人机协作、无人工厂将成为工业生产的重要模式，最终推动智能制造向生产制造全流程、自主化的价值链联动演进。

2. 信息化：基于云和大数据的大范围内外部信息系统贯通制造流程信息化

信息化关注企业生产环节的软件系统应用，企业自动化程度的提升带来软件系统需求的增长。企业希望借助软件系统的互联互通实现端到端数据集成与应用，使生产过程更加透明、可视、可控。此外，制造企业自身的供应链愈发复杂、工厂分布从国内走向海外，因此工业软件和 ERP 等集成管控解决方案的云端部署或平台化需求已成为信息化新的发展方向。未来，制造企业将在信息化的高成熟度阶段实现大范围内外部信息系统贯通。

例如，2019 年起全球领先的汽车零部件供应商佛吉亚就实现了线上线下信息的双通融合发展，构建出了符合佛吉亚经营实情的数字化智能协同管理平台。该系统通过设备巡检管理、Tooling 模具管理、Top5.QRCI 任务处理、月度优选项、Alert 平台等典型场景模块，以及生产线上运行 MES 系统，实现生产线之间、车间与车间之间的系统联通，最终实现所有产品各个工序的智能化生产和整个制造体系的智能控制管理。

3. 网络化：制造体系基于通信技术、物联网、云的内外部生态集成形成网络化

网络化关注大范围的制造核心环节的设备、系统、数据的互联互通。基于物联网 (IoT)、云平台、5G 通信的大范围数字化连接能帮助制造企业实现跨业务、跨车间、跨工厂、内外部客户的协同，并向生态系统集成演进。

制造企业已将工业互联网视为制造资源汇集和能力开放的核心载体，增强创新能力、改造提升集成管控能力。中联重科发布的工业互联网平台 ZValley OS、徐工发布的汉云平台，都是通过工业互联网平台赋能自身和客户的协同发展。

4. 智能化：数字技术与制造业深入融合发展，实现生产制造的自主决策、执行和优化

智能化关注于制造核心环节的智能优化与决策。制造企业通过工业互联网、人工智能 (AI) 等新技术实现智能决策、制造核心环节全流程数字孪生、智能生产优化等，最终在智能化领域实现生产制造的自主决策、执行和优化。

领先企业围绕智能化构建其核心工程和生产系统，通过 3D 仿真、数字孪生技术确保实体机器和软件系统协调同步，释放以往未曾发现的成本效率。例如，吉利汽车自主研发出中国第一套全流程汽车仿真生产系统，工程师在这个和真实工厂完全一样的仿真工厂里进行虚拟精准调校，在正式生产前就已经解决了一千多项、接近 90% 的核心技术问题。

本 章 小 结

　　本章介绍了人工智能对制造业的影响，智能制造是新一代信息技术在制造全生命周期的应用中所涉及的理论、方法、技术和应用。本章还介绍了人工智能在制造领域中的典型应用场景，主要应用方向有机器视觉检测、制造过程控制智能化、装配过程自动化、工厂运行控制智能化。从本章内容可以看出智能制造已经成为一个推动制造业高质量发展的契机，既是中国数字经济与实体经济融合发展的主攻方向，也是实现双循环新发展格局的关键突破口。特别是新冠疫情爆发以来，我们更要主动拥抱新技术，布局以智能制造驱动的制造业至关重要。

思 考 题

　　1. 智能制造的概念是什么？

　　2. 人工智能对于制造业的发展只有好处吗？为什么？

　　3. 在智能制造的典型应用场景中，你遇到过哪种应用，请简述。

　　4. 学完本章后，你对职业生涯有什么感悟？

第 7 章　人工智能在数字商务领域中的应用

近年来，人工智能技术日趋成熟，应用领域也日益拓展，已经成为世界各国提升国际竞争力的驱动力之一。随着其发展进程的不断推进，人工智能技术在电子商务领域中发挥着至关重要的作用，助力商务模式向着更加智能化、个性化、多元化的模式转变，同时融合大数据、区块链等新兴技术，推动电子商务活动全面升级变革。

7.1　人工智能对电子商务的影响

7.1.1　传统电子商务的发展历程

电子商务自产生以来，发展迅猛。伴随着社会化、移动性和地域性扩张，电子商务变化巨大。我国传统电子商务的发展主要经历了四个阶段，如图 7-1 所示。

人工智能对电子商务的影响

图 7-1　传统电子商务发展历程

1. 1999—2002 年，萌芽阶段

在这个阶段，中国的网民数量相比今天实在是少得可怜，根据 2000 年 6 月公布的统计数据，当时中国网民仅有 1000 万。而且在这个阶段，网民的网络生活方式还仅仅停留在电子邮件和新闻浏览的阶段。网民未成熟、市场未成熟，其中，以 8848 为代表的 B2C 电子商务站点是当时最闪耀的亮点。8848 是中国电子商务企业的旗舰，它是在克服中国电子商务发展初期的重重困难中发展起来的，创造性地推进了中国电子商务的进程。可惜 8848 最终逝去，萌芽期的电子商务环境里没有留下几家电子商务平台，只是孕育了一批初级的网民。这个阶段要发展电子商务难度相当大。

2. 2003—2006 年，高速增长阶段

当当网、卓越、阿里巴巴、慧聪网、全球采购、淘宝，这几个响当当的名字成了互联网行业里的热点。这些生在网络长在网络的企业，在短短的数年内崛起，和网游、SP 企业等一起加入了整个通信和网络世界。电子商务在这个阶段的三大变化如图 7-2 所示。

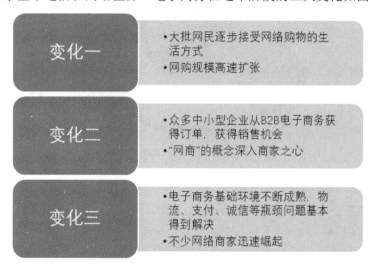

图 7-2　电子商务高速增长阶段三大变化

3. 2007—2010 年，纵深发展阶段

这个阶段最明显的特征就是，电子商务已经不仅仅是互联网企业的天下，数不清的传统企业和资金流入电子商务领域，使得电子商务世界变得异彩纷呈。

阿里巴巴、网盛上市标志着 B2B 领域的发展步入了规范、稳步发展的阶段。淘宝的战略调整、百度的试水意味着 C2C 市场将在高速发展的同时不断地优化和细分市场。PPG、红孩子、京东的火爆，不仅引爆了整个 B2C 领域，也让众多传统商家按捺不住纷纷跟进。

在这个阶段，中国的电子商务发展达到了新的高度。虽然还不至于会颠覆人们的生活习惯，但给人们呈现了一个现实社会与虚拟社会不断融合发展的趋势。

4. 2011 年至今，电子商务融合期

2011 年 1 月，腾讯推出了微信，从而开启了我国电子商务的一个新时代。在这个阶段，我国的电子商务开始了多维度的发展。在纵向上不断打造中国品牌，如天猫商城"双 11"不断刷新的成交量业绩，成就了世界电子商务的神话；在横向上各个领域新模式不断呈现并相互融合，如 O2O、C2B、"互联网 +"、移动电商等。

7.1.2 人工智能对电子商务的影响

随着人工智能技术的引入，电子商务正在以前所未有的速度蓬勃发展。电子商务行业正以一种新的形式，将客户带到一个新的体验水平。人工智能是一个具有巨大潜力的技术，它将会给电子商务行业带来新的变革和影响，具体表现在三个方面，如图 7-3 所示。

图 7-3　人工智能对电子商务的影响

1. 降低商务运营管理成本

作为电子商务企业管理的重要组成部分，成本管理与企业整体效益密切相关，会对企业的运营产生直接影响。在电子商务中运用人工智能技术能够降低电商物流成本、人力资源成本等，提高企业运营管理效率。在人工智能的广泛应用下，零库存、无人仓、智慧物流等新兴模式在电子商务中也得到了较好应用。

随着电子商务活动开展日益活跃，物流服务对象呈现出明显的离散性特征，物流供应链的发展转变为针对消费者的个性需求，而服务需求的碎片化迫使企业向着智慧供应链物流的建设调整发展。碎片化就是说传统的物流管理中大宗货物集中分布的现象日益减少，分散的包裹物流数量显著增加。在这种情况下，传统的供应链管理模式不但成本高昂，还无法满足巨大的客户物流订单需求。在供应链物流管理中运用人工智能技术能够精准地对物流供应链中关键点位置信息进行管理，实现从"人找货"到"货找人"模式的转变，降低人工管理成本。在过去，仓储物流主要依靠人工，而现在，无人机能够按照事先设定的路线可视化地智能运输货物，实现个性化、智能化、人性化的配送，无人仓能够科学合理地管理和分拣包裹，这不仅减小了发生差错的概率，还节约了人力资源成本。

2. 提高交易匹配效率

随着互联网技术的发展，电子商务活动正变得日益活跃，网上信息量和业务量呈指数级别的增长，供需双方都需花费大量时间和精力来搜索、筛选和比较海量信息。人工智能技术 Agent 的应用让解决这一问题成为了可能。人工智能技术应用于商务活动，能够智能化地辅助交易，智能交易系统可以根据客户设定的要求和范围，自动采集、整理、分析数据，自动计算价格，帮助双方达成交易。目前，分布式人工智能的应用正在逐渐深入，消费者的"AI 代理"可以在经本人授权的前提下进行信息交换，通过在本地 AI 代理之间创建新的通信协议，可以在不交换数据的情况下，互相交换对世界的理解。这将继续推动"人以群分"，方便用户信息交换和交流，降低决策成本，提高交易效率。

另外，通过人工智能技术的应用，我们可以智能化地拓展业务。它使每位客户能够快速且精准地在电子商务网站和海量商品信息中定位自己的需求，找到自己所需要的商品或服务。按照消费者的历史消费记录和行为偏好，分析消费者的潜在需求，为每位消费者提供有针对性的广告和商品服务。另外，它还可以促进电子商务企业将非用户转变为用户，提高客户转化率，开发新的用户和业务，进而提高交易的可能性。

3. 提升用户服务体验

现代服务营销理念已经不同于传统的服务营销，营销的基本要素从原来的 4P(Product；Price；Place；Promotion) 变为 4C(Customer；Cost；Convenience；Communication)，即进入了以客户需求为中心、以客户服务为导向的服务营销理念。目前，人工智能技术的应用为电子商务提供了智能客服机器人、智能搜索、个性化智能推荐、智能定价等新功能新服务，从客户的需求出发，关注客户的购买意愿，着重考虑客户购买的便利性，在很大程度上提升了用户体验感和产品附加值。

在海量化的数据信息中，精准化的服务显得尤其重要。人工智能客服系统能够精准定位每个客户的个性化需求，系统提供的服务似乎是专门为每个客户量身定制的，让顾客感觉就像是真人在服务。它不再是传统机器服务老生常谈的呆板形象，甚至可以提供比人工客服更加细致化、精准化的服务。系统的内存远高于人的记忆力，能够记载客户的所有资料。系统不具有疲劳、情绪化等生理状态，不会因此而影响服务品质。正是由于数据的海量化，才体现了精准服务的难度和重要性，只有这样才能提升交易的成功率和服务的满意度。

总的来讲，人工智能在降低商务运营管理成本、提高交易匹配效率、提升用户服务体验这三方面的作用是相辅相成、相互作用的。

7.2　人工智能催生商务领域新模式、新岗位

7.2.1　人工智能将重构电子商务模式——以拼多多为例

人工智能催生
商务领域新模
式、新岗位

传统电商主要是商品主导，用户通过搜索找商品，商家上传的 SKU (Stock Keeping Unit，最小货存单位) 越多越能满足用户的需求，用户越搜索越能发现新奇的、能满足自己需求的商品。传统电商不直接销售商品，而是把所有商品及商家信息汇聚在平台上，通过搜索框让用户自行寻找并购买需要的商品，并且通过将首页和搜索后的好位置卖给商家以获取广告费，所以淘宝上商家对淘宝平台来说也是淘宝的客户，不过这个客户的具体表现形式是货。

作为 3.0 的新电商平台，拼多多改变了传统电商物以类聚、搜索式的购物，采取"人以群分"的服务主导逻辑，正如黄峥所言，"拼多多是错位竞争，争夺的是用户的不同场景"。拼多多用匹配场景代替传统的搜索场景，并个性化推荐商品给用户，所以，在拼多

多 App 里，搜索框并不显眼，主要是用大数据和人工智能深度学习模型了解用户的场景化需求，从而进行商品的个性化匹配和推荐，提升购物体验。人工智能重构后的新商业模式虽然 SKU 有限，但满足结构性丰富，并把海量流量汇集到有限商品里，以打造爆款商品，形成规模之后再反向定制。一方面，用户可以低价买到特定商品，另一方面，虽然商品价格低，但订单量大，薄利多销。

人工智能重构的商务模式如图 7-4 所示。

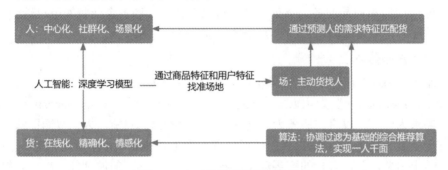

图 7-4　人工智能重构的商务模式

该模式主要包含三层含义：

(1) 在技术方式上，人工智能以大数据为原料，通过深度学习模型，基于对"人"中心化、社群化和场景化的协同性重构并刻画用户特征，基于对"货"在线化、精准化和情感化的协同性重构并丰富产品属性，利用基于内容和基于协同过滤的个性化推荐算法使得用户和产品精准匹配。

(2) 在匹配逻辑上，人工智能重构商业模式匹配性表现为"场"的匹配路径由"人找货"转变为"货找人"，其背后隐藏的匹配逻辑是商品主导逻辑向服务主导逻辑的转变。

(3) 在实现机理上，伴随匹配逻辑由商品主导逻辑向服务主导逻辑的转变，人工智能通过对"人""货"的协同性重构使得"场"的匹配路径发生转变，表现为匹配方式由"物以类聚"转变为"人以群分"，匹配程度由"千人一面"转变为"一人千面"。

7.2.2　人工智能将重塑电子商务岗位

目前，高职电子商务专业学生的就业主要集中在运营管理、营销推广、客户服务和电商美工等岗位。随着人工智能技术的迅速发展和移动互联网发展红利的逐渐消退，在上述这些岗位中人工智能技术的应用越来越普遍，如图 7-5 所示。

上述很多岗位都将逐渐不同程度地被 AI 替代，尤其是客户运营和电商美工岗位。利用人工智能技术优化电子商务的客服体系可以提高服务的可靠性和针对性，在减少人员的使用和开支的同时，也能够满足顾客个性化的需求。人工智能 CRM 还可以深入分析用户行为、精确预测客户的偏好、精准定位潜在的高价值用户，助力电子商务公司优化市场推广方案。在电商美工岗位中，智能拍摄机器人可以自动完成商品的多角度拍摄和 3D 全景展示，智能视频机器人可以基于图文内容自动生成短视频，美工机器人可以快速、自动地修改照片，因此初级美工岗位，如店铺装修、海报和电商页面设计，很可能会被 AI 技术所取代。

随着 AI 的进步和发展，必将带来新电商岗位的产生。现在，由于广泛采用人工智能技术和服务，电商行业正快速迈向更加智慧化和多场景化发展的道路。

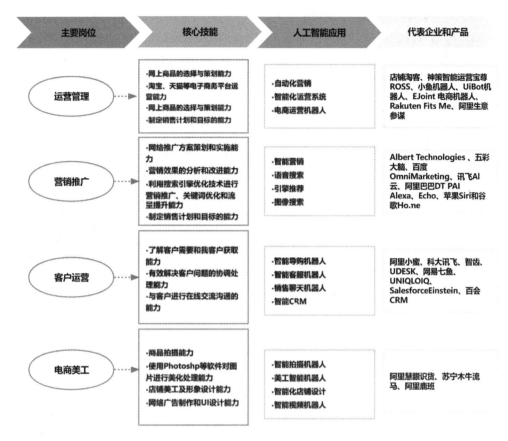

图 7-5 人工智能在高职电商专业学生主要就业岗位中的应用

首先，由于人工智能的应用，促使出现了无人便利店、零售体验店、智能门店、互联网门店、社交电子商务等数字化电子商务新形态，同时也因此创造了各种新职业和新的就业机会，比如网络主播、社交媒体运营等。其次，在电子商务领域，人工智能的应用将创造出新的就业机会。例如，智能客服的广泛应用催生了智能客服训练师这一职位，以帮助训练人工智能客服机器人等。另外，数据标注专员是一项新兴职业，在近两年应运而生，主要负责根据不同的任务需求对图像、声音、文字等进行不同方式的标注。最后，电商企业借助人工智能技术，大幅提高了业绩，并为社会创造了更多就业机会。截至 2020 年，中国电子商务交易额已超过 40 万亿元，网络零售总额接近 10 万亿元，相关从业者数量超过了 5000 万人。

目前，人工智能的发展还处于弱人工智能阶段，还缺乏独立思考能力，只能依赖于人工训练并在特定工作场景下替代人工服务。但是，随着人工智能技术的成熟，未来，在很长时间内现有高职电子商务毕业生的主要就业岗位都将重塑，工作内容也将随之发生巨大变化。人工智能技术的兴起将会对当前社会的工作岗位及工作技能产生一定的冲击。在电商客服岗位上，虽然机器人无法处理感性化的复杂问题，但现在人工客服将更多地承担响应式服务和主动式服务，并将进一步开发运营和销售转化的职能。在美工岗位上，人工智能已经完全满足了电商比较初级的设计需求，因此美工和初级设计师的工作技能将完全被替代。未来，电商美工的工作将更加注重内容创意，例如广告语、SLOGAN、推广短文案等创意文案和病毒式短视频以及原创内容等创意视频。对于营销推广岗位来说，目前的 AI

文案可以完成简单直接的广告促销语等文案，以及创意和策划方案。未来的工作将更加注重深层次的、长篇大段的营销策划等中高级创意。同时，SEM 运营也将从劳动密集型转向高级策略输出型，对 SEM 运营人员的要求也会提高。在电商运营中，虽然 AI 无法完全取代营销战略定位、营销战略布局和营销战略实施，但将它们相互融合可以提高电商运营的效率。

7.3 典型商务领域人工智能应用场景

从商业逻辑来说，人工智能技术的迅猛发展，在很大程度上得益于人们对应用落地价值的理解和期望的实现，而合适的场景是技术成功落地的必要条件。目前，人工智能技术已经逐渐渗透到电子商务行业各个场景之中。

典型商务领域人工
智能应用场景

7.3.1 智慧物流

传统物流的主要环节包括：物品的运输、仓储、搬运、装卸、流通加工、配送以及相关的物流信息等，从这些环节可以看出，传统物流具有较保守的生产线、较正规的运输线，各个环节之间相对独立而封闭，并且每一个环节都离不开人工的值守，因而耗费了大量不必要的人力、物力、财力和时间，成本巨大、效率低下。随着人工智能时代的到来，传统物流正在经历向智慧化、科技化转型，图 7-6 所示的四个核心结合起来，真正让物流行业进入智能时代，"智慧物流"应运而生。

图 7-6 智慧物流的核心

什么是"智慧物流"呢？智慧物流是以物流物联网和物流大数据为依托，通过协同共享创新模式和人工智能先进技术，重塑产业分工、再造产业结构、转变产业发展方式为新生态模式。下面介绍几个智慧物流的应用场景。

1. 京东"亚洲一号"智能物流园区

2021 年 9 月 29 日，京东物流乌鲁木齐"亚洲一号"智能产业园正式启动运营。京东物流乌鲁木齐"亚洲一号"是新疆首个、也是单体面积最大的智能物流园区。

京东物流乌鲁木齐"亚洲一号"拥有目前国内最先进的电商物流智能分拣线之一，新疆消费者下单后，可直接从这里出货，每天的分拣处理能力达 100 万件，如图 7-7 所示。在智能拣货路径优化方面，六条大的分拣线上，分为小件分拣区、大中件分拣区、特殊商品分拣区 (易碎物品等)，每一个区域都贴有目的地的地名，既有乌鲁木齐市的各区县，也有全疆各地州。

图 7-7　京东智能分拣线

除分拣区的智能化外，货架穿梭车、搬运机器人、分拣机器人等物流机器人构成的"机器天团"，将实现货物从入库、存储、包装、分拣的全流程、全系统的智能化。以仓储中心的"地狼"为例，它能够实现物料在对应工位之间的搬运，通过调度系统灵活改变路径，在仓内形成一种典型的"货找人"拣选方式，改变原来的"人找货"方式，极大地节省了时间成本，如图 7-8 所示。

图 7-8　搬运型 AGV 机器人"地狼"

数字化、智能化物流技术的大量应用，为当地消费者带来了优质的物流服务。京东物流乌鲁木齐"亚洲一号"的开仓，让乌鲁木齐 80% 的订单实现当日达、次日达，新疆其他地区的包裹到达时效也将缩短 2 天以上。不仅如此，京东物流乌鲁木齐"亚洲一号"还将与新疆城际配送、城市配送、农村配送有效衔接，更好地满足城市供应、工业品下乡、农产品进城、进出口贸易等物流需求。

2. 圆通车载智能动态重量监控系统

圆通速递于 2018 年开始车载实时称重系统项目，研究车载动态称重技术应用于快递物流整车称重的可行性。该系统的工作原理是通过测量车辆的唯一支点、承担货车所有承载重量的横桥因车辆载货而产生的微变形，从而解算出货车的载重量。

圆通的车载智能动态重量监控系统项目利用车载实时称重的基础技术，结合快递企业装卸货及运输的应用场景，建立针对快递物流行业的算法模型。该系统由信号采集模块、信号传输模块、载重信号收集及处理模块、显示模块、GPS/GPRS 信号传输模块、云端服务器，以及用户终端等七个部分组成，如图7-9所示。

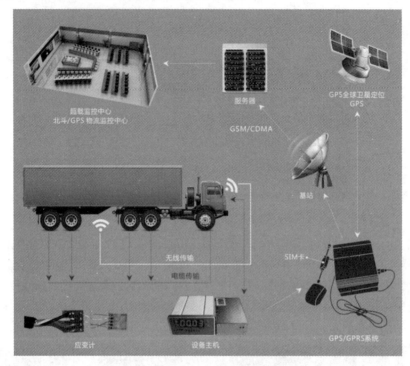

图7-9　圆通HD-TLS01系统组成架构

3. 中通智能寄件桶——"小蓝桶"

随着人工智能技术的发展，无人自助智能设备将是未来公共服务的基础性设施，当下快递服务已成为人们日常生活必不可少的部分，而贴近人们服务的收、派两端无人自助智能设备的植入已成为必然趋势。中通快递顺势推出无人自助智能设备寄件桶，它可以很好地解决目前寄递服务中三端存在的一些问题。用户端不可控地等待，等待快递人员上门取件时间长，等待成本高；无法满足夜间寄件需求；快递员上门揽件，隐私和人身财产安全存在风险。快递网点端随机取件成本高，人难招，员工流失率高。快递员端上楼服务时间成本高，效率低。

如图7-10所示，中通智能寄件桶采用物联网、互联网相结合的基础技术，结合快递用户寄件的应用场景，用户可通过手机APP注册操作控制设备自助完成寄件。

图7-10　中通智能寄件桶——"小蓝桶"

中通智能寄件桶采用超低功耗蓝牙通信技术，最大程度地节能降低落地推广的成本。该系统主要包括智能控制系统、智能电池管理系统、手机 APP、云端后台管理系统，如图7-11 所示。

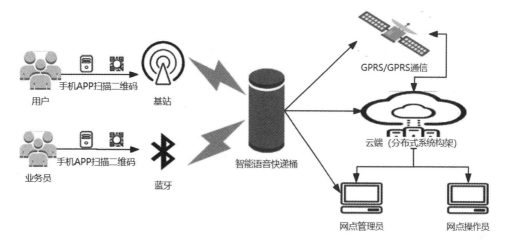

图 7-11 中通智能寄件桶系统示意图

7.3.2 智慧营销

随着时代的进步和科技的发展，传统的市场推广方式已经不能完全符合企业的需求了。在这种情况下，"智慧营销"应运而生，它通过创新的思维方式和前瞻性的理念来解决当前面临的困境以及未来的问题。

1. 天猫精灵走进家庭，实现全场景智慧营销

在 2021 年的虎啸盛典上，鲍娟作为天猫精灵商业化负责人，她以"天猫精灵连接家庭全场景智慧营销"为主题，分享了精彩的内容，如图 7-12 所示。她讨论了如何将天猫精灵融入家庭场景，帮助品牌突破广告效果的限制，并探讨人工智能技术和产品在未来营销行业中的影响。

图 7-12 天猫精灵—连接家庭全场景智慧营销

消费者把人工智能视为一位忠诚的伴侣，并通过日常交流建立了信任，他们更愿意尝试其推荐的产品和服务。天猫精灵依托阿里生态优势和先进的交互技术，提出了五大关键的 AI 营销词汇——场景化、智能化、内容化、全链路和跨终端，致力于探索家庭全场景

营销领域，助力广告以主打激发家庭场景经济为目的。天猫精灵持续加大投入，丰富平台的内容生态。除了阿里生态自有的内容优势外，还与大量内容平台进行了深入合作。比如，天猫精灵与人本智汇、凤凰FM联合打造了基于早间场景的凤凰早报，为不同圈层的用户提供个性化的新闻和资讯服务。同时，通过福利形式派送品牌优惠券，以语音内容种草＋福利的形式，加强品牌认知教育，吸引用户尝试新产品。

对于主打家庭消费的产品或者要走年轻化的品牌来说，天猫精灵都是值得尝试的营销新渠道，精灵用户也更愿意接受新的体验。同时，依托阿里电商生态的独特优势，语音购物正越来越成为用户愿意尝试的消费新方式。

2. 汽车之家"智能展厅"升级"VR带看"，让商家与用户高效沟通

由于全球半导体供应短缺和需求不均，再加上海外及国内新冠病毒的流行反复，导致汽车市场不断下行并向数字化转型迈进。在线上举办的车展中越来越多的消费者喜欢参与其中，在这种趋势的推动下，经销商用更加精准和细致的方式开展营销活动并吸引了更多的顾客，以此来加速交易过程。作为国内领先的汽车互联网服务平台，汽车之家宣布在2022年提升旗下经销商产品"车商汇"，通过利用产品优势为陷入数字化转型困境的经销商提供增效方案。其中，备受经销商们关注的是"智能展厅"的升级计划，如图7-13所示。

图7-13　汽车之家"智能展厅"

"智能展厅"是汽车之家"数字经销商"解决方案的关键要素之一，超越过去汽车展览馆对于时间和地点的限制条件，让顾客可以在家里随意浏览并提高选购车辆的效率。

在提高用户的浏览体验方面，汽车之家实现了包括实时的语音交流、共同的屏幕连接以及逐步地展示在内的多种方式，使商家的信息和消费者的需求能够更直接地进行匹配。具体来说，通过利用汽车之家丰富的内容和图片库等资源，100%还原真实场景，实现"一

步一步地逛店"。同时,实现商家与用户之间的同屏互动,将商家内的活动信息推送给用户,以增加用户的兴趣和关注度。用户在浏览商店时,提出想要参观的需求。系统将会根据销售人员的繁忙情况来安排"VR带看",从而有效地与商户联络并解决用户的疑问,实现即时通讯功能以及在线客服帮助解答相关问题等服务内容,如图7-14所示。当用户访问"智能展厅"之后,系统会提取用户画像等重要信息,并对重要用户进行标注和分析,从而提高营销效率。

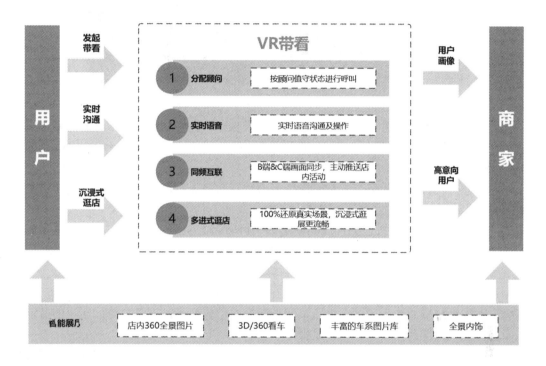

图7-14 "智能展厅"架构

总而言之,"智能展厅"经过升级,进一步扩大了商家与用户之间的实时沟通渠道,使用户能够更全面、直观地获得专业解答,并及时体验。这一举措不仅能够提升用户在展厅的停留时间,降低用户的决策成本,而且对于汽车行业数字化转型和疫情期间的汽车经销商来说,可以增强客户的黏性,提高成交效率。

7.3.3 新零售

新零售是指通过互联网应用人工智能技术,对商品生产、流通和销售过程进行升级改造,将线上服务、线下体验和现代物流深度融合的一种新模式。简单来说,新零售是以消费者体验为中心的数据驱动的泛零售形态,其核心价值在于它能显著提高全社会流通零售业的运营效率。

1. 云拿科技正在开发全新的 AI 无人自助零售商店

2017年成立的云拿科技Cloudpick,是一家提供智能零售技术的公司。该公司运用专有的计算机视觉、深度学习、传感器融合和边缘计算技术,为数字化、智能化的无人便利店打造即取即用的购物体验,如图7-15所示。

图 7-15　云拿无人便利店

在云拿的无人便利店里有两个门，进出的位置各一，出售的货品也与一般的零售商店没有不同之处。值得一提的是该店铺不设置收银柜台，消费者可以直接付款并取出商品，这一特色是如何实现的呢？

便利店通过在屋顶和货架上安装摄像头来辨识商品和观察消费者行为。目前，它主要使用三种技术来识别商品：

(1) 条形码，需要顾客自己扫描商品条形码来付款。

(2) RFID(射频识别) 技术，商家需要在每个商品上贴上 RFID 标签。

(3) 计算机视觉技术，主要应用于视觉结算台和智能冰柜等产品。

通过运用这些技术，顾客在购买商品时，自助扫描条形码，开通免密支付功能，离店后便会自动收到扣费通知。通过这种即拿即走的方式销售商品，不仅节约了店里的劳动力费用，还能让人力得到释放并且更好地服务顾客。

除了降低成本外，利用人工智能技术对用户数据进行分析，并对物流和订购过程进行评估、监控和管理，能有效地减少便利店的过期或损坏食品的数量，从而赢得消费者的好评。

2. 导购机器人为商场带来引流效果

导购在零售业务运营中起着重要作用，是零售智能化应用的重要核心之一。随着硬件和软件的升级，导购机器人的功能范围不断扩大，包括迎宾、商品展示、推荐、咨询、导航等多个方面，并且还可以附加更多复杂的功能，导购机器人如图 7-16 所示。

图 7-16　导购机器人

　　目前，市场主流是将重点放在提高零售消费体验的趣味性上，导购机器人的核心作用主要体现在与消费者的沟通方面。导购机器人可以实时收集和处理用户兴趣、关注度、沟通偏好以及用户头像等信息数据，并通过云端数据库，针对用户位置和消费历史进行精准营销。它替代了传统导购简单的"商品展示和信息传递"等职能，解决了零售导购的实际问题，降低了零售业的基础运营成本。通过导购机器人店员实现了包括商品查找、咨询问答、店内导航、后台专家交互等一系列功能。当然，导购机器人的交互趣味性也可以带来实际引流效果。如果你看到一个机器人在迎接你或者你可以与机器人进行"智能对话"，你是否会有兴趣去看看或者与机器人进行一次面对面的"谈话"呢？从而顺带再购买一些东西呢？

　　导购机器人不仅是一种服务机器人，它还是一种智能零售平台，通过智能 APP 将机器人与用户、企业与用户连接起来，并合理扩展零售渠道，以提高经营效率，体现智能商圈和智能生活的理念。

7.4　人工智能助力下商务领域面临的问题与展望

7.4.1　人工智能助力下商务领域面临的问题

　　目前，我国电子商务规模、质量、效益等继续引领全球，模式先进性、产业带动性、平台集聚性等溢出效益增强，处于"规模增长与规范促进"发展阶段，电子商务已全方位融入经济社会大动脉，实体经济由渠道驱动向数字驱动转变，开启了以数字化、智能化、网络化为特征的数字经济新时代。然而，这也给经济社会发展带来了新挑战、新难点，主要表现为以下五个方面，如图 7-17 所示。

图 7-17　电子商务面临问题

1. 电子商务协同性尚不显著

　　一是东强西弱格局没有根本扭转。东部地区网络零售额占全国比重达 84.3%，中部、西部和东北地区电商基础设施、配套支撑、载体建设等落后于东部地区。二是城乡不平衡问题仍较突出。2018 年，全国 2.55 亿农村地区网民，创造 1.7 万亿农村网络零售额，人均每年网络零售额 6679.1 元，仅为全国平均水平 56.8%；农产品网络零售额占全国网络零售额比重为 23.3%，"农产品上行"和"工业品下行"服务面临较大"剪刀差"，农村电商基础设施发展滞后，自我循环机制尚未形成，可持续发展动力不足。三是国内国际市场不协同值得关注。跨境电商出口远大于进口，大部分电子商务企业盈利能力仍低于欧美发达国家水平。

2. 电子商务发展空间有待拓展

一是大宗商品电子商务处于起步阶段。工业消费品网络零售额占实物商品网络零售额 95% 以上，钢铁电商引领大宗 B2B 电子商务发展，电商渗透率不足 20%，汽车、家具等大宗消费品电商尚处于起步阶段，有色、煤炭、原油等上游大宗商品商业模式单一、用户黏性弱、服务链条不完善等均不足以支撑电子商务快速发展，电商渗透率不足 5%。二是农产品电子商务发展瓶颈待突破。生鲜电商农产品标准化、品牌化等问题没有得到根本解决，损耗高和时效性差两大瓶颈难以突破，仍没有形成可持续盈利的商业模式，目前我国生鲜农产品电商渗透率仅约 1%。三是服务类电子商务尚需继续深化。在线餐饮、家政、医疗、娱乐、教育等生活服务业电子商务发展迅速，但运营管理、服务流程、服务场景等供给侧数字化变革有待继续深化，生活服务类电子商务仍有较大挖掘空间。此外，跨境电商服务贸易几乎处于空白。

3. 电子商务溢出效应有待加强

一是互联网企业技术赋能与产业发展耦合度不够。目前互联网企业的技术服务主要体现在前端交互层和底层基础设施层，少数企业能提供中间层"业务 + 技术"服务，但多半由于缺乏产业内部运行机制、中台运营流程和终端交互场景的掌握，技术服务与业务场景不兼容，难以发挥实质性效用，互联网企业尚未形成数据驱动的产业价值链。二是传统企业数字运营与产业需求不匹配。传统企业普遍存在数字化转型意识不强、资金投入不足、技术力量缺乏等问题，少数企业具有较好数字化转型基础，但多半由于缺乏线上终端场景的运营能力，终端应用场景与产业需求相背离，难以形成产业聚变效应，也没有形成数据驱动的产业价值链。

4. 电子商务数据驱动机制尚未完全建立

一是数字化整体水平偏低。绝大多数企业仍处于营销数字化初级阶段，少数企业进入商品数字化，极少数企业初步达到管理数字化和供应链数字化，但也面临数据管理能力差、算法算力支撑有限、数据挖掘利用不够等问题。2018 年，我国数字经济占 GDP 比重为 34.8%，其中第三产业数字化水平最高，但占 GDP 比重也仅为 38%。二是数据闭环管理没有形成。物联网时代，数据采集无处不在，但无论从消费者个体、机构单位甚至是电商平台，均还没有完全形成全生命周期、全流程管理、全口径采集的数据闭环，"僵尸数据""无效数据"等大量产生，数据不兼容、网络不兼容等问题普遍存在，影响数据进一步挖掘利用空间。三是数据协同和共享机制尚未建立。以单个平台或单个系统形成的数据协同生态描绘的是"碎片化"场景、解决的是局部性问题，难以支撑当今经济社会跨行业、跨领域、跨国界发展需要，数据驱动机制发挥效用不足，动力机制有待进一步完善。

5. 电子商务治理体系亟待突破

一是新经济理论亟须重构。传统经济理论难以完全解释很多经济新现象，需要重构新经济方法体系、理论体系、人才体系，用于指导宏观经济运行和微观经济发展。二是新经济规则体系迫在眉睫。以《电子商务法》为引领的法律法规体系、标准体系、信用体系有待进一步完善，社交电商、跨境电商、二手电商等特殊领域监管治理问题需要重点关注，跨平台跨领域跨区域协同监管问题长期存在，新技术应用带来的数据隐私权保护、网络信息安全等问题要持续跟进。三是跨界复合型人才缺口较大。目前熟悉电子商务技术、具有网络营销经验、熟悉传统产业运营的复合型人才以及解决数字化转型实际问题的新兴技术人才缺口较大，如数据架构师、算法工程师、区块链应用等。

7.4.2　人工智能助力下电子商务领域的展望

"十四五"时期，围绕消费互联网和产业互联网打造"数字+"服务场景仍是主旋律，数字化服务能力和内容数字化呈现能力是竞争焦点，预计2025年我国电子商务交易规模有望突破55万亿元，其中网络零售额占比约45%以上。在人工智能助力下未来电子商务领域的五个展望，如图7-18所示。

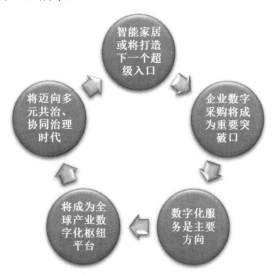

图 7-18　人工智能助力下未来电子商务领域的五个展望

1. 智能家居或将打造下一个超级入口

伴随我国网民数量增长走向饱和，互联网行业迎来重大拐点，移动互联网带来的社交流量、视频流量、网红流量红利逐步走向尾声，消费互联网由抢占消费者入口的流量互联向引领消费升级的价值互联转变，正在迈向智能互联网主导的"智能+"消费时代。后疫情时代，"宅经济"盛行，无人零售、机器人餐厅、智慧微菜场、智能盒子等数字化服务广泛渗透消费者出行、购物、娱乐、社交等多个服务场景，家居场景或将成为电子商务下一个要开辟的新蓝海。"十四五"时期，"新基建"政策红利逐步释放，大数据、人工智能、虚拟现实等技术应用加速普及，人机交互由触摸式交互向语音交互、肢体交互转变，语音电商逐步崛起，数据服务更加精准高效,智能家居将全方位切入消费者"24小时生活场景"，打造沉浸式、交互式、便捷化消费体验，或将成为数字生活服务市场下一个超级入口。

2. 企业数字采购将成为重要突破口

数字采购既连接外部广阔市场需求，又连接互联网企业丰富的技术资源，还连接供需双方复杂的内部运营管理系统，是消费互联网向产业互联网延伸的最佳入口。工业互联网、产业云服务、智能供应链、C2M定制等"数字+"产业服务能力越来越精准高效，为企业级电子商务开辟新空间，推动产业互联网由生产供给端单轮驱动向供给端和需求端双轮驱动转变。"十四五"时期，我国经济即将迎来产业结构升级拐点，企业数字采购将从企业需求侧数字化变革出发，倒逼企业内部流程和供应链上下游数字化变革，促进从科技研发、工业设计、原辅料采购、生产加工、批发销售、仓储物流等在内的全产业链协同合作，链接横向关联产业数字化转型需求，形成跨领域、跨区域、跨行业的数字化供应链服务生态，带动中国产业数字化、智能化集体升级，将成为中国产业互联网重要突破口。

3. 数字化服务是主要方向

无论是消费互联网还是产业互联网，电子商务依托平台聚集效应对接供需双方信息，提供数字化服务，实现供需双方价值再造。数字化服务不仅提升电子商务平台自循环造血能力，带动电子商务迭代升级，如智慧场景服务、大数据精准触达服务等；更为平台生态内关联企业注入发展动能，助力平台商家甚至是上下游企业数字化转型，数字化服务是电子商务向价值互联网升级的动力源泉。"十四五"时期，中国电子商务进入数据红利时代，平台企业将以云服务形式对外输出数据技术服务、供应链服务、工业设计服务、科技研发服务等一体化解决方案，促进产业链、价值链、创新链联动发展，将生态内市场主体逐步推向产业链价值高端，形成开放协同的数字化服务生态，数字化服务将引领电子商务向价值链高端迭代升级。

4. 中国电子商务将成为全球产业数字化枢纽平台

中国电子商务依托规模化市场和数字化服务的优势，在全球电子商务市场具有领先地位，通过电子商务平台链接全球各地市场和产能，助力全球经济数字化转型。"十四五"时期，中国经济正在全方位实施双循环战略，将以更高的开放水平全方位融入全球市场，将构建更加完善的跨境电商产业服务环境，打造数字供应链体系，搭建产业互联网云服务平台，带动全球实物商品及服务在线交易，促进全球要素资源、服务资源在平台集聚并自由流动，推动全球产业服务链本地化、价值链在线化、创新链开放化，加速产业全球化进程，中国电子商务将成为全球产业数字化枢纽平台。

5. 电子商务将迈向多元共治、协同治理时代

"数字无处不在、电商无处不在"已成为社会普遍共识，实体经济与平台经济、产业外部互动与融合，商业边界正逐步消融，共享经济、开源社区、云制造等无边界经济形态盛行，多主体供给、跨领域协作、集成式服务、开放式发展成为电子商务新常态，协同治理是平台经济治理的最基本方式。"十四五"时期，伴随新基建加快布局，中国电子商务与实体经济将发生更高频、更深层次的碰撞，区块链、量子加密技术等为跨界云边协同提供了可靠路径，建设异构电子商务协同治理平台、数据交换中心等为数据共享与协同共治提供了可能，《电子商务法》将引领相关配套法加快出台，推动建立多元共治和协同治理机制建立，中国电子商务将正式迈向协同治理时代。

本 章 小 结

本章介绍了人工智能对电子商务的影响、人工智能催生商务领域的一些新模式和新岗位，重点介绍了现代社会典型的商务领域人工智能的应用场景，最后讨论了人工智能助力下商务领域所面临的问题与展望。

人工智能对电子商务的影响不仅改变了商业模式，更开辟了新岗位和新的商务模式。其在商务领域的应用场景日益丰富，例如个性化推荐、智能客服等，为商业发展注入新动力。然而，随着人工智能技术的发展，电子商务面临的挑战也日益明显，如数据隐私、人工智能伦理等。展望未来，我们需要平衡技术与道德，推动电子商务发展，致力于构建更加可持续、智能化的商业生态。

思 考 题

1. 人工智能给电子商务带来了哪些变化？
2. 智慧营销有哪些具体的应用场景？
3. 新零售主要"新"在哪里？

第8章 人工智能在数字艺术设计领域中的应用

8.1 传统艺术设计的发展趋势

8.1.1 艺术设计的发展历程

传统艺术设计的
发展趋势

艺术设计是一门独立的艺术学科，它融合了艺术和设计的元素，旨在通过创造性过程解决实际问题，同时也追求审美价值。具体来说，艺术设计涵盖了多个专业方向，如环境设计、平面设计、视觉传达设计、产品设计和数字媒体艺术设计等。这些专业方向的交叉和多元化反映了艺术设计的综合性特点，它不仅是单一维度的审美展示，而是与社会、文化、经济、市场和技术等多个方面的因素相结合，创造出具有实用功能和审美价值的艺术品。

现代艺术设计最初起源于欧洲国家，形成目的主要在于满足社会工业的发展需求以及利用艺术设计改变国民现状，从而促进社会的发展。20世纪80年代，我国开始引进现代艺术设计，并先后经历了模仿制作、吸收融合、创新发展几个过程。随着我国社会经济的持续发展，在社会发展稳定、综合国力排名不断上升的环境优势下，艺术设计得到了蓬勃发展，焕发了新的生机，取得了巨大的发展成就。

艺术设计既包含美学的表现，又包括哲学理念中的逻辑思维，因此它不仅是艺术家创造的过程，同时也是逻辑思考的过程。在设计非实体化、设计模式创新和艺技融合的背景下，艺术设计需求及考虑的因素越来越多，设计对象界限越来越模糊且内容更加复杂，加上各种媒体传播方式不断涌现，信息交流与交换方式更加多样，用传统单一学科的知识和技能，已难以解决现代社会复杂的数字化生存问题。随着智能设计理念的提出，艺术设计不单单是艺术创造力的表现，也具有更多的科学性。

8.1.2 艺术设计的发展趋势

艺术设计的发展从整体上来看可分为四个方面：一是设计应用范围扩大，二是艺术设计方式多元化，三是设计工具智能化，四是艺术设计与人工智能融合。

1. 设计应用范围扩大

随着社会文明的进步和技术的不断发展，更多的新产品不断被发明创造出来，它们为人类带来了更便捷、更舒适的工作和生活氛围。设计师将自己的设计理念、灵感和审美意识赋予所设计的产品，可以是形态的表现，或者是颜色的表达。随着更多的新型产品被应用到人们的生产、生活之中，艺术设计应用的范围也在不断扩大。

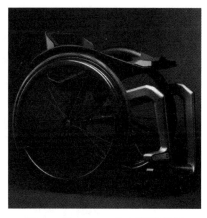

此外，新型制作材料的丰富与发展也同样扩大了艺术设计的应用范围，2018 年，总部位于瑞士的 Küschall 公司利用石墨烯材料开发了世界上最轻的轮椅，名为"Superstar"。该轮椅重量为 1.5 公斤，与传统碳纤维车型相比，重量减轻了 30%，强度却提高了 20%。用石墨烯制作的轮椅不仅重量轻盈，而且在融入了艺术设计后极具观赏性，如图 8-1 所示。

图 8-1　"Superstar"石墨烯轮椅

2. 艺术设计方式多元化

在传统艺术创作过程中，各种艺术形式，如文学、音乐、绘画等，都有其固定的传承载体，文学以文字符号为载体，音乐基于律动、音符等，绘画则基于线条、构图、色彩等。这些传统的载体各有其固有的设计方式。随着信息技术的快速发展，更多的设计师开始探索新的设计方式，传统固定的艺术创作观念逐渐外延并产生更加多样的艺术创作方式，逐渐从固定模式转向更加多元化的艺术思考。计算机技术为设计人员提供了极大的便捷，同时，计算机中的组合灵活性还能够呈现出一些特殊的现象，对开发设计人员的创作思路起到极为重要的作用。日本新媒体艺术创作团队 teamLab 的交互作品《在人们聚集的岩石上，注入水粒子的世界》，使参观者成为了作品的一部分。当参观者站立在作品上触摸作品时，人会成为能够改变水流的岩石。这种设计使个人作为一个作品的中心，让观赏更加个性化，如图 8-2 所示。

图 8-2　teamLab 作品《在人们聚集的岩石上，注入水粒子世界》

3. 艺术设计工具智能化

随着社会的发展，科技已介入到我们生活中的方方面面，设计工具也向着专业化、规格化和配套化的趋势发展。设计工具逐渐从实物转向数字化，从有形向无形转化，这深刻地影响了设计师在艺术创作过程中的思维方式、设计内容和工作流程。计算机不仅为多元化的艺术设计教学提供基础，也为各种创新的艺术表现手法与形式提供帮助。设计者可以借助大量的设计软件将自己的灵感视觉化，并且可以有效地缩短设计周期，并改善传统设计的局限性。位于伦敦的 3D 设计工具初创公司 Gravity Sketch 所开发的同名 3D 数字设计平台，将 3D 设计与 VR 技术结合，为设计师团队创立了可以远程、沉浸式协作的虚拟设计空间——LandingPad Collab，精准解决了设计流程交流的困难，有效提高了设计方案迭代的效率，如图 8-3 所示。

图 8-3　使用 VR 进行辅助设计

4. 艺术设计与人工智能融合

随着机器学习技术的快速发展，人工智能在各个领域被大面积使用。如今在艺术设计领域，已经产生了一系列人工智能与艺术设计结合的想法与应用。在绘画、产品外观等的艺术设计中，人工智能与设计表现出较好的协同性。设计为人工智能提供不确定性与可能性，而人工智能则为设计提供一种新的解决问题的方法。一个艺术家终其一生最多也只能创作几千幅作品，但利用人工智能的帮助，艺术家的创造力将得到更大程度的释放。因此，人工智能设计将会是未来 10～20 年内重要的艺术形式，未来人工智能将会是艺术家的得力助手。

传统设计方式与人工智能设计的分工区别如图 8-4 所示。计算机的参与将制图模拟成了一系列的数学建模工作，其中，人工智能将提供概念库，用于描述和设计计算模型，之后即可根据计算模型实现自动制图。人工智能能够在某些方面帮助设计师摆脱繁琐的设计步骤，节省设计时间，提高效率。

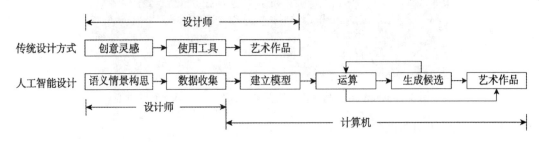

图 8-4　传统设计方式与人工智能设计的分工区别

8.2 人工智能对艺术设计的影响

8.2.1 人工智能对设计理念的影响——从系统性设计到情感化设计

设计理念是一种思维方式，即设计师们如何思考和解决设计问题。当面对一个问题时，有不同设计理念的设计师会提出完全不同的解决办法。设计理念是设计活动中的核心，决定着设计活动的程序。

人工智能对艺术
设计的影响

在系统论科学创立后，系统性思维开始被应用于设计领域。贾姆希德认为设计师要用系统性思维来认识和思考设计问题，将与设计相关的元素进行拆解，明晰元素之间的相互关系、元素与整体之间的关系，以及系统的运作方式，以针对的问题为核心，协调围绕问题的利益相关者，在设计程序中进行反思性实践。系统性设计过度注重理性思考，着重于解决问题，缺失了对使用者感性情绪的关注，使设计更偏向于产品功能性的解决。随着信息时代的到来，人们可使用的数字产品种类增加，可接触的信息量剧增，人们厌倦了单一的功能性设计理念和风格，对于产品的评价标准开始变得多元化。在这样的背景下，情感化设计概念被提出来。情感化设计，就是在解决产品使用性问题的同时，关注用户的情感，注重产品的人文属性，让用户在使用过程中与产品产生良好的互动。情感化设计能够拉近人与人、人与产品之间的距离，它体现出了对人的关怀和体贴，并关注到人们的精神情感层面。情感化设计理念是对以人为本的设计原则在人文层面的补充。

情感化设计理念将人的情绪作为处理设计细节的出发点之一，更加关注弱势群体，希望改善弱势群体的社会现状。VA-ST 团队研发出了一款名为 Smart Specs 的增强现实眼镜，如图 8-5 所示。它能够通过增强现实技术帮助有视力障碍的人清楚地看到这个世界。该眼镜使用一个摄像头和头戴式计算机来帮助盲人建立可视的视觉影像。对于色盲和难以分辨物体的人来说，这款眼镜能够提供高对比度的画面，也能够帮助彻底失明的人分辨物体的位置。Smart Specs 的摄像头可以测算物体与使用者之间的距离，所以它在黑暗环境下也能使用。VA-ST 的创始人 Richard Hicks 博士是牛津大学的神经系统科学家，他同时还在研究视觉修补技术。VA-ST 团队希望能够通过 Smart Specs 项目来帮助视力受损人群。

图 8-5 Smart Specs 智能设备

8.2.2 人工智能对设计方法的影响——从设计科学到用户导向设计

设计方法指的是设计行为、过程、认知活动的分析和设计活动的模型构建，着重关注设计过程中的创新思维、创新模式及如何提供有效手段辅助设计创新等。在当今信息时代，设计师的交流加强，设计工具频繁更新，设计活动更加便利。在人工智能技术的介入下，设计师们更加重视，也能够便利地了解用户的想法和偏好，从而改进设计方法。设计师以用户需求为导向，以用户研究为指导，利用设计创新方法解决实际问题。这种设计方法的好处是，既能够把控设计方向，又能够关注到用户需求，可以根据用户基数和用户黏性，预测设计产品的市场规模。

Red paper heart 设计团队设计了《Hidden Stories》装置，如图 8-6 所示。该装置就是从用户的需求出发进行设计的。《Hidden Stories》装置关注到了个体的交流需求，团队向用户收集了 22 个独立故事，根据不同的故事绘制了相应的图形，并贴上了特殊壁纸，当观众将设计好的传声筒装置贴在墙壁上，就能够激活墙内的传感器，图形会被点亮，观众就能够听到其中的故事，同时照明光圈会移动到观众所在的位置。

图 8-6 《Hidden Stories》装置

《Hidden Stories》装置是对个人表达与倾听情绪的关注，不仅可以满足观众对于他人经历的好奇，同样也可以主动分享自己的故事——当观众将设备放置在记录区域时，便可以使用设备留下自己的故事。

Moment Factory 设计团队设计的数字体验展览《Arctic Adventure：Exploring with Technology》，从孩童的角度，为目标用户设计沉浸互动项目。该展览既激发了儿童的学习兴趣，又满足了他们对娱乐的需求。在向儿童观众展示北极的风光与特色时，该展览模拟了极地的冰雪环境，展厅内部使用大尺度投影技术，创造出可以互动的冰面、游动的白鲸等，营造极地环境的沉浸感，观众也可以使用互动工具，寻找北极动物的存在，如图 8-7 所示。

图 8-7　《Arctic Adventure》展览

8.2.3　人工智能对设计对象的影响——从现实走向数字化

在现代科学技术的影响下，设计对象呈现出数字化趋势。人工智能技术的应用，让原本设计对象的划分，在二维平面设计、三维立体设计的基础上，增加了四维设计，包括了现在常见的游戏设计、动画设计、人机界面设计等。设计师们在数字环境中开始设计、改进设计、展示设计，设计的对象从现实世界转向虚拟世界。多媒体软件的综合运用，便利了设计活动，弥补了传统设计活动中对于时间空间的制约，加强了设计交流。

TeamLab 团队 2021 年创作的互动装置《Walk Walk Home》，是在新冠病毒大流行背景下设计的。作品借助人工智能技术，突破了时空限制，邀请全球隔离在家的人们参与进来。参与者们可以在网站下载角色图片并进行填色，上传到网络，被上传的角色就会自动加入整个作品中，与其他人绘制的角色一起行走，如图 8-8 所示。《Walk Walk Home》作品是由程序设定的，作品以互动投影的形式呈现，当观众试图触摸这些角色时，角色会作出相应的反应。TeamLab 用这个互动作品提醒人们：虽然隔离在家，但你们并不孤独，我们一同行走在路上。

图 8-8　《Walk Walk Home》作品

8.2.4 人工智能对设计表现的影响——形式多样化和随机性

设计表现指的是设计师通过一定的可视化效果来表现产品的内在含义和创意的过程，即设计师、生产者用视觉化方式传递有关产品的信息，如尺寸、比例、造型、结构、色彩、材质等。传统的设计表现形式使用草图、效果图以及三视图等承载产品的具体信息，人工智能技术应用后，设计师可以使用更加便捷的工具进行设计展示，从而能够丰富表现的形式。以环境艺术设计专业为例，过去的设计表现主要包括草图、效果图、标准施工图等，现在的设计师利用现代信息技术，可以对建筑进行模型展示或者 AR 展示，能够更加翔实地将信息传达给生产者及消费者。

《time++》是新媒体设计师郭锐文的设计作品，如图 8-9 所示。这是一个结合了计算机生成艺术与报时功能的公共艺术装置。设计师用现代技术创新了设计表现形式，用计算机随机生成图形进行设计表达，用来探索作为物体运动与能量传递描述符号的时间的表达形式。在这个生成系统中，每秒钟都会有新的生成图形加入展示里面，以群集方式显现出当前的分钟与小时。由于具体的生成图形都是由计算机进行控制的，所以整个作品中几乎不会出现相同的元素，与此同时，设计表现也脱离了设计师的完全掌控，呈现出一定的随机性。

图 8-9 公共艺术互动装置——time++

8.3 艺术设计典型场景介绍

对于设计的划分，不同的设计师和理论家都有着不同的分类，他们试图从不同角度对设计进行全面的概括。按照设计目的之不同，可将设计大致划分为三大类型：为了传达的设计——视觉传达设计，为了使用的设计——产品设计，为了居住的设计——环境设计。在艺术设计

艺术设计典型
场景介绍

领域，借助人工智能，艺术家的创意思维可生成出很具体的艺术作品，例如绘画作品、海报、产品原型等，这些都是在人类主观意识的推动下以计算机作为创作工具而创造的，它们是人类创意和人类书写设计代码的结合。

8.3.1　视觉传达领域应用场景

视觉传达设计是指利用视觉符号来进行信息传达的设计。设计师是信息的发送者，传达对象是信息的接收者。信息的发送者和接收者必须具备部分相同的信息知识背景，只有这样，传达才能实现。文字、标志和插图是视觉传达设计的基本构成要素。

1. 人工智能生成海报

2017 年 4 月 27 日，阿里巴巴在 UCAN 大会上正式推出"Luban(鹿班)"人工智能系统。基于图像智能生成技术，鹿班人工智能系统可以改变传统的设计模式，使其在短时间内完成大量 banner(横幅广告) 图、海报图和会场图的设计，提高工作效率。

用户只需任意输入想达成的风格、尺寸，鹿班人工智能系统就能代替人工完成素材分析、抠图、配色等耗时耗力的设计项目，实时生成多套符合要求的设计解决方案。该系统基于机器智能技术，通过对人类过往大量设计数据的学习，训练出一个设计大脑，根据用户输入的需求，机器从无到有经过规划、运行多轮大规模计算，生成符合用户需求和专业标准的视觉图像。在 2017 年"双 11"期间，Luban 每秒生成 8000 张海报，刷新了人们对 AI 创意能力的认知。鹿班系统创作的海报如图 8-10 所示。

图 8-10　鹿班系统设计的海报

2. 虚拟形象

在人工智能技术的加持下，演员、歌手、主持人等明星或公众人物的虚拟形象相继出现。在 2019 年度的中央广播电视总台网络春晚中，偶邦公司研发的撒贝宁、朱迅、高博、龙洋等个性化人工智能形象一起登场主持节目，为观众带来了全新的感官体验。此外，人工智能还能塑造虚拟偶像，虚拟偶像并非以真人为偶像，但是其运营模式与真人偶像相似，主要以歌舞形式贩卖自身的魅力获取经济收益。

2022北京冬奥会上有许多与元宇宙有关的技术应用，中央电视台新闻联播与百度智能云联合打造了中国首个人工智能手语主播，如图8-11所示。她有着真实的皮肤、头发、眼睛，善良自然的形象，优雅独特的气质，这是"用技术克服声音障碍"的重要一步。人工智能手语主播，为听障人士提供全天候的实时新闻服务，协助提供冬奥会的最新消息，让观众更好地享受冬季运动带来的刺激。

图 8-11　中国首个人工智能手语主播

3. 自动修图

摄影的后期修图往往占据了拍摄者很大的精力，现在利用 AI 技术可以一秒提升照片档次，从而让摄影师更专注于内容的创作。许多修图软件利用人工智能技术，深入钻研艺术家的笔触，将用户上传的图片进行调整，改变图片原有的意境，融入艺术气息。对于自动检测到的人脸，修图软件可自动抚平肌肤，消除瑕疵，增强眼部肌肤，美白牙齿。软件自动算法能够检测照片存在的不正确的设置，并且自动设置最佳曝光值。软件使用色彩恢复以及颜色增强功能，可以让原本发黄黯淡的照片焕发新的生机；不管是白天还是夜景，软件都可以自动调节色温色调，还原完美色彩，如图8-12所示。修图软件能轻易分辨出人眼都无法观察到的轻微画面畸变，并且实现自动校正。此外，修图软件还自带独特风格的滤镜，每个滤镜都有不同的美感，让摄影"小白"秒变大师。

(a) 原图　　　　　　　　　　　　(b) 修图后

图 8-12　fotor 自动修图软件

4. 绘画风格迁移

人工智能出现在绘画领域是绘画界对新的艺术创作场域的适应，人们希望通过计算机学习到描述绘画风格的方法。具体来说，是从一类风格相似的图像的集合中，学习该图像集合风格的描述，特别是该集合与其他集合相比所具有的特殊风格，进而对该类图像的风格进行模仿，实现用不同的艺术风格对图像内容的渲染。这类任务我们可以统称为绘画风格迁移。

通过这个功能，可以把自己拍的风景照变得极具艺术气息，或者把自己的照片变成一张素描画或者卡通画。通过风格迁移，可以合成一种新颖的风格与内容混合的图像，生成的结果图片与原始图片在内容上保持大致不变，但是呈现出另外一张图片的风格，极大地增加了设计的创意性和多样性。风格迁移示意如图 8-13 所示。

(a) 原始图像　　　　　　　　　　(b) 风格图像

(c) 结果图像

图 8-13　绘画风格迁移示例（图片来源：deepart.io）

8.3.2　产品设计领域应用场景

产品设计是一个将人的某种目的或需要转换为一个具体的物理形式或工具的过程，是把一种计划、规划设想、问题解决的方法，通过具体的载体，以美好的形式表达出来的一种创造性活动过程。

1. 人工智能设计服装

过去，一些服装设计师往往会专门去地铁站或者商场等人流量大的地方，记录大众的穿着数据，人力成本高昂且原始低效。知衣科技等在线试衣软件通过建立大规模的服装数据库，沉淀大量的高质量服装数据资产，用以分析全市场的数据，借以预判未来发展趋势，从而辅助设计师提高设计产能和款式研发效率，提高设计质量，如图 8-14 所示。在线试衣软件也可以通过用户上传的图样，罗列相关款式，帮助品牌尽早挖掘机会点。

图 8-14　知衣科技智能试衣 (产品来源：知衣科技)

2. 人工智能配色

在设计中配色方案是一个令设计师头疼的问题。George Hastings 发布的 Khroma 在线颜色工具，通过使用人工智能来解决设计师们的配色问题。Khroma 利用人工智能，通过分析设计师选择的颜色，来生成实用性非常高的调色板的配色工具，甚至可以实现更高精度的组合，可以说是能够"成长"的配色工具。Khroma 的配色图片如图 8-15 所示。

图 8-15　Khroma 配色的图片

8.3.3 环境设计领域应用场景

环境设计是指对人类的生存空间进行的设计。环境设计创造的是人类的生存空间，大致按空间形式分为城市规划、建筑设计、室内设计、室外设计和公共艺术设计等。

1. 人工智能生成建筑设计方案

在建筑设计领域，包含智能设计、建筑算法和大数据分析的 XKool 平台（人工智能建筑师小库）已经上线。小库将大数据、AI 和 3D 模式识别应用到建筑设计当中，用户使用这个平台不需要排布建筑布局、计算建筑量、绘制方案，只需输入需求以及基地条件、容积率等参数，系统通过对海量现实方案以及自身生成方案的增强学习，结合城市、建筑周边生活、交通、人流量等大数据分析，生成最优的建筑设计方案，如图 8-16 所示。原本需要人工花费一两周的设计工作，现在数秒就能完成。小库协助建筑师完成机械重复的、需要计算核对的工作，帮助建筑师从高度重复的劳动中解脱出来，使他们更专注于把控和决策工作。

图 8-16　小库智能建筑规划方案设计工具

2. 自动选择素材

在进行城市规划设计时，为了展示城市各组成部分的用地区划和布局，以及城市的形态和风貌等，需要产生一定的效果图。全球知名的数字媒体编辑软件供应商 Adobe，推出了首个基于深度学习和机器学习的底层技术开发平台 Sensei。这是一款可以用于 Adobe 旗下各类软件，如 Photoshop、Premiere、Illustrator 等软件中的人工智能工具。Sensei 利用了 Adobe 长期积累的图片、视频数据和内容，帮助使用者解决在素材和操作方面的问题。例如，Sensei 可以在一张照片中精准地判断物体、人物、天空和草地，用户在操作时可以一键选取，比之前利用像素或人工的方式进行选取要精准、便捷得多。在 AI 创作作品时，作者不需要有什么艺术功底，也不需要懂构图，也不需要懂色彩知识，只要输入画面的描述文字，AI 就会理解作者的想法，自动选取素材并生成概念图，如图 8-17 所示。

图 8-17　AI 自动生成的图片"学生在教室内上课"

8.4　人工智能时代下艺术设计产业的机遇与挑战

人工智能带来新的历史发展机遇，也赋予人类新技术革命带来的挑战。艺术产品同时兼有商品属性和意识形态属性。拓展人类的精神世界是艺术产品的创作诉求。

人工智能时代下
艺术设计产业
的机遇与挑战

8.4.1　人工智能给艺术设计产业带来的机遇

1. 人工智能应用促进产品内容创作

马克思认为，人类的本质是一个经由物质生产而不断自我孕育、创造和建构的动态进程。人工智能的发展为人类这种意识提供了历史契机，从而辅助人类的自我实现。新闻传播领域较早应用人工智能，早在 2014 年，美国《洛杉矶时报》的写稿机器人 Quakebot 就已投入使用。此后，国际知名新闻媒体如美联社、《纽约时报》、新华社等均使用了人工智能采编机器。这些人工智能机器完全规避了常见于人工写手的主客观影响，可以即刻出稿，全天候工作，极大地提高了工作效率。此外，文本、图片、音频、视频等多种对象混合并存的跨媒体智能，在不同行业的产品输出上都有亮眼的表现。基于自然语言处理技术，机器能最大程度地"听懂"人话，减少大量人工干预成本，加快了人工智能在艺术设计产业的落地。

2. 消费需求增加，产品营销智能化

伴随着互联网的发展、人工智能技术的更新迭代，以及我国居民对于文化艺术消费需求的增加，人们的消费欲望将会向着更加个性化、多元化的方向进行转变。文化艺术产品

不仅能满足人们日常物质和生理需求，更多是能满足人的心理需求，包括好奇心、兴趣等。同时，体验式、场景式的消费模式，是人工智能与艺术设计产业融合以来，较受欢迎的消费模式。人工智能的出现恰好满足了人们消费欲望迭代这个阶段的需求，随着人工智能技术的升级，新消费模式将会逐渐进入人们的视野。在产品营销环节，人工智能可以进行内容的大规模个性化智能分发。过去传统文化产品的广告投放主要靠在传统媒体端进行大规模的无差别投放，精准度低，投放成本高。如今，广告投放智能化，一方面通过用户画像分析，有针对性地投放，另一方面也加强了消费者的接受度，让受众接触到的"定制信息"更"合口味"。

3. 个性化服务，催生艺术产品形式创新

近些年，"数字演员""虚拟偶像"扩宽了民众对于信息传播主体的了解。在 2018 年 11 月举行的互联网大会上，新华社发布的全球首个人工智能主播，其虚拟形象与真人几乎没有差异，只需要输入新闻文本，人工智能合成主播就能进行播报。未来的人工智能技术将先通过自主学习与观看相同演员在不同电影中的表现，而后进行数据分析、迭代升级来模拟真人固有的表情与动作，从创作者的需求出发，自动生成数字演员替身来完成一些高难度动作，这势必会带来影视行业的重大变革。

8.4.2 人工智能给艺术设计产业带来的挑战

1. 人工智能在艺术表现上的不足

虽然人工智能在算法任务方面十分突出，但是，人工智能系统也有不足的地方，这说明人工智能技术在一定程度上可以帮助人类，但它并不能替代人类的思想，这也正是人类特有的价值所在。人工智能可以在分秒之间对大数据进行计算，但是在面对人们的日常生活时，例如讲个笑话、朗诵诗歌、演唱一首音乐等富含人类情感的事情方面，人工智能的表现就不够完美。所以我们可以看出，情感是人工智能的薄弱项。

人工智能会替代大部分重复性、机械性的工作，甚至参与到艺术设计中，但不可能替代设计师。从技术层面讲，人工智能可以通过不断学习模拟强化审美能力，但人类的情感和认知路径是千万年来演变的结果，其与生俱来的创造力和对美的追求，是人工智能无法理解的。

人工智能只能按照指令进行程序化设计，但设计师能真正解读需求方的想法，挖掘他们都没有意识到的深层次需求，主动提供更好的艺术设计方案。这种对人内心的敏锐感受、不断创新的能力才是设计师不可替代的核心价值。好的设计师能顺应时代潮流，主动学习，通过新的技术创新设计，更好地满足用户需求。

在艺术设计领域，人工智能将担任小助手的角色，使设计师聚焦于艺术设计创意的部分，而其他技术部分则由人工智能高效解决，从而实现科技和设计师创造力的完美结合。

2. 数据安全和知识产权存在隐患

在艺术设计产业的应用中，人工智能涉及的数据安全的隐患随着数据库中信息量的日益庞杂而逐渐凸显。人工智能靠的是大数据和云计算，所产生的智能文化艺术产品是由算式提取适用的资料和元素重新组合而成的，在这其中很难区分有版权保护的部分和公共数据部分，极易造成人工智能文化产品内容侵权、版权得不到保护、成本高过收益，这势必

会降低原创文化产品的热情与投入的力度。

另外，在人工智能谱曲、作诗、作画方面，前期须输入大量素材的人工智能创作物，是否拥有独立的著作权，人工智能的法律地位或主体资格目前尚未明晰。显而易见，人工智能的智能生产极易造成侵权行为，同时也增加了网络账户泄漏的风险。

本 章 小 结

人工智能对艺术设计有着积极的影响。将人工智能技术运用到艺术设计中，不仅可以帮助设计方面的人才减轻工作压力，有效地缩短工作时间，还能推动艺术产业的发展。本章介绍了传统艺术设计的发展趋势，还介绍了人工智能技术对艺术设计的影响，并给出了人工智能在艺术设计领域的多种应用场景，最后讨论了人工智能时代下艺术设计产业的机遇与挑战。

思 考 题

1. 现代艺术设计的趋势是什么？
2. AI 与艺术设计的融合有哪些方面？
3. AI 能否自动完成艺术设计？
4. AI 对设计师的影响表现在哪些方面？

第 9 章　人工智能在智能交通领域中的应用

9.1　人工智能对交通产业的影响

人工智能对交通产业的影响

自 20 世纪末以来，现代科技日新月异，社会经济快速发展，城市化进程不断推进，机动车保有量持续增加，从而引发了交通事故增加、交通秩序混乱、生态环境破坏等一系列全球性问题。在此背景下,涵盖道路、交通工具、出行信息等在内的综合性系统,即智能交通系统诞生了。最近几年，交通领域和人工智能技术深度融合，大数据、物联网、云计算等新一代信息技术在交通领域的作用日益凸显，极大地推动了交通运输管理的自动化、现代化转型，在技术层面上为交通优化管理、智慧出行、高效服务等奠定了基础：一方面改善了交通运输效率，提升了社会经济的运行效率；另一方面为人民群众创造了更加安全、更加高效、更加绿色的出行环境,提升了人民群众的满意度,开启了智慧交通时代。

然而，在人工智能赋能交通治理的同时，也暴露了其作为新型技术在应用上的一些缺陷与不足，比如机器识别的稳定性与安全性、投入与产出的经济性问题等。更加引人注目的是，人工智能技术的应用对交通系统的行业生态、治理体系带来新的挑战，也使隐私安全、法律伦理问题凸显。如何在享受人工智能给交通治理带来便利的同时有效规避风险是摆在人类社会面前的新难题。在交通领域实施人工智能社会研究或可成为继续深化交通治理的有效途径。

相关数据显示，国内机动车保有量在 2019 年 9 月已经超过 3.9 亿辆，截至 2021 年 9 月，76 个城市汽车保有量超过 100 万辆，汽车保有量超过 200 万辆的城市有 34 个，超过 300 万辆的城市有 18 个，例如北京、成都等。如此巨大的机动车保有量与有限的道路和停车资源之间的矛盾严重影响了居民的出行体验。虽然各地都在增加交通道路等基础设施建设，但年增加率近 10% 的私家车消费量及有限的土地资源很难真正解决居民出行难的问题。事实上，除了机动车保有量增加与道路资源有限等因素之外，道路资源利用率低、交通组织管理方式不完善也是影响居民出行体验的重要因素。人工智能技术以近似人类的智能方式去组织管理交通要素,有望极大地提高道路资源利用率,缓解当前居民出行难的问题。

近年来，伴随着物联网、大数据、云计算、移动互联网等技术的出现，人们提出了新一代综合交通体系的概念——智慧交通。智慧交通 (以下是交通运输部对智慧交通的概念界定) 是对智慧中国、智慧城市等理念在交通运输行业的具体落实。智慧交通是新一代的信息技术在交通领域的深度应用，为交通运输发展注入了更多的人性、科学创新元素，使之富有东方哲学关于智慧的内涵。智慧交通是智能交通的升级版，是交通运输的升级版。从技术的内涵上看，智慧交通是感知交通、数字交通、掌上交通的组合体。同时智慧交通又是科学交通、人性交通、创新交通。交通自古以来就不仅是简单地满足人和货物运输的需求，它总是和政治、经济、文化、金融、贸易等社会经济的发展密切相关，所以从高层的角度来讲，智慧交通具有更高的价值。

9.2 人工智能助力下交通产业链

人工智能助力
下交通产业链

智慧交通产业链覆盖范围广，如图 9-1 所示。上游主要是提供信息采集与处理的设备制造商，中游包括软件和硬件产品提供商、解决方案提供商，下游以运营、集成、内容等第三方服务商为主。

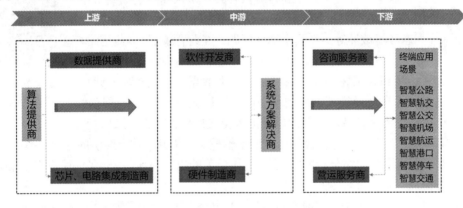

图 9-1　智慧交通产业链

智慧交通产业链各环节厂家如图 9-2 所示。传统安防企业、互联网厂商、云计算服务商、算法提供商等均开始进入智慧交通各细分领域。

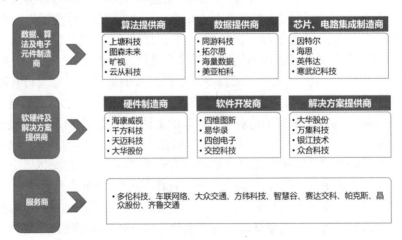

图 9-2　智慧交通产业生态图谱

　　智慧交通行业上游制造商具体包括数据提供商、算法提供商与电子器件制造商,相关代表企业有商汤科技、腾讯、同有科技、拓尔思、金溢科技等。

　　中游产品与服务领域可以细分为智慧交通硬件制造商、软件开发商与解决方案提供商,硬件制造代表企业有海康威视等;智慧交通软件开发企业包括四维图新、易华录等;一体化智慧交通解决方案代表企业主要有大华股份、佳都科技、万集科技与银江技术等。

　　在下游智慧交通服务市场,代表企业如多伦科技、车联网络与大众交通等,为交通领域提供智慧化的咨询与运营服务。

　　当前中国智慧交通行业处于快速成长阶段,如图9-3所示。2010年至今,随着大数据、机器学习等技术的不断发展,基于人工智能的车路协同、自动驾驶、智能出行等将会成为智慧交通系统技术发展的关键方向。智能交通向智慧交通的演变历程,大致可以概括为图9-3中的四个发展阶段。当前,中国智慧交通行业处于快速成长阶段。

90年代-2007年:智能交通建设期
- 自上世纪90年代中期,我国组织开展智能交通系统发展战略、框架、标准等研究。

2008-2011年:智慧交通提出
- 2008年底,智慧城市在中国首次提出,IBM召开多场针对中国市场的研讨会,并与包括沈阳、南京在内的我国许多城市达成战略合作。

2012-2018年:智慧交通开启建设
- 2012年,我国成立了智慧城市创建工作领导小组。
- 2013年,智慧交通作为国家交通运输行业的重点建设内容之一。
- 2016年,交通运输"十三五"发展规划中提出"要求各地开展智慧交通示范工程"。
- 2017年,颁布《智蓝交通让出行更便捷行动方案(2017-2020年)》,中国智慧交通进入全面建设阶段。

2019年至今:快速成长
- 2019年,《交通强国建设纲要》将智慧交通作为行业发展重点任务,快速发展时期。
- 2021年,《关于 科技创新驱动加快建设交通强国的意见》提出加强新一代信息技术在交通领域应用。

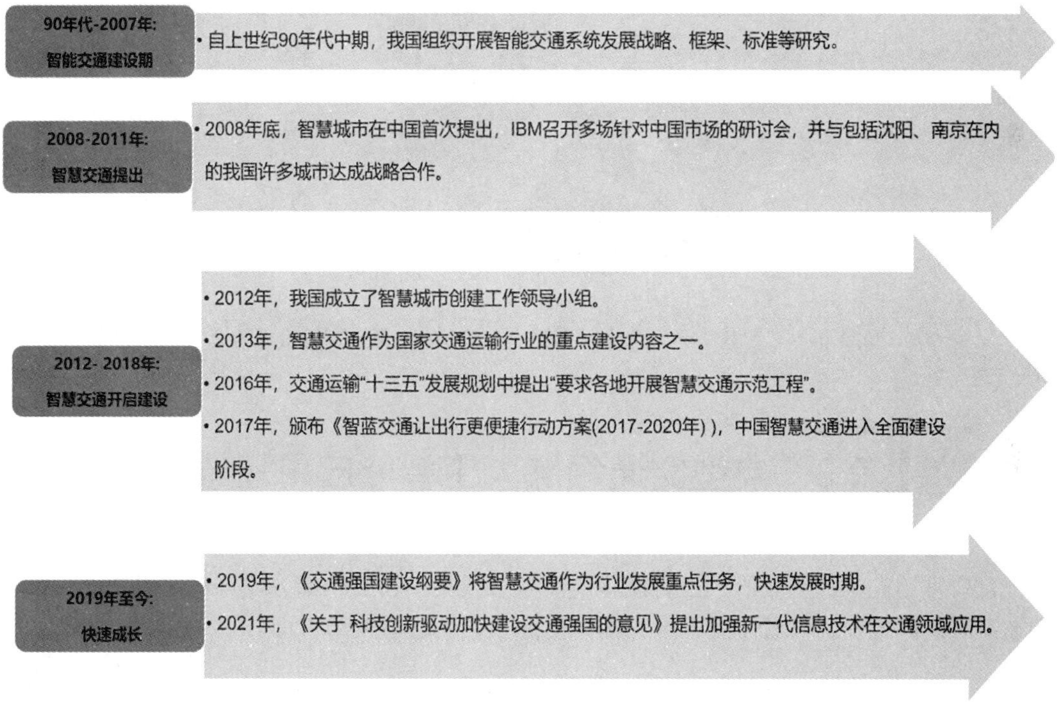

图9-3　中国交通行业发展历程

　　从国家政策方面看,从2015开始,政府层面持续出台相关政策法规推进智慧交通行业快速发展,以匹配现代化经济体系的建设需求,为全面建成社会主义现代化强国提供重要基础支撑。2020年以来,我国智慧交通相关政策更是频出,智慧交通基础建设成为行业发展重点,2021年9月交通运输部发布的《交通运输领域新型基础设施建设行动方案(2021—2025年)》提出到2025年,我国将打造一批交通新基建重点工程,智能交通管理将得到深度应用。

　　从智慧交通市场价值看,根据ITS114统计数据,2015年以来我国智慧交通市场呈现快速增长状态,2020年,中国智慧交通千万项目规模已接近300亿元。在智慧交通细分领域分布中,智慧交管和智慧停车占据重要市场。

在企业竞争中，传统交通信息化企业为行业主要玩家，中国智慧交通行业依旧以传统交通信息化领域的玩家为主，如图9-4所示。其中，国内车路人云自主协同一体化智慧交通解决方案提供商千方科技以17%的市场占有率，占据行业主导地位；专业从事交通智能化技术应用服务的企业银江技术以14%的市场占有率位居第二；海信网科围绕云计算、大数据、人工智能等技术构建的交管云脑解决方案为核心，占据近10%的市场占有率，位居全国第三。

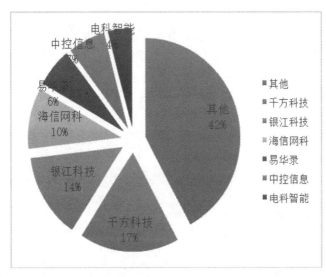

图9-4　2020年中国智慧交通管理应用级解决方案TOP6企业市场份额情况（单位：%）[1]

9.3　典型交通领域人工智能应用场景

目前常用的交通领域的人工智能应用场景主要集中在三个部分，分别在智慧道路方面、智慧交通调度方面、交通工具的智慧变革方面。

典型交通领域
人工智能
应用场景

9.3.1　人工智能赋能智慧道路

道路是交通行为的重要组成部分。近年来，人工智能技术已经应用于道路的各个部分，包括车道设置、交通信号灯控制、交通态势感知、智能交警等。

1. 可变车道

智慧可变车道控制系统依托路口摄像设备，通过"深度学习视频识别＋大数据算法模型"，实时感知车道交通状况，研判车辆流量和流向特征，结合上下游交通状况，智能决策可变车道转向，均衡各转向车道车流，大幅提升车道通行效率，进而缓解路口拥堵，满足精细化管理需求，如图9-5所示。

---

① 中商产业研究院整理。

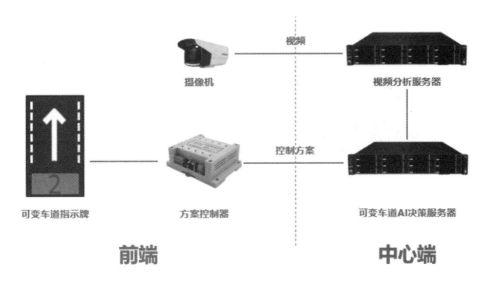

图 9-5 智慧可变车道控制系统架构

基于前端控制器及摄像机数据，在中心端对全城可变车道实时转向、视频及各项交通流指标进行监测，研判可变车道转向变化并主动提醒，辅助管理部门智能决策。通过"智能定时（自学习）+ 自适应 + 离线 + 手动"四大转向控制方案实现可变车道转向在不同场景下的智能切换，支撑可变车道多场景应用，满足多场景实战需求，如图 9-6 所示。

图 9-6 智慧可变车道实拍图

2. 自适应交通信号灯

造成道路拥堵、道路资源利用率低的另一个原因是交通信号灯设置不合理。在人工智能技术的帮助下，交通信号灯也可以像交警一样具有分析决策能力，形成能够自动调节交通信号灯绿信比的自适应交通信号灯控制系统。2020 年 7 月，江苏省苏州市高新区公安分局交警大队在苏州市妇女儿童活动中心主入口行人过街路段启用了自适应交通信号灯控制系统，如图 9-7 所示。该系统由行人密度及行人动态热成像检测器、行人过街预警立柱两大部分组成，在江苏省内首次综合使用。

图 9-7 苏州智能红绿灯实拍图

设置在路口斑马线两端的预警立柱集成了行人闯红灯抓拍摄像机和定向扩音器。当自适应交通信号灯控制系统检测到有行人闯红灯时，摄像机会实时抓拍并在大屏幕上显示，定向扩音器会自动发出语音提示。预警立柱两侧配置的灯光带与车行交通信号灯同步，灯光带如果显示为绿色，就表示处于行人通行状态；如果显示为红色，就表示处于行人禁行状态。视听觉双向提示，进一步扩大了交通信号灯的显示范围。行人过街等候区设置的热成像检测器会对多个等候区的行人进行计算。当行人过多时，交通信号灯放行时间将有效延长，确保行人安全通过。此外，热成像检测器还可以自行设置多个触发阈值，实现全天候灵活自动控制交通信号灯配时功能，有效提高行人过街的安全性及通行效率。

3. 路况感知与预警诱导

感知是智能化的前提。基于人工智能技术的道路交通感知系统不再只是简单的信息收集者，而是"会说话"的信息传递者。雄安车路协同应用平台在 2018 年 11 月开始试运行，该平台利用智慧路灯等设备，结合边缘计算、感知计算等建立应用数据提供体系，为自动驾驶运行奠定了基础。未来，像团雾这样的极端天气将不再是影响出行安全的因素，强大的车路协同网络能实时告知驾驶员前方的路况信息。

4. 智能机器人交警

交通领域也是机器人技术落地的主要场景之一。近年来，由于城市化进程的加快、人口基数的扩大、智能汽车的增多等诸多因素，交通拥堵、交通违法行为的发生和交通安全隐患的凸显成为道路交通发展所面临的首要问题。因此，为缓解交通状况频发和警力资源不足的现象，交通管理机器人乘势而上，为智慧交通的发展提供了重要助力。

2019 年 8 月 7 日，河北省邯郸市公安局举行"邯郸机器人交警"上岗仪式，它们是邯郸、同时也是中国道路上第一批上岗的机器人交警。此次列装的"邯郸机器人交警"系列有三款：道路巡逻机器人交警、车管咨询机器人交警、事故警戒机器人交警。

(1) 道路巡逻机器人交警。道路巡逻机器人交警，如图 9-8 所示。它可以通过一套自动导航系统，自主识别车辆违法行为，并进行抓拍和驱离。它的主要功能包括自动巡逻、宣传提示、人车识别、现场驱离等。该款机器人部署在交通岗可与智能信号机进行联动，具有人脸识别、语音提示功能，还可对闯红灯的非机动道路巡逻机器人交警和行人进行提醒和抓拍，协助维护交通秩序。

图 9-8 道路巡逻机器人交警

(2) 车管咨询机器人交警。车管咨询机器人交警应用场景在车管所，如图 9-9 所示。它的主要功能包括人脸识别，以此获取前来办事人员的有关信息，通过关联驾驶人信息进行预判式服务；人机互动，通过语音问答或者屏幕文字解答业务咨询，提前解疑释惑或进行提醒；引导服务，对前来办理业务的人员，提示自助终端办理或柜台办理前的相关引导；安保告警，发现有安全隐患、重点嫌疑人或者突发安保事件时，可以自动通知警力支援。

图 9-9 车管咨询机器人交警

(3) 事故警戒机器人交警。交警事故警戒机器人交警可在道路事故处理过程中，及时有效地提醒往来驾驶人，避免二次事故伤害。它的主要功能和特点：小巧轻便，可折叠，便于车载和人工装卸；机动灵活，交警到达事故现场后，可通过遥控迅速做好远程部署，将机器人行驶到指定位置进行警戒提示预警；具备光电提示预警、语音提醒告知、文字标识告知等多重提示功能，如图 9-10 所示。机器人交警以机器人为核心，整合人工智能、云计算、大数据、物联网、多传感器融合、激光导航定位技术等，集成环境感知、动态决策、行为控制和报警装置，具备自主感知、自主行走、自主保护、自主识别等能力，能够实现全天候、全方位、全自主智能运行，协助交警进行违法管控和服务群众。而此次面世的"邯郸机器人交警"已具备宣传提示、车牌识别、人脸识别、警示驱离、引导服务和自主巡逻等六大特点和功能。

图 9-10　事故警戒机器人交警

9.3.2　人工智能赋能智慧交通调度

人工智能的发展极大地改变了车辆和人在交通活动中的参与方式，同时也给交通参与者带来了更多的便利与舒适。

1. 实时路线推荐

对大多数驾驶员来说，在没有导航的情况下开车去一个陌生的地方是一件非常困难的事情，人工智能技术的引入让这一问题迎刃而解。通过智能化的地图应用软件以及卫星定位技术，只要驾驶员说出目的地，导航系统就能自动规划生成可选的行驶路线。

2. 出行服务与需求匹配

除了驾驶员，人工智能技术同样也给乘客带来了许多便利，极大地提高了居民的出行体验满意度。乘客着急用车去机场时，不再需要走到路口对过往的出租车不停招手，在人工智能技术的帮助下，乘客只需要告诉打车软件出行的目的地，后台系统就会自动向附近区域内提供服务的出租车广播需求。乘客还没有走到路口，他所需要的出租车就已经在路口等待了。

相比于之前的"众里寻他千百度"，以人工智能技术为基础的移动出行服务最优化匹配乘客需求与出租车服务，不仅提高了服务汽车的利用率，也极大地缓解了居民出行打车难问题。根据 2016 年第一财经商业数据中心与滴滴出行联合发布的《知道——华北城市智能出行大数据报告》，如果采用路边扬手招车方式获取打车服务，平均等待时间是 11.9

分钟，而通过智能出行平台叫车平均等待时间只需 5.6 分钟，仅在北京一地，就可以为市民每天节省 21.8 万小时，其时间价值等同于 872 万元。

3. 智慧停车

停车难是困扰百姓出行的重要问题之一。利用人工智能技术整合定位导航、停车资源信息发布、管理与收费等服务的智慧停车系统为缓解城市停车难问题提供了有效解决方案。驾驶员到达目的地后，智慧停车系统自动展示周边可用停车资源信息（包括位置、可用数量等）供驾驶员选择；一旦驾驶员选定目标停车场，该系统自带的路线规划功能会生成最优到达路线；进入停车场时，基于计算机视觉技术的车牌识别系统自动记录车辆信息并同时开启计费；离开时，车牌识别系统自动搜索车辆进入时间并生成缴费信息；无感支付实现快速缴费。

无感支付停车场最近几年在北京、上海、广州、深圳等一线城市迅速普及，而这正是人工智能技术依托于停车行业开展的一场无人化管理变革。2017 年 6 月，支付宝整合 ETCP 智慧停车系统，以上海虹桥机场停车场为试点，首次推出了无感支付停车场。2018 年，云鑫创投出资数亿元投资顺易通。无感支付停车市场开始全面展开。在此之后，微信支付以深圳宝安国际机场为试点，推出了微信无感支付停车。支付宝、微信、银联以及各大商业银行在短时间内开始进军无感支付停车市场，通过和智慧停车企业深度合作，提升自身的市场占有率。随着停车市场和人工智能技术的深度融合，传统无人问津的停车市场也迅速成为新兴市场。

4. 共享汽车、共享单车是智慧出行的典型形式之一

智慧出行通过人工智能技术（路线优化与匹配算法）将乘客的出行需求与车主本身的目的地进行智能匹配与路线推荐。当路线匹配程度满足车主需求时，车主让渡部分空间及时间给乘客，而乘客与车主共同承担车辆使用成本。在人工智能技术以及后台服务器强大的计算能力支持下，顺风车平台能够快速实现车主与乘客之间的推荐排序，为乘客与车主搭建合作共享平台。根据国外经验测算，顺风车的普及提升了汽车的使用效率，车辆需求的日减少量为 20%～25%。以北京为例，如果采用这种模式，其油耗量可以减少 464 万吨，每年油耗量可减少 17 万吨以上，一氧化碳等有害气体的排放量可减少 3 万吨以上。

除了移动出行，共享单车在很大程度上解决了最后一公里的出行问题，为人民群众的短途出行提供极大便利，并以其绿色、环保、高效、经济、便捷等优势日益普及，在城市交通系统中的地位不断提升、作用不断增强。在共享单车系统中，车锁是其中的智能化载体，具有远程开锁、数据通信、车辆定位、电源管理等诸多功能和优势。共享单车的使用者在客户端注册并登录后获取共享单车的使用权，平台将车辆位置信息实时传输到客户端，帮助用户找到最近的车辆。用户通过输入编号或者扫码等方式开锁，然后开始骑行，在骑行完毕后将共享单车放于指定位置，并根据用时来支付费用。这种结合人工智能技术与交通需求的随借随还单车分时租赁方式具有廉价性和灵活性等特点，提升了人们出行的便捷程度。

9.3.3　人工智能赋能智慧交通工具

随着技术的发展，人工智能已经不仅是人类各种交通活动的协助者，它还可以像人一

样作为智能主体参与交通活动，比如人车智能交互、用于物流配送的无人机、机器人及自动驾驶汽车。

汽车人机交互就是人与汽车的"沟通交流"方式，如图 9-11 所示。伴随汽车电动化、智能化、网联化变革，传统驾驶舱迅速同步演变，融合人工智能、自动驾驶、AR 等新技术后，"智能驾驶舱"兴起。未来，智能驾驶舱能实现中控、液晶仪表、抬头显示 (HUD)、后座娱乐等多屏融合交互体验，以及语音识别、手势控制等更智能的交互方式，重新定义汽车人机交互。

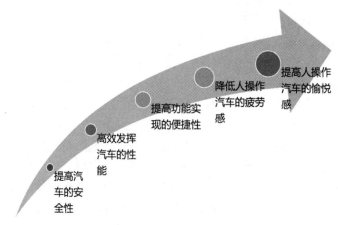

图 9-11　人机交互发展历程

智能驾驶舱可分为硬件和软件两大部分，如图 9-12 所示。

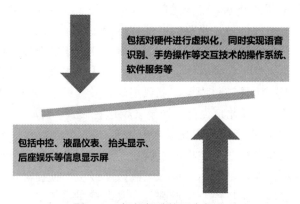

图 9-12　智能驾驶舱两大部分

从软件技术手段来说，语音识别和手势控制等交互技术，是车载屏幕 HMI(人机界面) 的重要接口，如图 9-13 所示。在驾驶过程中，让驾驶员过多的注意力、视线和操作转移到车载触摸屏上将带来不安全因素，语音识别和手势控制能提升行车安全。

(1) 语音识别。基于机器学习和深度神经网络技术的语音交互系统有着一定的技术壁垒，美国的 Nuance 是语音识别技术领域的一大巨头，在 2013 年之前几乎垄断了各大汽车国际品牌如宝马、奔驰等的车载语音系统。语言的巨大差异使得国内也诞生了一批语音交互领域的后起之秀，如科大讯飞。

(2) 手势控制。手势交互作为一种新的交互方式，已经在部分产品和展示设计中逐渐被应用。相比传统的物理操作方式，手势交互被认为是一种更为自然的交互方式，能减小驾驶员的视觉分心和认知负担。

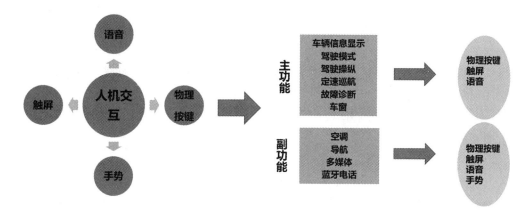

图 9-13　智能汽车交互设计方式

1. 国产云控智能交通交互系统

联想研究院 PC 设备和生态创新实验室研发团队发布了全新的 Mutualism 云控自然交互座舱系统解决方案。该解决方案采用独特的云端车载控制系统，为用户带来更智能的语音交互、更丰富的内容资源、更炫酷的人机界面和更多主动服务，打造了包含数字仪表，中控娱乐，数字娱乐的"一芯三屏"智能座舱域控以及透明 A 柱系统。

为实现车内自然交互，并为汽车提供新一代智能部件、功能和服务，AVIN 合作伙伴构建了一个适用于任意汽车的智能座舱软件架构，如图 9-14 所示。用云服务和自然语言交互让车内操作更便捷，将用户和车里的一切联系起来，提供自然的交互体验，把复杂的汽车操作变成一个简单、安全、有趣的体验。

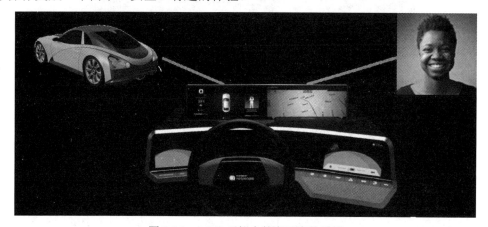

图 9-14　AVIN 云控自然交互座舱系统

2. 国外智能驾驶交互系统

2019 年 2 月 25 日至 28 日，宝马集团再一次革新了驾驶员与汽车的互动方式，在巴塞罗那举行的 2019 世界移动大会上，该公司展示了宝马自然交互功能。该新系统将最先进的语音命令技术与增强的手势控制以及凝视识别功能相结合，首次实现了真正的多模态操作。首款宝马自然交互功能于 2021 年在宝马 iNEXT 车型上推出。

宝马自然交互功能可让驾驶员同时使用声音、手势和眼神等多种方式的组合，与汽车进行互动，犹如人与人之间的对话一样。此外，还可根据情境和语境直观地选择首选的操作模式。语音识别、优化的传感器技术以及手势的语境敏感分析使得此类自由、多模态交互成为可能。通过精确检测手和手指的运动，手势的方向 (除手势类型之外) 也首次记录在扩展的交互空间中，该交互空间包含在驾驶员的整个操作环境中。此外，利用自然语言处理功能记录和识别语音指令，智能学习算法也得到不断地优化，对复杂信息进行了组合和解释，使车辆能够做出相应的回应，最终创建了一个符合驾驶员希望的多模式互动体验。

3. 京东物流自动驾驶

自动驾驶汽车可以说是当前人工智能技术综合应用的最典型代表，自动驾驶汽车整合了雷达、人工智能、监控装置、全球定位等现代化技术，可以实现没有人类参与的自动驾驶。根据自动化程度的不同，有从无自动到完全自动几个级别，在完全自动化的自动驾驶汽车中，人类完全成为乘客。

2020 年 1 月 23 日上午 10 点起，武汉市开始采取封城措施。2020 年 2 月 1 日，京东先从其他地方调了一辆无人配送车到武汉市，这也是京东在武汉部署的第一辆无人配送车。京东无人配送车被送到武汉，为武汉新冠定点医院之一的武汉第九医院配送医疗物资。京东无人配送车在武汉部署及运营过程中皆没有技术人员到场，整个部署流程完全由北京团队通过远程操作实现，如图 9-15 所示。

图 9-15　京东无人配送车

从送货情况看，武汉第九医院和该小区的约 70% 的订单已经可以由无人配送车来负责。2 月中下旬，第二辆无人配送车在武汉王家湾地区落地，为周边的两个小区提供配送服务。据京东物流自动驾驶首席科学家孔旗介绍，在王家湾，无人配送车的往返里程约为 2 公里。

在使用方式上，快递员只需进行一个打开货箱的操作，并把要配送的物品放到货箱中。之后，京东无人配送车将根据货品的配送地点规划出最优路线，依次配送。无人配送车开始配送前，会给取货人发短信或者语音电话；当抵达配送地点后，会再给取货人发取货用的验证码。对于用户而言，目前在取货时共有输入验证码、扫二维码和人脸识别三种方式可以选择。待无人配送车在某个点上需要投送的货品被取完了或者到了所设置的规定等待时间，武汉的京东无人配送车将根据情况执行下一单配送。等到所有的任务都完成了，无人配送车会自己回到出发的配送站。

9.4　人工智能助力下交通领域面临的问题与展望

9.4.1　人工智能时代交通领域面临的问题

随着人工智能技术在移动/共享出行、自动驾驶、城市道路交通信号优化控制和交通规划等领域的应用，居民出行难、出行贵问题得到了一定程度的缓解。然而，就在人们越来越多地享受技术带来的便利的同时，许多问题也在人工智能交通领域的应用中暴露出来，如图9-16所示。

人工智能助力下
交通领域面临的
问题与展望

图9-16　交通领域面临的问题

1. 机器识别的可靠性、稳定性

需要强调的是，即便人工智能技术已经实现了突破式发展，并在各个领域得到广泛应用，但其本身的可靠性与稳定性仍然有待进一步提高。近年来由于驾驶员过度依赖导航而引发的交通事故屡见报端，例如，江苏太仓女子在汽车导航的引导下驶入没有人烟的荒地，并陷于水沟当中，只能报警处理，而警察在搜寻很长时间之后最终通过微信定位才发现出事车辆；2017年1月，来自江苏的一名游客驾车携家人在山东泰安旅游，被车载导航引导至山顶，由于积雪、山路狭窄等问题而难以掉头，最后只能向警察求助才获救。

人工智能技术的可靠性与稳定性不佳引发的事故在很多情况下是难以弥补的重大损失。例如，特斯拉 Model 3 在 2018 年、2019 年连续发生追尾和撞车事故，导致重大的人员伤亡。调查后发现，这些事故发生的原因竟然是自动驾驶系统在特定情况下可能无法识别物体，特别是在时速过高或者变道等情况下，对物体的识别能力大幅下降。

2. 智慧交通的投入产出比

感知是智慧交通的前提，因此建设智慧交通必定涉及视频传感器、毫米波雷达等先进传感设备的巨大投入。除此之外，建设智慧交通还涉及对原有的基础路网进行升级改造、设备的运行维护及基础通信网络建设等多个方面，投资巨大。在智慧城市体系中，智慧交通是必不可少的组成部分，具有重要的地位和作用。前瞻产业研究院在其发布的《2020—2025 年中国智慧交通行业发展前景与投资预测分析报告》中披露，我国在智慧交通技术领域的财政支出在 2019 年高达 432 亿元，预计在 2024 年可达到 840 亿元。面对如此巨大的投入，经济欠发达地区可能无法承受，不得不采用政府借债或担保方式，造成地方政府财政危机。2015 年，江苏省的一批工程承包商以 5.68 亿元中标了宁夏永宁县的一项道路改建工程，由于地方政府财政吃紧，交通局以政府担保的方式要求承包商垫资开建。然而，当这条双向四车道设施完备的道路建完时，地方政府却拿不出钱。这样的现象不仅严重损害了政府形象，还对地方财政安全造成了冲击。

3. 隐私安全、信任安全与伦理

除了技术本身的安全性问题之外，新技术的应用还带来了许多新的伦理问题，它们不仅可能泄露个人隐私，而且可能带来安全隐患。

实名化注册的叫车平台保留了详细的用户信息，这些信息一旦被泄露，不法分子就可利用大数据技术获取用户的精细画像，为诈骗、敲诈等违法行为提供精准信息。2016 年国际移动出行公司优步 (Uber) 被黑客盗取了 5700 万条用户数据，其中有超过 17.4 万名美国加州驾驶员的数据遭到泄露，泄露的信息包括驾驶员的名字、驾驶证号码等。优步没有根据法律要求通知驾驶员，而是掩盖违规行为，并和黑客进行资金交易，获取黑客删除的数据，而且没有将相关情况提交给主管部门或者告知客户，如图 9-17 所示。

图 9-17　Uber 在美国遭受处罚

4. 行业生态的改变、行业治理体制的挑战

在人工智能赋能行业升级变革的时代下，一大批新现象、新应用冲击着原有的社会治理

方式与管理制度。以共享单车为例，面对"从站台到目的地最后一公里"的巨大社会需求，共享单车在短时间内快速发展，城市街边停满了不同品牌、不同颜色、不同型号的单车。

随之而来的乱停乱放现象，一方面对交通秩序造成干扰，另一方面也破坏了城市形象。此外，部分共享单车经营企业为扩展市场份额，过度投放共享单车，严重超出市场需求；而且共享单车盈利模式屡弱，不少共享单车企业无法继续运行，大量共享单车无人管理和使用，多地出现了共享单车"坟墓"，造成社会资源的大量浪费，如图9-18所示。

图 9-18　共享单车"坟墓"

9.4.2　人工智能赋能智慧交通的前景

人工智能技术在交通领域里的应用展现了广阔的前景，也带来了前所未有的新问题。在交通领域实施人工智能社会研究，有可能是深化交通治理的有效途径，如图9-19所示。

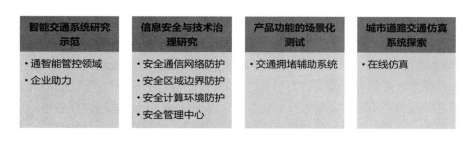

图 9-19　在交通领域实施人工智能新研究

1. 智能交通系统研究示范

各个产业领域特点不同，展开人工智能产业应用的路径也大相径庭，但是试点示范建设路径成为各领域不约而同的选择。从智能交通系统开始，我国科技部门就积极推进研究示范工作。

我国每年重点研发项目都涉及交通智能管控领域的相关课题，并根据城市的不同层级以及不同类型进行针对性开发，启动了大批重大科研示范项目，为实现我国交通管理体系的现代化转型奠定了基础，也为提升交通管理系统的智能化和信息化提供了技术保障。

阿里云在 2017 年正式推出了"城市大脑 1.0",如图 9-20 所示。这一平台可以建立自动识别机制,并借助信号灯终端、互联网系统实现智能化管理,极大地提升了城市管理决策的自动化水平。通过在杭州萧山区等试点运行该系统,发现整个地区的通行效率大幅提升了 11%。在这之后,阿里云 ET 城市大脑先后在 11 个城市落地,包括吉隆坡等国外城市。

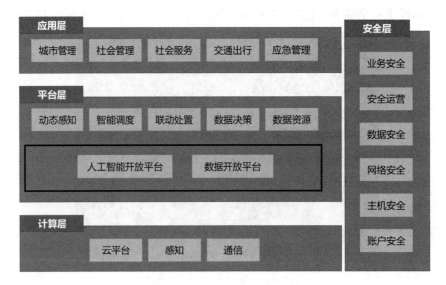

图 9-20 "城市大脑 1.0"

2. 信息安全与技术治理研究

随着交通系统智能化推进,网络信息安全态势越来越严峻,目前国内外的智能交通系统网络安全事件时有发生,攻击手段层出不穷,数据泄漏、网络攻击、恶意代码植入、勒索病毒非法加密、漏洞被非法利用、大屏被非法侵入等都是目前智能交通的主要安全隐患。因此,信息安全与技术治理是智慧交通社会治理工作必不可少的一项,应至少包括以下四个方面内容:

(1) 安全通信网络防护。对交通网络架构需进行合理分区分域设计,进行合理带宽测算,进行合理的设备部署。需将核心硬件、设备以及线路进行双机部署,从而提升系统的稳定性、有效性和可用性。还需进行网络审计,部署网络审计类系统对网络中的数据包进行分析、匹配、统计,并对网络运行状态进行实时监测,记录相关数据和信息,掌握具体的网络安全事件,发挥信息还原等技术优势,优化和完善网络审计功能。在通信传输方面,须保障数据完整性、保密性。通信网络边界的数据、执法终端的数据传输等场景通过使用 SSL/TLS、L2TP、GRE、IPSec 等协议技术推动数据加密等工作,最大限度地确保数据完整性、不可篡改性、不可抵赖性。

(2) 安全区域边界防护。从纵向分析,智能交通工程安全需求主要包括前端摄像机、诱导屏等后台的准入防护以及总队、支队、大队之间的互联防护。从横向分析,交通专网与其他专网的信息交互包括数据的单向传输、数据的双向传输、视频的单向传输,交互网络对象包括电子政务网、互联网、公安网、政府部门专用网、社会企事业专用网等专网,容易遭受非法访问、拒绝服务攻击、ARP(地理解析协议)攻击等。

针对上述隐患可采取以下解决方式：鉴于不同网络使用主体的安全要求不同，在进行数据传输或者视频传输的过程中，可考虑依据公安部相关规范进行设计。相关规范主要有《公共安全视频监控资源接入、共享及管理技术要求 (征求意见稿)》等，在此不做赘述。

(3) 安全计算环境防护。交通专网内终端、系统、应用、数据等存在网络安全隐患，均需进行针对性安全防护。针对上述隐患可采取以下方式解决：① 针对终端，部署终端安全类设备，对终端的设备、系统状态等进行统一监控，能够提供全网统一检测、病毒查杀、系统加固等功能。② 针对系统，部署漏洞扫描类设备，定期对交通专网内的操作系统、安全设备、网络设备等进行漏洞扫描。③ 针对应用，部署 Web 应用类防护设备，对黑客常用的攻击进行深层次检测和安全防护。④ 针对数据，部署数据库审计类设备，实现对非法操作的准确溯源；部署数据防泄漏类设备；部署数据库加密类设备，保障数据库安全性；部署备份一体机进行数据备份。⑤ 其他，部署身份认证类设备，实现对用户身份的识别；部署未知威胁检测类设备，实现对未知威胁的全面检测和分析。

(4) 安全管理中心。交通专网有必要整合并汇总各个设备、各个网络上的分散审计数据，并在此基础上对其进行集中分析和集中管理，针对存在的问题加强补丁升级，制订科学有效的安全策略，同时提升交通专网对风险的识别能力，及时关注并了解各类安全事件的状态，以便进行及时报警。针对此隐患可采取以下方式解决：① 部署运维审计。② 部署日志审计。③ 部署安全态势感知系统，实现准确安全监测、实时态势感知、及时应急处置等目标，提升交通专网安全风险预知能力，增强整体网络安全性。

3. 产品功能的场景化测试

为了确保产品的安全性，对于人工智能产品的功能测试，尤其是应用于智慧交通的产品，需要走出实验室，走进实际应用场景中。

交通拥堵辅助系统 (TJA) 就是典型的场景化测试的功能产品。近两年，基于自适应巡航控制系统 (ACC)，选择交通拥堵辅助系统的车型日益增加，市场占比也不断提升，与全速自适应巡航控制系统提供车辆纵向控制相比，交通拥堵辅助系统同时还提供车道内的车辆应用横向控制，以便将车辆保持在预定的路线上，在一定程度上减轻驾驶员的负担。

4. 城市道路交通仿真系统探索

自 20 世纪 50 年代开始，城市道路交通仿真技术高速发展，并随着信息技术以及交通工程技术的成熟而实现重要突破，在城市交通规划、公共交通系统设计、交通控制算法研发、交通流理论研究等各个领域发挥了重要作用，成为重要的验证工具。和西方发达国家相比，国内在城市道路交通仿真技术方面的发展时间较短，20 世纪 80 年代之后才开始正式的研究，此时国外商业化的交通仿真软件开始被引入国内，在改善国内交通方面发挥了重要作用。

在智能交通背景下，各种先进信息技术的引入使实时在线交通仿真成为可能。在线仿真运行机制具体指的是实际运行的交通管理系统和计算机仿真系统深度融合实现同步运行，并在计算机仿真系统的支持下对交通检测信息实现不间断的接收，同时可以根据具体情况对计算机仿真系统进行调整，实现道路交通情况的真实再现。之后，基于交通需求信息的合理预估，针对未来特定时间的交通动态提供相应的应对方案，提升计算机仿真系统对路况信息的应对能力，确定最具可行性的实施方案。

本 章 小 结

　　本章介绍了人工智能对交通领域的影响，基于人工智能，新的综合交通体系的概念——智慧交通横空出世，还介绍了智慧交通中的典型应用场景，主要集中在三个部分，分别为道路方面、交通调度方面、交通工具的智慧变革。随着人工智能技术在交通各领域的应用，居民出行难、出行贵等问题得到了一定程度的缓解。然而，就在人们越来越多地享受技术带来的便利时，许多问题在人工智能交通领域的应用中暴露出来，我们应该与时俱进，在享受人工智能带来的便利的同时保持充分的警惕，要对新技术抱有足够的敬畏之心。

思 考 题

　　1. 简述智慧交通和智能交通的区别。
　　2. 人工智能对于交通领域的发展只有好处吗？如果不是，为什么？
　　3. 在智能交通的典型应用场景中，你在生活中遇到过哪种应用，请简述。
　　4. 学完本章后，你对职业生涯有什么感悟？

第三部分

人工智能应用实战入门

第 10 章　人工智能应用开发平台组建

10.1　常用开发环境

常用开发环境

常用的 Python 集成开发环境主要有 Anaconda、PyCharm 等。其中，Anaconda 是 Python 的一个集成安装平台，完全开源和免费，默认安装 Python、IPython、集成开发环境 Jupyter notebook 和众多流行的科学、数学、工程、数据分析的 Python 包，支持 Linux、Windows、Mac 等操作系统平台，支持 Python 2.x 和 3.x，可在多版本 Python 之间自由切换。PyCharm 是 JetBrains 开发的 Python 集成开发环境，功能包括调试器、语法高亮、Project 管理、代码跳转、智能提示、自动完成、单元测试、版本控制等。本书主要使用 Anaconda 和 PyCharm，10.2.2 和 10.2.3 小节将主要讲解这两个集成开发环境的安装和使用步骤。

10.2　部署 Python 开发环境

部署 Python
开发环境

10.2.1　Python 简介

Python 是一个高层次的结合了解释性、互动性和面向对象的脚本语言。Python 的设计具有很强的可读性，具有比其他语言更有特色的语法结构，如使用缩进进行层次控制。Python 语法简练、可动态编程以及解释执行的属性，使其成为很多领域和平台上脚本撰写和快速应用开发的理想语言。

Python 简介

Python 语言具有以下特点：

(1) 简单、易学、免费、开源。

(2) 解释型。Python 是边解释边执行的。

(3) 强大的处理能力。Python 继承了模块、异常处理和类的概念，内置支持灵活的数组和字典等高级数据结构类型，支持重载运算符和动态类型，源代码易于复用。

(4) 可移植。Python 解释器已被移植到许多平台上。

(5) 代码规范。Python 采用了强制缩进的方式，结构清晰。

(6) 胶水语言。Python 可借助 C 语言接口驱动调用所有编程语言。

(7) 功能库丰富。Python 语言提供了丰富的标准库和扩展库。Python 标准库功能齐全，还提供了多个领域的高质量第三方扩展包。

　　Python 的安装包可以从官方链接 https://www.python.org/ 下载，其中有三种下载形式：web-based 是通过网络安装，就是执行安装后才通过网络下载 Python；executable 是可执行文件，即把要安装的 Python 全部下载好后再在本机安装；embeddable zip file 为 zip 压缩包，就是把 Python 打包成 zip 压缩包。三者仅是下载形式不同，软件内容是一样的。

10.2.2　Anaconda 的安装与使用

　　Anaconda 是一个 Python 的发行版，包括了 Python 和很多常见的软件库，以及一个包管理器 conda。装了 Anaconda，就不需要单独装 Python 了。Anaconda 主要版本包括免费版、专业版、商业版和企业版，具体的功能简介如表 10-1 所示。本书案例使用的是免费版。

Anaconda
安装与使用

表 10-1　Anaconda 版本简介表

免费版	专业版	商业版	企业版
免　费	付　费	需联系	需联系
超过 8000 个 DM/ML 包； Conda pckg/env 管理系统； Anaconda Navigator 桌面 GUI； 支持 Windows、macOS、Linux 操作系统； 桌面集成：Jupyter、RStudio、VSCode、PyCharm、Spyder	免费版所有功能； 符合商业用途； 专业级存储库； Conda 签名验证； 令牌化用户访问控制； 基本包使用报告	专业版所有功能； 精心策划的漏洞匹配； 安全策略和许可证过滤； 渠道管理； 基于角色的访问控制； 标准包使用报告	商业级所有功能； 本地存储卡库赫尔服务器； 气隙环境支持； 镜像 CRAN、PyPIp 和 conda-forge； 管理和跟踪工作历史； 支持服务

1. Anaconda 的安装

　　本书中代码使用的 Anaconda 版本的安装包是 Anaconda3-2020.02-Windows-x86_64.exe，具体可按以下步骤安装：

　　步骤 1：双击 "Anaconda3-2020.02-Windows-x86_64.exe"，等待安装验证完成后进入欢迎界面。点击欢迎界面的 "Next"，进入 "License Agreement" 界面，如图 10-1 所示。

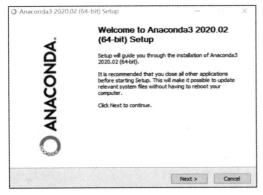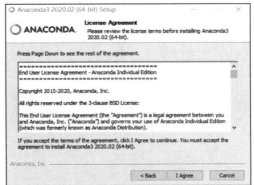

图 10-1　Anaconda 安装界面 1

步骤2：点击"I Agree"，进入"Select Installation Type"界面，点击"Next"，进入"Choose Install Location"界面，如图10-2所示。

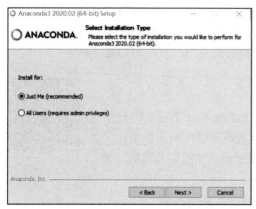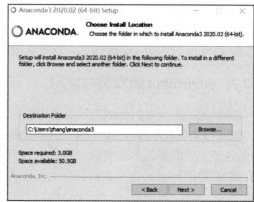

图10-2　Anaconda 安装界面 2

步骤3：选择安装路径后点击"Next"按钮，进入"Advanced Installation Options"界面，点击"Install"进入"Installing"界面，如图10-3所示。

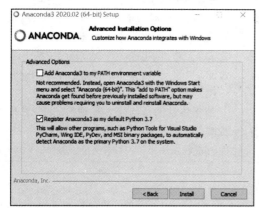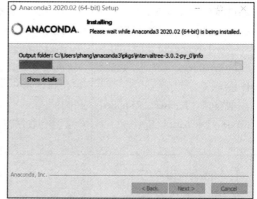

图10-3　Anaconda 安装界面 3

步骤4：可以点击"Show details"查看安装详情，安装完成后进入"Installation Complete"界面，点击"Next"进入"Anaconda3 2020.02(64-bit) Setup"界面，如图10-4所示。

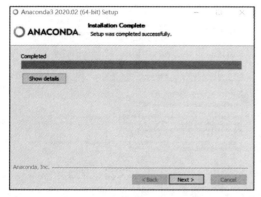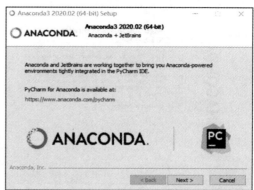

图10-4　Anaconda 安装界面 4

步骤 5：点击"Next"进入"Completing Anaconda3 2020.02(64-bit) Setup"界面，最后点击"Finish"完成安装，如图 10-5 所示。

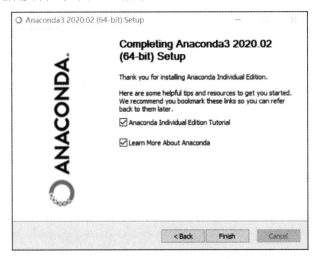

图 10-5　Anaconda 安装界面 5

2. Jupyter Notebook 的使用

Anaconda 安装好后，最常使用的代码编辑工具为自带的 Jupyter Notebook。Jupyter Notebook 是基于网页的用于交互计算的应用程序。它可被应用于全过程计算，即开发、文档编写、运行代码和展示结果，具有编程时语法高亮、缩进、tab 补全的功能；可直接通过浏览器运行代码，同时在代码块下方展示运行结果；以富媒体格式展示计算结果，富媒体格式包括 HTML、LaTeX、PNG、SVG 等；对代码编写说明文档或语句时，支持 Markdown 语法；支持使用 LaTeX 编写数学性说明。下面介绍 Jupyter Notebook 的使用方法。

打开"命令提示符"软件，输入新建项目的存储目录。这里以存储在"E:\\projects"文件夹为例。在"命令提示符"软件输入盘符"E:"；使用 cd 命令进入 projects 目录，具体命令为"cd projects"；最后输入"jupyter notebook"进行启动。启动完成后"命令提示符"内容如图 10-6 所示。

图 10-6　Jupyter Notebook 启动成功示意图

浏览器界面如图 10-7 所示。

图 10-7　Jupyter Notebook 启动后浏览器界面示意图

点击右上角的"New"按钮，选择下拉框中的 Python 3，新建使用 Python 3 的 notebook，如图 10-8 所示。

图 10-8　Jupyter 新建工程示意图

双击左上角的"Untitled"可对 notebook 进行重命名。这里有两个术语：cell 和 kernel。cell 代表了文档中的一个单元块，可以包含 Markdown 文本、HTML、代码或文本，是最小的可执行单位。kernel 表示计算引擎，负责执行 notebook 中的代码块。当用户运行一个 cell 时，kernel 会解释和执行该 cell 中的代码，并将执行结果返回给用户。

1) cell

一个 cell 就是上图中绿色框部分，包括代码单元格 (Code Cell) 和 Markdown 单元格 (Markdown Cell) 两类。代码单元格是最常见的单元格类型，用于编写和执行代码。代码单元格可以包含 Python 或其他支持语言的代码，执行结果通常会显示在单元格的下方。Markdown 单元格用于编写格式化的文本，使用 Markdown 语法。这些单元格通常用于编写文档、标题、列表、链接等，并且可以包含 HTML 代码。Markdown 单元格的输出通常用于显示文本内容，而不是执行代码。可以通过点击 Run 按钮或者快捷键"Ctrl + Enter"执行一个 cell。

代码单元格左侧有标签"In [ ]"，其中，"In"是 Input 的缩写，"[ ]"里面会有数字或者"*"，数字表示该代码块的运行次数，"*"表示当前代码块正在运行中。一个代码单元格的边界框显示是绿色表示编辑模式，而运行时候显示蓝色则表示命令模式。编辑模式和命令模式可以通过按键"Esc"和"Enter"进行转换：按下"Enter"进入编辑模式，按下"Esc"进入命令模式。

notebook 有很多快捷键，下面简单介绍几个快捷键。

在命令模式下：

①"Up"键表示浏览当前 cell 的上一个 cell，"Down"键表示浏览当前 cell 的下一个 cell。

② "A" 键表示在当前 cell 上方添加一个 cell，"B" 键表示在当前 cell 下方添加一个 cell。

③ 可以按两次 "D" 键删除当前 cell。

2) kernel

每个 notebook 都有一个 kernel。当执行一个单元内的代码的时候，就是采用 kernel 来运行代码，并将结果输出显示在单元内。同时，kernel 的状态会保留，并且不只局限在一个单元内，即一个单元内的变量或者导入的第三方库，也是可以在另一个单元内使用的。大部分情况下都是自顶向下地运行每个单元的代码，但这并不绝对，实际上可以重新回到任意一个单元，再次执行这段代码，因此每个单元左侧的 "In [ ]" 就非常有用，其数字就说明了它运行的是第几个单元。

此外，我们还可以重新运行整个 kernel。这里介绍菜单 "Kernel" 中的几个选项："Restart"，重新开始 kernel，这会清空 notebook 中所有的变量定义；"Restart & Clear Output"，和第一个选项相同，但还会将所有输出都清除；"Restart & Run All"，重新开始，并且会自动从头开始运行所有的单元内的代码；通常如果 kernel 陷入某个单元的代码运行中，希望停止该代码的运行，则可以采用 "Interrupt" 选项。

3. Anaconda 中第三方库的安装

以安装词云库 wordcloud 库为例，有两种方式进行安装：

(1) 打开电脑 "开始→ Anaconda3(64-bit) → Acaconda Prompt"，输入 "pip install wordcloud" 进行安装。

(2) 在 jupyter notebook 的 cell 中输入 "!pip3 intall wordcloud"，点击运行进行安装。

安装完成后在 cell 中输入代码 "import wordcloud"，并运行进行验证，如果没有错误表示安装成功。

10.2.3　PyCharm 的安装与使用

PyCharm 是一种 Python IDE(Integrated Development Environment，集成开发环境)，带有一整套可以帮助用户在使用 Python 语言开发时提高其效率的工具，比如调试、语法高亮、项目管理、代码跳转、智能提示、自动完成、单元测试、版本控制等。

PyCharm 的
安装与使用

PyCharm 的主要功能包括：

(1) 编码协助。PyCharm 能够根据上下文自动提供代码建议，减少编写代码的时间。

(2) 项目代码导航。PyCharm 支持大纲视图，让开发者可以清晰地看到项目的结构，并快速跳转到所需的部分。

(3) 代码分析。PyCharm 可以高亮显示代码中的错误和不一致之处，并提供改进建议。

(4) 图形页面调试器。PyCharm 支持断点设置、单步执行、变量检查和表达式评估等功能，使得调试 Python 和 Django 应用程序变得更加直观和方便。

(5) 集成的单元测试。PyCharm 支持多种单元测试框架，如 unittest、pytest 等，可以方便地运行和管理测试用例。

(6) 可自定义与可扩展。PyCharm 支持安装第三方插件，以扩展其功能，包括但不限于 TextMate、NetBeans 以及 Vi/Vim 仿真插件等。

1. PyCharm 的安装

PyCharm 可以从官网链接 https://www.jetbrains.com/pycharm/ 下载，主要包括专业版和社区版。本书中的代码使用的 PyCharm 版本对应的安装包为"pycharm-community-2019.3.2.exe"，这是一个社区版版本，下面介绍具体的安装步骤。

步骤 1：双击"pycharm-community-2019.3.2.exe"，进入欢迎界面，点击"Next"进入修改安装路径界面，如图 10-9 所示。

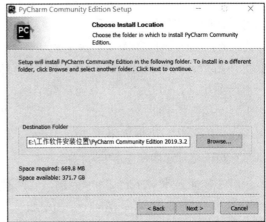

图 10-9　PyCharm 安装界面 1

步骤 2：因为安装需要空间，建议修改安装路径，避免使用默认路径 C 盘，从而导致 C 盘空间不足。修改路径后，进入"Installation Options"安装设置界面，如图 10-10 所示。

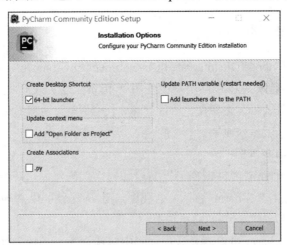

图 10-10　PyCharm 安装界面 2

①"Create Desktop Shortcut"——创建快捷方式。

②"Update PATH variable(restart needed)"——将 PyCharm 的启动目录添加到环境变量 (需要重启)。

③"Update context menu"——添加鼠标右键菜单。

④ "Create Associations" ——将所有 py 文件关联到 PyCharm。

步骤 3：建议勾选创建快捷方式，点击 "Next"，进入 "Choose Start Menu Folder"界面；再点击 "Next"，进入安装界面，如图 10-11 所示。

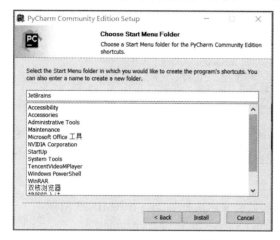 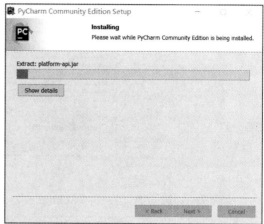

图 10-11　PyCharm 安装界面 3

步骤 4：等待安装完毕，进入安装完毕界面，如图 10-12 所示。

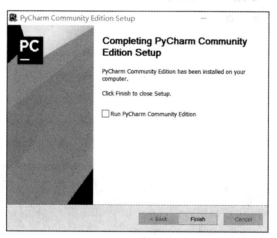

图 10-12　安装完毕界面

步骤 5：勾选 "Run PyCharm Community Edition"后，点击 "Finish"，弹出配置窗口，如图 10-13 所示，开始 PyCharm 的配置。

图 10-13　开始配置窗口

步骤 6：选择默认，点击 "OK"，进入用户使用协议界面，如图 10-14 所示。

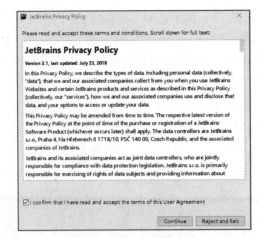

图 10-14 开始配置窗口

步骤 7：勾选同意，点击"Continue"，进入数据共享选择界面，如图 10-15 所示。

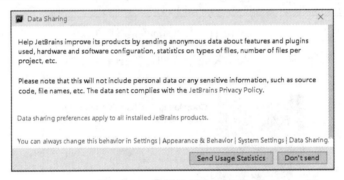

图 10-15 数据共享选择界面

步骤 8：根据需要选择是否进行数据共享，之后进入主题选择界面，如图 10-16 所示。

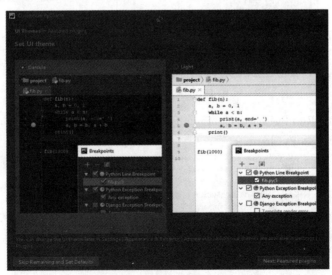

图 10-16 主题选择界面

步骤 9：左边为黑色主题，右边为白色主题，根据需要选择，然后进入下载安装插件界面。根据需要下载和安装界面后，点击"Start using PyCharm"，进入创建项目界面，如图 10-17 所示，表明 PyCharm 安装和配置已完成。

图 10-17　创建项目界面

2. PyCharm 新建项目

打开 PyCharm，点击 File 菜单，选择"New Project…"，出现"Create Project"界面，选择新建工程路径，这里设置路径为"E:\Projects"，项目工程名为 ProjectTest，如图 10-18 所示。

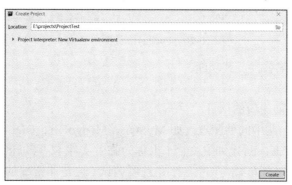

图 10-18　PyCharm 新建 ProjectTest 工程示意图

在出现的界面中，需要设置项目名称和选择解释器。默认使用的是虚拟环境，如果不使用虚拟环境，一定要打开"Project Interpreter: New Virtualenv environment"后选择解释器。打开后如图 10-19 所示，选择解释器后点击"Create"即可完成创建。

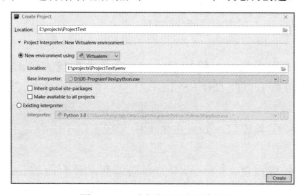

图 10-19　选择解释器示意图

3. PyCharm 界面介绍

PyCharm 界面主要分为菜单栏区域、项目目录 / 结构区域、代码区域和运行信息区 / 控制台，如图 10-20 所示。

图 10-20　PyCharm 界面示意图

下面介绍主要的菜单栏及其功能。

(1) 菜单栏 File(文件)。

① New Project：创建新的项目。

② New...：新建一些中间件配置，如 MySQL、MongoDB、DDL 等及相关驱动。

③ New Scratch File：新建划痕文档 (也称为临时文件)，可以创建各种类型的文件进行临时处理，在里面 "打草稿"，可运行并且可调试 (这是非常棒的一个功能，最近的版本才有)。

④ Open：打开项目目录。

⑤ Save as：另存为。

⑥ Close Project：关闭项目并回到创建项目页面。

⑦ Rename Project：给项目重命名。

⑧ Settings：设置选项。经常会用到此选项。

(2) Edit(编辑)。

Find：编辑窗口中用得最多，例如 Ctrl + F(文件内查找)、Ctrl + Shift + F(项目中搜索)、Ctrl + R(文件内替换)，以及 Ctrl + Shift + R(全文替换)。其中，Ctrl + Shift + R 要慎用。

(3) View(视图)。

① Tool Windows：工具窗口，如果主页面中某些窗口不小心关了，可以在这里面重新找到。

② Appearance：外观设置，除了基本的布局调整，还有四种常用模式，即 Enter/Exit Presentation Mode(进入 / 退出展示模式)、Enter/Exit Distraction Free Mode(进入 / 退出免

打扰模式)、Enter/Exit Full Screen(进入 / 退出全屏模式)、Enter/Exit Zen Mode(进入 / 退出禅模式)。

(4) Code(编码)。

① Code Completion：代码补全。可以进行全局设置，每次敲入字母时会自动提示进行补全。

② surround With：包裹已选的代码段，如包裹 if/while/for/try..catch 等代码段。快捷键为 Ctrl + Alt + T。

(5) Refactor(重构)。

① Refactor This..：重构当前。

② **Rename：重命名。快捷键为 Shift + F6。

③ Run 'xxx'：运行当前文件。

④ Debug 'xxx'：通过 Debug 模式运行该文件。

⑤ Debug...：点击 "Debug..." 后，选择代码文件开始 Debug 运行。

⑥ **Edit Configurations..：编辑配置内容。

(6) VCS(版本控制)。

① Enable Version Control Integration：选择相应的版本控制工具。

② **VCS Operation：版本控制操作窗口。

4. PyCharm 调试

PyCharm 调试代码包括打断点、代码调试、界面小图标和控制台几个部分。

(1) 打断点。

一个断点标记一个代码行，当 Pycharm 运行到该行代码时会将程序暂时挂起。注意，打断点会将对应的代码行标记为红色。取消断点的操作也很简单，在同样位置再次单击即可。

(2) 代码调试。

第一种：通过鼠标右击代码处，可以进行 debug 程序；第二种：可以通过点击 PyCharm 右上角小虫子形状的图标来进行 debug。

执行上述操作后，Pycharm 会执行以下动作：PyCharm 开始运行，并在断点处暂停；断点所在代码行变蓝，意味着 Pycharm 程序进程已经到达断点处，但尚未执行断点所标记的代码；Debug tool window 窗口出现，显示当前重要的调试信息，并允许用户对调试进程进行更改。

(3) debug 窗口图标介绍。

① show execution point(F10)：显示当前所有断点。

② step over(F8)：单步调试。若函数 A 内存在子函数 a，不会进入子函数 a 内执行单步调试，而是把子函数 a 当作一个整体，一步执行。

③ step into(F7)：单步调试。若函数 A 内存在子函数 a，会进入子函数 a 内执行单步调试。

④ step into my code(Alt + Shift + F7)：执行下一行但忽略 libraries(导入库的语句)。

⑤ force step into(Alt + Shift + F7)：执行下一行忽略 lib 和构造对象等。

⑥ step out(Shift + F8)：当目前执行在子函数 a 中时，选择该调试操作可以直接跳出子函数 a，而不用继续执行子函数 a 中的剩余代码，并返回上一层函数。

⑦ run to cursor(Alt + F9)：直接跳到下一个断点，然后接着来看变量查看器。

5. PyCharm 安装第三方库

Python 作为一种编程语言近年来越来越受欢迎，其中一个重要原因就是因为 Python 的库丰富——Python 语言提供超过 15 万个第三方库。Python 库之间广泛联系、逐层封装，几乎覆盖信息技术所有领域。下面介绍如何在 PyCharm 中安装第三方库"requests"，其他的第三方库可以参考"requests"的安装步骤。

打开 PyCharm，点击"File"，再点击"settings"，如图 10-21 所示。

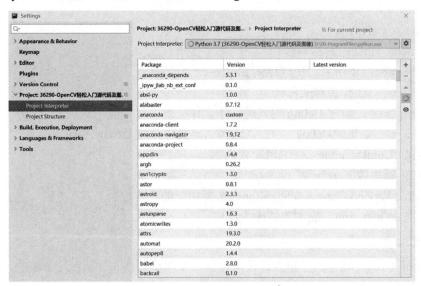

图 10-21　settings 界面示意图

点击右上角的"+"会出现如图 10-22 所示界面。在搜索框中搜索需要安装的第三方库（此处搜索 requests），点击界面左下角的"Install Package"进行安装即可。

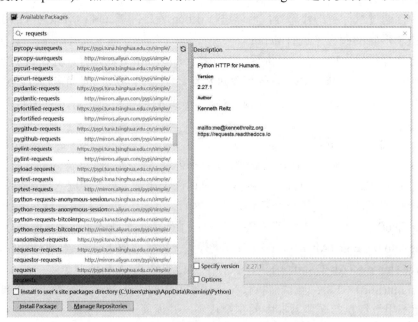

图 10-22　搜索第三方库界面示意图

本 章 小 结

本章主要介绍了人工智能应用平台组建使用的语言和常用的开发环境。首先介绍了Python常用的开发环境，然后重点介绍了开发环境安装配置步骤。常用开发环境包括常用开发工具Anaconda、PyCharm等。

精益求精、规范的工匠精神对于人工智能平台搭建方面的学习至关重要。深入了解Python开发环境及工具的安装配置步骤，不仅是掌握技术操作的过程，也是培养严谨态度的过程。通过掌握工具如Anaconda、PyCharm的使用，可以更充分地了解技术细节，激发同学们对人工智能的热情与探索欲望。这种精益求精的态度不仅要求要在技术上追求卓越，也将成为大家未来在人工智能领域探索创新的动力，并为社会发展贡献更多价值。

思 考 题

1. Python 的特点有哪些？

2. Anaconda 和 PyCharm 的区别有哪些？

3. Jupyter Notebook 中的关键术语有哪些？

第 11 章 电子信息领域中 AI 的应用——光伏发电量预测实战

11.1 光伏发电站发电量预测案例背景

能源是人类生存和发展的重要基石。随着社会的飞速发展，人类对于能源的需求日益增多。2022 年 8 月 12 日，国家能源局发布 1—7 月全社会用电量等数据。数据显示，1—7 月，全社会用电量累计 49 303 亿千瓦时，同比增长 3.4%。其中，城乡居民生活用电量 7586 亿千瓦时，同比增长 12.5%。2022 年全社会用电量、城乡居民生活用电量统计，如图 11-1 所示。

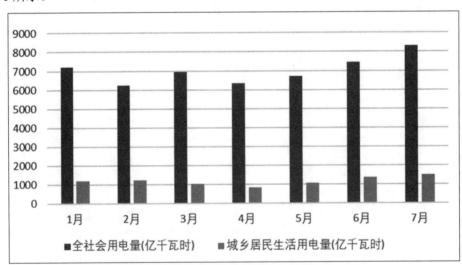

图 11-1 2022 年 1—7 月全社会用电量、城乡居民生活用电量统计（数据来源：国家能源网）

与我国能源需求日益增多的情况相对应的是能源供给能力和质量显著提升。为了实现 2030 年基本建立适应环境污染防治、生态保护与修复、资源高效循环利用、碳达峰、促进经济社会发展全面绿色转型需求的现代生态环保产业体系、2060 年实现碳中和的目标，大力推动能源绿色转型、低碳转型是必要举措。如图 11-2 所示，2017—2022 年光伏当年新增容量一直在增加，2021—2022 年上半年增幅更是达到 140%。

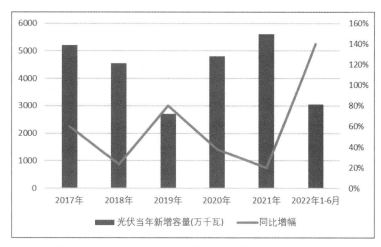

图 11-2　2017—2022 年光伏当年新增容量及同比增幅

　　光伏是能源绿色转型、低碳转型的一个重要的主力能源，但是存在波动性大、不能连续稳定出力的特点，因此增加了光伏电站规划设计和运行维护的难度。如果能够准确预测未来短期内光伏发电的负荷及太阳辐照度情况，就可以提前做出相应的运行调度策略，这对于提升光伏电站的运行效率具有重要意义。

　　人工智能 (Artificial Intelligence) 是研究、开发用于模拟、延伸和扩展人的智能的理论、方法、技术及应用系统的一门新的技术科学。光伏发电由于自身间歇性和波动性造成的发电效率瓶颈有望通过人工智能算法解决。本章将通过机器学习算法实现光伏发电站发电量预测，带领大家领略机器学习和人工智能的魅力。

11.2　案例实现总体框架流程

　　上一节阐述了光伏发电站发电量预测的背景和相关技术，这一节将通过一个具体案例进行整体描述，案例总体流程如图 11-3 所示。

图 11-3　案例总体流程图

　　案例总体框架流程主要包括数据准备、模型训练和预测保存三部分。

　　(1) 数据准备包括数据读取、数据预处理、数据集划分。数据读取包括训练集和测试集的数据读取；数据预处理包括异常值删除、异常值替换、重复值删除等；数据集划分是指将训练集划分用于交叉验证。

　　(2) 模型训练包括单模型交叉验证和多模型学习调优。单模型交叉验证是指使用机器学习算法构建单模型并进行交叉验证训练；多模型学习调优是指使用 Stacking 集成学习，将单模型作为基学习器，使用支持向量机 (SVM) 进行训练并获得最终模型。

(3) 预测保存指使用训练好的模型进行预测，并将结果数据进行保存。

11.3　案例环境准备

11.3.1　编程语言介绍

Python 是一种效率极高的语言。相比于其他的语言，使用 Python 编写时，程序包含的代码行更少。Python 的语法也有助于创建整洁的代码，相比其他语言，使用 Python 编写的代码更容易阅读、调试和扩展。下面介绍 Java 和 Python 中的 for 循环编写方式。

Java 中的 for 循环：

```
1.  for (int i = 0; i<10; i++) {
2.      System.out.println(i);
3.  }
```

Python 中的 for 循环：

```
1.  for value in range(0，10):
2.      print(value)
```

Python 应用领域：编写游戏、创建 Web 应用程序、解决商业问题、公司开发内部工具、科学领域的学术研究和应用研究。

11.3.2　案例代码使用模块

1. NumPy

NumPy 是使用 Python 进行科学计算的基础包。它包含如下的内容：一个强大的 N 维数组对象；复杂的 (广播) 功能；用于集成 C/C++ 和 Fortran 代码的工具；有用的线性代数，傅里叶变换和随机数功能；NumPy 还可用作通用数据的高效多维容器，可以定义任意数据类型，这使 NumPy 能够无缝、快速地与各种数据库集成。

2. Pandas

Pandas 是 Python 的核心数据分析支持库，提供了快速、灵活、明确的数据结构，方便简单、直观地处理关系型、标记型数据。Pandas 适用于处理以下类型的数据：与 SQL 或 Excel 表类似的、含异构列的表格数据；有序和无序 (非固定频率) 的时间序列数据；带行列标签的矩阵数据，包括同构或异构型数据；任意其他形式的观测、统计数据集，数据转入 Pandas 数据结构时不必事先标记。

3. Scikit-learn

Scikit-learn(Sklearn) 由 David Cournapeau 于 2007 年创建，是 Google Summer of Code 项目的一部分，它是一个开源的 Python 库，旨在简化基于内置机器学习和统计算法构建模型的过程，不需要硬编码。它的文档完整、API 易于使用，因而被广泛使用。

(1) 优点。

易用性：与其他库 (如 TensorFlow 或 Keras) 相比，API 干净、学习曲线平滑；Sklearn 的用户不一定需要理解模型背后的数学知识，使用 Sklearn 的 API 即可完成工作。

一致性：其一致的 API 使得它从一个模型切换到另一个模型变得非常容易，因为一个模型的基本语法对于其他模型也是可用的。

文档教程：该库完全由文档备份，易于访问和理解。此外，它还提供渐进式学习教程，涵盖开发任何机器学习项目所需的所有主题。

可靠性和协作性：作为一个开源库开发者众多，许多不同背景的专家帮助 Sklearn 不断提高性能，同时保障库的稳定性和完整性。

(2) 缺点。

缺乏灵活性：由于易于使用，该库往往缺乏灵活性。这导致用户在模型参数调整时没有太多自由选择的空间。

不擅长深度学习：在处理复杂的机器学习项目时，库的性能不足。对于深度学习尤其如此，Sklearn 亦不支持深度神经网络。

11.4　案例数据准备

数据准备

11.4.1　数据读取

本案例中使用 Pandas 加载数据，Pandas 也可以设置数据的显示格式，只需要设置 Pandas 的"option"属性就可以实现，仅需配置一次即可全局生效。

1. Pandas 的基础设置

```
1.  pd.set_option('display.max_colwidth', 1000)
2.  pd.set_option('display.max_rows', 500)
3.  pd.set_option('display.max_columns', 500)
4.  pd.set_option('display.width', 1000)
```

这几行代码主要用于设置 Pandas 表格的样式，代码解析：

行 1：设置显示表格列中数据最大显示宽度为 1000。

行 2：设置表格中数据显示的最大行数为 500。

行 3：设置表格中数据显示的最大列数为 500。

行 4：设置表格中数据显示的最大宽度为 1000。

2. Pandas 读取数据

```
1.  train_data = pd.read_csv('data/public.train.csv')
2.  test_data = pd.read_csv('data/public.test.csv')
3.  df_result = pd.DataFrame()
4.  df_result['ID'] = list(test_data['ID'])
```

代码解析：

行 1：使用 pandas 的"read_csv()"函数读取训练集，即 public.train.csv 中的数据。

行 2：使用 pandas 的 "read_csv()" 函数读取测试集，即 public.test.csv 中的数据。

行 3：创建 "df_result" 变量。

行 4：给 "df_result" 创建 'ID' 列并赋值。

图 11-4 为数据集 public.test.csv 的读取结果。

	ID	板温	现场温度	光照强度	转换效率	转换效率A	转换效率B	转换效率C	电压A	电压B	电压C	电流A	电流B	电流C	功率A	功率B	功率C	平均功率C	风速	风向
0	1	0.01	0.1	1	0.00	0.00	0.00	0.00	0	0	0	0.00	0.00	0.00	0.00	0.00	0.00	0.00	0.1	1
1	9	-19.33	-17.5	13	198.32	259.11	42.17	293.66	722	705	721	1.26	0.21	1.43	909.72	148.05	1031.03	696.27	0.3	273
2	13	-16.68	-16.6	50	73.59	97.95	14.70	108.12	729	715	729	1.83	0.28	2.02	1334.07	200.20	1472.58	1002.28	0.9	277
3	17	-13.27	-16.2	83	75.36	73.55	73.36	79.16	728	723	724	2.31	2.32	2.50	1681.68	1677.36	1810.00	1723.01	0.7	280
4	18	-12.41	-16.2	86	76.06	75.89	73.95	78.34	727	729	727	2.48	2.41	2.56	1802.96	1756.89	1861.12	1806.99	1.0	279
...	...	...	...	...	...	...	...	...	...	...	...	...	...	...	...	...	...	...	...	...
8404	17869	35.64	24.6	552	21.07	21.71	23.81	17.69	599	593	594	6.57	7.28	5.40	3935.43	4317.04	3207.60	3820.02	3.2	218
8405	17870	35.89	24.5	801	18.03	18.02	17.72	18.36	593	593	591	8.00	7.87	8.18	4744.00	4666.91	4834.38	4748.43	5.7	272
8406	17871	36.64	24.7	792	17.90	17.74	17.92	18.05	591	590	590	7.84	7.93	7.99	4633.44	4678.70	4714.10	4675.41	5.4	187
8407	17872	36.51	24.9	789	17.61	17.62	17.52	17.68	592	591	587	7.74	7.71	7.83	4582.08	4556.61	4596.21	4578.30	6.7	234
8408	17875	36.31	25.1	752	17.69	17.60	17.55	17.92	592	593	590	7.36	7.33	7.52	4357.12	4346.69	4436.80	4380.20	3.1	250

图 11-4　数据集读取结果

数据集列索引包括 ID、板温、现场温度、光照强度、转换效率、转换效率 A、转换效率 B、转换效率 C、电压 A、电压 B、电压 C、电流 A、电流 B、电流 C、功率 A、功率 B、功率 C、平均功率、风速、风向。

11.4.2　数据预处理

1. 数据预处理的意义

计算机准确地理解数据需要以标准化方式提供数据，并且要求数据不包含异常值、噪声数据、部分特征值缺少的条目。反之，系统将做出与数据不符的假设则模型训练的速度就会变慢，并且由于数据解释的失误将导致结果的不准确。

数据预处理中处理的数据包括处理异常值数据、处理噪声数据和处理缺失数据。仅一部分特征有值的数据，或者特征值无意义的数据都被视为缺失数据。

2. 缺失数据及处理方法

(1) 缺失数据定义。

仅一部分特征有值的数据，或者缺少有意义特征值的数据都被视为缺失数据。方框和箭头标注数据特征值多数为 0.00 或 0，特征值无意义，即认为是缺失数据，如图 11-5 所示。

	ID	板温	现场温度	光照强度	转换效率	转换效率A	转换效率B	转换效率C	电压A	电压B	电压C	电流A	电流B	电流C	功率A	功率B	功率C	平均功率	风速	风向	发电量
0	1	0.01	0.1	1	0.00	0.00	0.00	0.00	0	0	0	0.00	0.00	0.00	0.00	0.00	0.00	0.00	0.1	1	NaN
1	9	-19.33	-17.5	13	198.32	259.11	42.17	293.66	722	705	721	1.26	0.21	1.43	909.72	148.05	1031.03	696.27	0.3	273	NaN
2	10	-19.14	-17.4	34	80.55	106.32	16.98	118.36	729	709	725	1.34	0.22	1.46	976.86	155.98	1087.50	740.11	0.6	272	1.437752
3	11	-18.73	-17.3	30	99.90	139.00	21.20	139.51	728	717	726	1.55	0.24	1.56	1128.40	172.08	1132.56	811.01	0.8	275	1.692575
4	12	-17.54	-17.0	41	82.48	114.86	14.91	117.66	731	721	720	1.75	0.23	1.82	1279.25	166.06	1310.40	918.57	1.1	283	1.975787
...																					
17404	17872	36.51	24.9	789	17.61	17.62	17.52	17.68	592	591	587	7.74	7.71	7.83	4582.08	4556.61	4596.21	4578.30	6.7	234	NaN
17405	17873	36.39	24.9	759	18.11	18.10	18.08	18.14	593	591	589	7.63	7.65	7.70	4524.59	4521.15	4535.30	4527.01	5.0	268	9.558046
17406	17874	36.49	25.2	749	18.00	18.08	18.23	17.68	591	588	589	7.55	7.65	7.41	4462.05	4498.20	4364.49	4441.58	2.4	273	9.179218
17407	17875	36.31	25.1	752	17.69	17.60	17.55	17.92	592	593	590	7.36	7.33	7.52	4357.12	4346.69	4436.80	4380.20	3.1	250	NaN
17408	17876	0.01	0.1	1	0.00	0.00	0.00	0.00	0	0	0	0.00	0.00	0.00	0.00	0.00	0.00	0.00	0.1	1	0.379993

图 11-5　缺失值

(2) 缺失数据处理方法。

缺失数据缺少有用信息，会引入偏差。处理缺失数据时，一般方法是删除该值或者使用其他数值来替换。替换的常用方法如下：

① 均值代入：使用可用数值的均值或中值替换缺失值。

② 回归代入：使用回归函数得到的预测值替换缺失值。

均值代入是一个简单的实现方式，可能会引入偏差；回归代入将缺失值使用预测值代替，由于所有引入的值都遵循一个函数，可能过度拟合模型。然而，均值代入和回归代入均适用于特征值缺失比较少的数据，不适用于本案例。

本案例中处理的是数值数据，不存在文本特征数据的缺失值问题。对于缺少有意义数据的处理是先筛选失缺失值"ID"，缺失值在异常值处理部分删除，不参与模型训练，最后发电量预测时将缺失数据的预测量使用特定值 0.379993053 填充。

③ 缺失值筛选。

```
pecial_missing_ID = test_data[test_data[(test_data == 0)
    | (test_data == 0.)].count(axis=1) > 13]['ID']
```

代码解析：

使用 pandas 的过滤功能筛选出数据中为 0 的数据，数据为 0 即可认为特征数据缺失。过滤条件是数据为 0 或者是数据为 0.0，过滤部分代码：

```
test_data[(test_data == 0) | (test_data == 0.)]
```

计算缺失数据的条目中缺失数据的个数，若缺失数据的个数大于 13 个，则认为该数据是空白数据，计数部分代码：

```
count(axis=1) > 13
```

记录空白数据"ID"，此处 expression 代指过滤及计数部分代码。

```
special_missing_ID= test_data[expression]['ID']
```

④ 缺失值预测填充。

```
1.  index = df_result[df_result['ID'].isin(special_missing_ID)].index
2.  df_result.loc[index, 'score'] = 0.379993053
```

代码解析：

行 1：df_result 在前文中已有定义，用以接收 test.csv 中"ID"列的数据，此处用 pandas 的 isin 方法判断数据"ID"是否属于缺失值"ID"。

行 2：修改缺失值为固定值，使用 pandas 的 loc 方法定位数据再修改数据。

3. 异常值及处理方法

(1) 异常值定义。

异常值指的是远离均值的值。如果一个属性的值遵循高斯分布，异常值则是位于尾部的值。异常值分为全局异常值或局部异常值。全局异常值表示那些远离整组特征值的值；后者表示远离该特征的子组的值。

(2) 异常值的处理方法。

检测到异常值，一般有以下两种常用处理方法：

① 删除异常值避免偏差。如果异常值的数量太多，这种方法则不适用。

② 阈值判断 + 分配新值。首先是使用阈值法判断异常值，删除样本中的最大值和次

大值，求得数据的平均值和方差。使用公式：上阈值 = 平均值 + 2 × 标准差、下阈值 = 平均值 − 2 × 标准差，求得样本阈值，超出上下阈值范围的即可判断为异常值；然后是分配新值，可使用针对缺失值讨论过的技术 (均值代入或回归代入) 分配新值。

本案例使用上述讨论的两种处理方法。

① 删除异常值。

删除异常值方法定义，代码如下：

```
1.  def drop_all_outlier(df):
2.      df.drop_duplicates(df.columns.drop('ID')，keep='first'，inplace=True)
3.      df.drop(df[(df. 电压 A > 800) | (df. 电压 A < 500)].index，inplace=True)
4.      df.drop(df[(df. 电压 B > 800) | (df. 电压 B < 500)].index，inplace=True)
5.      df.drop(df[(df. 电压 C > 800) | (df. 电压 C < 500)].index，inplace=True)
6.      df.drop(df[(df. 现场温度 > 30) | (df. 现场温度 < -30)].index，inplace=True)
7.      df.drop(df[(df. 转换效率 A > 100)].index，inplace=True)
8.      df.drop(df[(df. 转换效率 B > 100)].index，inplace=True)
9.      df.drop(df[(df. 转换效率 C > 100)].index，inplace=True)
10.     df.drop(df[(df. 风向 > 360)].index，inplace=True)
11.     df.drop(df[(df. 风速 > 20)].index，inplace=True)
12. return df
```

代码解析：

行 1：定义 "drop_all_outlier" 函数。

行 2：使用 pandas 中 DataFrame 的方法 "drop_duplicates" 去除数据中的重复值，注意方法中的第一个参数 df.columns.drop('ID')，该参数舍弃数据中的 "ID" 那一列，针对其他的数据去重；方法中第二个参数表示数据重复时保留第一条数据；第三个参数表示是否在原数据上修改。

行 3～11：调用 pandas 的 drop 的方法去除不符合要求的数据；电压值在 (500，800) 区间，现场温度在 (−30，30) 之间，转换效率小于 100，风向和风速在合理范围内。

删除异常值方法，代码如下：

```
1.  cleaned_train_data = train_data.copy()
2.  cleaned_train_data = drop_all_outlier(cleaned_train_data)
3.  cleaned_sub_data = test_data.copy()
4.  cleaned_sub_data = drop_all_outlier(cleaned_sub_data)
5.  cleaned_sub_data_ID = cleaned_sub_data['ID']
```

代码解析：

行 1、3：调用数据复制方法，拷贝数据。

行 2、4：调用方法去除训练集、测试集的异常数据。

行 5：获取 "cleaned_sub_data" 的 "ID" 赋给 "cleaned_sub_data_ID" 变量。

② 阈值判断 + 分配新值。

阈值判断 + 分配新值分为以下四步：

第一步，找到异常值所在的行索引，代码如下：

```
1. all_data = pd.concat([train_data，test_data]，axis=0).sort_values(by='ID').reset_index().drop(['index'],
   axis=1)
2. bad_feature = ['ID'，'功率 A'，'功率 B'，'功率 C'，'平均功率'，'现场温度'，'电压 A'，'电压 B'，
   '电压 C'，'电流 B'，'电流 C'，'转换效率'，'转换效率 A'，'转换效率 B'，'转换效率 C']
3. bad_index = all_data[bad_feature][
       (all_data[bad_feature] >all_data[bad_feature].mean() + 2 * all_data[bad_feature].std()) |
       (all_data[bad_feature] <all_data[bad_feature].mean() - 2 * all_data[bad_feature].std())
       ].dropna(how='all').index
4. bad_data = all_data.loc[bad_index].sort_values(by='ID', ascending=True)
```

代码解析：

行 1：使用 pandas 的 concat 方法拼接数据，"sort_values"按照"ID"给数据重新排序，"reset_index()"方法对数据重置索引，"drop(['index']，axis=1)"删除原来的索引列。

行 3：按照列索引遍历数据，筛选和该列平均值的相差大于两个标准差的行的索引，并使用 dropna 删除 NAN 的值，how='all' 表示当且仅当全部为空值时删除。

行 4：按照行 3 搜索到的索引查询数据并按照"ID"升序排序。

第二步，使用阈值法确定该行中的异常值；

第三步，取距离该异常值最近的两个正常值的平均数；

第四步，使用该平均数代替异常值。

第二、三、四步的代码如下：

```
1. for idx，line in bad_data.iterrows():
2.     ID = line['ID']
3.     col_index = line[bad_feature][
           (line[bad_feature] >ali_data[bad_feature].mean() + 2 * all_data[bad_feature].std())|
           (line[bad_feature] <all_data[bad_feature].mean() - 2 * all_data[bad_feature].std())].index
4.     index = all_data[all_data['ID'] == ID].index
5.     before_offset = 1
6.     while (idx + before_offset)in bad_index:
7.         before_offset += 1
8.     after_offset = 1
9.     while (idx + after_offset) in bad_index:
10.        after_offset += 1
11.    replace_value = (all_data.loc[index - before_offset，col_index].values + all_data.loc[index +
   after_offset，col_index].values) / 2
12.    all_data.loc[index，col_index] = replace_value[0]
```

代码解析：

行 1："iterrows()"是在 DataFrame 中的行进行迭代的一个生成器，它返回每行的索引 idx 及一个包含行本身的对象 line。

行 2：获取每行的"ID"特征值。

行 3：找出有异常数据的行中异常的值的列索引。

行 4：获得当前数据的行号。

行 5～7：取距该异常值最近的上一个正常值的行偏移值。

行 8～10：取距该异常值最近的下一个正常值的行偏移值。

行 11：取相邻最近的上下两个正常值的平均值。

行 12：使用平均值代替异常值。

11.4.3 数据划分

数据划分是一个将数据集划分为训练集、验证集、测试集三个子集的过程，其中每个数据集都用于不同的目的。训练集是用于训练模型数据集的一部分，由输入数据和输出结果（标签）组成，在这个集合上可以用不同的算法训练尽可能多的模型；验证集用于在优化超参数的同时对每个模型进行无偏评估。通常在这一组数据上进行性能评估，来测试超参数在不同配置下的模型中的表现；测试集用于对模型性能进行最终评估（在训练和验证之后）。这有助于用实际数据来衡量模型的性能，以便将来进行预测。

在有些项目中，数据集划分仅划分为训练集和测试集，没有验证集。图 11-6 展示了一个理想的数据集划分图。

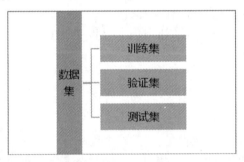

图 11-6　数据集划分图

在本案例中训练集和测试集已经划分完成，分别读取了 public.train.csv 和 public.test.csv 文件。训练集用于训练模型，测试集用于测试模型并输出测试集的发电量预测结果。为了优化模型，本案例在模型训练时将 public.train.csv 文件中读取的训练集细化为训练集（代码中返回的 X_train 和 y_train）和验证集（代码中返回的 X_test 和 y_test），用于模型交叉验证。数据划分代码如下：

```
X_train，X_test，y_train，y_test = train_test_split(X, y, test_size=0.2，random_state=123)
```

代码解析：

"train_test_split"是数据划分常用的函数，功能是从样本中随机地按比例选取 train data 和 test data。

参数解释：

train_data：所要划分的样本特征集，即 X。

train_target：所要划分的样本结果，即 y。

test_size：测试集占比，案例中为 0.2，即训练集和测试集的抽取比例为 8：2。

random_state：是随机数的种子。随机数种子其实就是该组随机数的编号，在需要重复试验的时候，保证能得到一组一样的随机数。

11.4.4　数据升维与特征值选取

1. 数据升维：为数据集添加交互式特征

在实际应用中，我们会经常遇到数据集的特征不足的情况。如果要解决这个问题，就需要对数据集的特征进行扩充。而统计建模中常用的方法有交互式特征和多项式特征。交互式特征是在原始数据中添加交互项，使特征数量增加。所谓的多项式特征指的是将多个单项式相加组成代数式。

在本案例中使用 PolynomialFeatures 为数据集添加多项式特征，代码如下：

```
1. from sklearn.preprocessing import PolynomialFeatures
2. polynm = PolynomialFeatures(degree=2，interaction_only=True)
3. X = polynm.fit_transform(X)
4. print(X.shape)
```

代码解析：

行 1：导入相关库和方法。

行 2：使用 "PolynomialFeatures" 给多项式添加特征，该方法主要有以下几个参数：

degree：度数，决定多项式的次数。

interaction_only：默认为 False，True 表示只能交叉相乘，不能有 a^2。

include_bias：默认为 True，这个 bias 指的是多项式会自动包含 1，设为 False 则没有 bias。

order：有 "C" 和 "F" 两个选项。密集情况 (dense case) 下输出 array 的顺序，F 可以加快操作但可能使得 subsequent estimators 变慢。

本案例中使用 degree 为 2，interaction_only 为 True，如此设置生成的特征值将没有 a^2.b^2 等二次方项，仅有 a*b 的项。

行 3：使用该方法训练数据，训练完成后，数据的特征数量增加。在本案例中训练数据增加特征后的结果是：

```
1. (8918，191)
```

2. 特征值选取

在模型预测中有些特征值的影响比较大，有些特征值的重要性相对较低，使用 Sklearn 进行自动特征选择是一个重要的方向。Sklearn 给我们提供了丰富多样的选择。

(1) 单一变量法 (univariate)。

① 概念：分析样本特征和目标之间是否有明显的相关性。在进行统计分析的过程中，选择那些置信度最高的样本特征进行分析。此方法只适用于样本特征之间没有明显关联的情况。

② 选取方法：SelectPercentile 和 SelectKBest，在本案例中未使用相关方法进行特征值选取，此处不再赘述。

(2) 迭代式特征选择法 (Recurise Feature Elimination，RFE)。

① 概念：基于若干个模型进行特征选择。

② 常用方法：RFE 会用某个模型对特征进行选择，之后再建立两个模型，其中一个对已经被选择的特征进行筛选；另外一个对被剔除的模型进行筛选，然后一直重复这个步骤，直到达到指定的特征数量。因为本案例中亦未使用相关方法进行特征值选取，此处亦

不再赘述。

(3) 基于模型的特征选择。

① 概念：基于模型的特征选择。先使用一个有监督学习的模型对数据特征的重要性进行判断，然后把最重要的特征进行保留。

② 案例使用方案：SelectFromModel 结合 GradientBoostingRegressor 实现，即梯度增强回归器，其属于 Gradient Boosting Decision Tree(梯度增强决策树) 中的一部分，为方便描述，使用 GBDT 代指 Gradient Boosting Decision Tree。

③ 筛选特征值：GBDT 弱分类器默认选择的是 CART TREE。也可以选择其他弱分类器，选择的前提是低方差和高偏差，框架服从 boosting 框架即可。GBDT 的思路比较简洁，首先遍历每个特征，然后对每个特征遍历它所有可能的切分点，找到最优特征 m 的最优切分点 j。

选择特征的过程其实就是 CART TREE 生成的过程。假设我们目前总共有 M 个特征。首先，我们需要从中选择出一个特征 j，作为二叉树的第一个节点。其次，对特征 j 的值选择一个切分点 m，一个样本的特征 j 的值如果小于 m，则分为一类，如果大于 m，则分为另外一类。如此便构建了 CART 树的一个节点，其他节点的生成过程也是一样的。

```
1. from sklearn.feature_selection import SelectFromModel

2. sm = SelectFromModel(GradientBoostingRegressor(random_state=2))

3. X_train = sm.fit_transform(X_train, y_train)

4. X_test = sm.transform(X_test)

5. sub_data = sm.transform(sub_data)
```

代码解析：

行 1：导入相关库和方法。

行 2：使用 GDBT 进行模型创建，"random_state" 参数空值在每次提升迭代中给予每个树估计器的随机种子。

行 3～5：使用该模型处理数据 X_train、X_test 和 sub_data，筛选出有效特征值。

11.5 模型创建

模型创建

11.5.1 算法简介

1. XGBOOST 算法

XGBOOST 算法原理是不断地添加树，不断地进行特征分裂来生长一棵树。每次添加一棵树，其实就是学习一个新函数，以拟合上次预测的残差。当训练完成得到 k 棵树，要预测一个样本的分数，就是根据这个样本的特征，在每棵树中落到对应的一个叶子节点，每个叶子节点就对应一个分数，最后只需要将每棵树对应的分数加起来就是该样本的预测值。为了方便描述，下文统一使用 XGB 代指 XGBOOST 算法。

2. GBDT 算法

GBDT 算法 (Gradient Boosting Decision Tree) 主要由三个概念组成：Regression Decistion Tree(DT)，Gradient Boosting(GB)，Shrinkage(算法的一个重要演进分支)。

(1) 决策树。

决策树 (Decision Tree，DT) 分为两大类，回归树和分类树。前者用于预测实数值，如明天的温度、用户的年龄、网页的相关程度；后者用于分类标签值，如晴天 / 阴天 / 雾 / 雨、用户性别、网页是否是垃圾页面。前者的结果加减是有意义的，后者则无意义。GBDT 的核心在于累加所有树的结果作为最终结果，就像前面对年龄的累加 (-3 是加负 3)，而分类树的结果显然是没办法累加的，所以 GBDT 中的树都是回归树，不是分类树。

分类树，以性别判断为例，分类树在每次分枝时，穷举每一个 feature 的每一个阈值，找到使得按照 feature≤阈值，和 feature>阈值分成的两个分枝的熵最大的 feature 和阈值 (熵最大的概念可理解成尽可能每个分枝的男女比例都远离 1：1)，按照该标准分枝得到两个新节点，用同样方法继续分枝直到所有人都被分入性别唯一的叶子节点，或达到预设的终止条件，若最终叶子节点中的性别不唯一，则以多数人的性别作为该叶子节点的性别。

回归树总体流程也是类似，不过在每个节点 (不一定是叶子节点) 都会得一个预测值，以年龄为例，该预测值等于属于这个节点的所有人年龄的平均值。分枝时穷举每一个 feature 的每个阈值找最好的分割点，但衡量最好的标准不再是最大熵，而是最小化均方差——即 (每个人的年龄 - 预测年龄)^2 的总和 /N，或者说是每个人的预测误差平方和除以 N。若被预测出错的人数越多，均方差就越大，通过最小化均方差能够找到最准确的分枝依据。分枝直到每个叶子节点上人的年龄都唯一或者达到预设的终止条件 (如叶子个数上限)，若最终叶子节点上人的年龄不唯一，则以该节点上所有人的平均年龄作为该叶子节点的预测年龄。

(2) 梯度迭代。

梯度迭代 (Gradient Boosting，GB) 让损失函数沿着梯度方向下降。如果损失函数使用的是平方误差损失函数，则这个损失函数的负梯度就可以用残差来代替，以下所说的残差拟合，便是使用了平方误差损失函数。Boosting 意为迭代，这里指通过迭代多棵树来共同决策。这怎么实现呢？难道是每棵树独立训练一遍,比如 A 这个人,第一棵树认为是 10 岁，第二棵树认为是 0 岁，第三棵树认为是 20 岁，我们就取平均值 10 岁做最终结论？当然不是！且不说这是投票方法并不是 GBDT，只要训练集不变，独立训练三次的三棵树必定完全相同，这样完全没有意义。GBDT 是把所有树的结论累加起来得出最终结论的，所以可以想到每棵树的结论并不是年龄本身，而是年龄的一个累加量。GBDT 的核心就在于，每一棵树学的是之前所有树结论和的残差，这个残差就是一个加预测值后能得到真实值的累加量。比如 A 的真实年龄是 18 岁，但第一棵树的预测年龄是 12 岁，差了 6 岁，即残差为 6 岁。那么在第二棵树里我们把 A 的年龄设为 6 岁去学习，如果第二棵树真的能把 A 分到 6 岁的叶子节点，那累加两棵树的结论就是 A 的真实年龄；如果第二棵树的结论是 5 岁，则 A 仍然存在 1 岁的残差。第三棵树里 A 的年龄就变成 1 岁，继续学。

(3) 缩减。

缩减 (Shrinkage) 的思想认为，每次走一小步逐渐逼近结果的效果要比每次迈一大步很快逼近结果的方式更容易避免过拟合。即不完全信任每一棵残差树，而是认为每棵树只学到了真理的一小部分，累加的时候只累加一小部分。因此，通过多学几棵树弥补不足。

3. Random Forest 算法

Random Forest(随机森林) 算法是通过集成学习的思想将多棵树集成的一种算法，它的基本单元是决策树，而它的本质属于机器学习的一大分支——集成学习 (Ensemble Learning) 方法。在集成学习中，主要分为 bagging 算法和 boosting 算法，而这里的随机森林则主要运用了 bagging 算法，即 bagging + 决策树 = 随机森林。

bagging 技术通过合适的投票机制把多个分类器的学习结果综合为一个更准确的分类结果。当给定一个训练集，集成学习首先通过采样等数据映射操作生成多个不同的新训练集，新训练集之间，以及新训练集与原训练集尽可能不同。与此同时，要确保新训练集仍然保持原有的相对稳定的类结构。随后，集成学习采用新训练集训练一种或多种基本分类器，并通过选择合适的投票机制，形成组合分类器。最后，运用组合分类器对测试集中的样本进行预测，获取这些样本的标记。为方便描述，下文统一使用 RF 代指 Random Forest 算法。

4. LightGBM 算法

LightGBM(Light Gradient Boosting Machine) 是一个实现 GBDT 算法的框架，支持高效率的并行训练，并且具有更快的训练速度、更低的内存消耗、更好的准确率、支持分布式可以快速处理海量数据等优点。为方便描述，下文统一使用 LightGBM 代指 Light Gradient Boosting Machine 算法。

5. KNN 算法

K 最近邻 (K-Nearest Neighbor，KNN) 分类算法是数据挖掘分类技术中最简单常用的方法之一。所谓 K 最近邻，就是寻找 K 个最近的邻居的意思，每个样本都可以用它最接近的 K 个邻居来代表，类似"物以类聚，人以群分"。

KNN 分类算法由 Cover 和 Hart 在 1968 年提出，简单直观易于实现。KNN 分类算法的核心思想是，为了预测测试样本的类别，可以寻找所有训练样本中与该测试样本"距离"最近的前 K 个样本，这 K 个样本大部分属于哪一类，那么就认为这个测试样本也属于哪一类，即最相近的 K 个样本投票来决定该测试样本的类别。假设现在需要判断下图中的圆形图案属于三角形还是正方形类别，采用 KNN 算法分析，如图 11-7 所示。

(1) 当 K = 3 时，图中第一个圈包含了三个图形，其中，三角形 2 个，正方形 1 个，该圆的分类结果则为三角形。

(2) 当 K = 5 时，第二个圈中包含了 5 个图形，三角形 2 个，正方形 3 个，则以 3 : 2 的投票结果预测圆为正方形类标。

总之，设置不同的 K 值，可能预测得到不同的结果。

6. 支持向量机 (SVM) 算法

支持向量机 (SVM) 算法是一类按监督学习方式对数据进行二元分类的广义线性分类器，其决策边界是对学习样本求解的最大边距超平面，可以将问

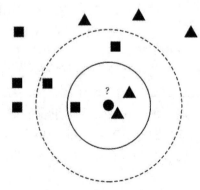

图 11-7　KNN 算法经典示例

题化为一个求解凸二次规划的问题。与逻辑回归和神经网络相比，支持向量机，在学习复杂的非线性方程时提供了一种更为清晰，更加强大的方式。

具体来说就是在线性可分时，在原空间寻找两类样本的最优分类超平面。在线性不可分时，加入松弛变量并通过使用非线性映射将低维度输入空间的样本映射到高维度空间使其变为线性可分，这样就可以在该特征空间中寻找最优分类超平面。为方便描述，下文统一使用 SVM 代指支持向量机 (SVM) 算法。

11.5.2　模型创建

在本案例中使用的模型包括 XGB 算法、GBDT 算法、RF 算法、LightGBM 算法、KNN 算法、SVM 算法。

1. XGB 算法实现

```
1. xgbt1 = xgb.XGBRegressor(n_estimators=950，max_depth=3，max_features='sqrt'，
random_state=2，n_jobs=8)
2. xgbt2 = xgb.XGBRegressor(n_estimators=1000，max_depth=3，max_features='sqrt'，
random_state=3，n_jobs=8)
3. xgbt3 = xgb.XGBRegressor(n_estimators=1100，max_depth=3，max_features='sqrt'，
random_state=4，n_jobs=8)
```

代码解析：

行 1～3：建立 XGB 模型，模型参数。

(1) n_estimators，默认值为 100；使用多少棵树来拟合，即多少次迭代。在本案例中分别取 950、1000、1100。

(2) max_depth，默认值为 6，表示每一棵树最大深度，本案例中取 3。

(3) max_features，寻找最佳分割时要考虑的特征数量。如果为 "sqrt"，则 max_features = sqrt(n_features)。

(4) random_state，随机数种子，设定值表示保证每次构建的模型是相同的，后续模型构建中用此参数效果相同，后续不再赘述。

(5) n_jobs 设定工作的 core 数量，后续模型构建中用此参数效果相同，后续不再赘述。

2. GBDT 算法实现

```
1. gbdt1 = GradientBoostingRegressor(n_estimators=500，max_depth=3，max_features='sqrt'，
random_state=2)
2. gbdt2 = GradientBoostingRegressor(n_estimators=400，max_depth=3，max_features='sqrt'，
random_state=3)
3. gbdt3 = GradientBoostingRegressor(n_estimators=500，max_depth=4，max_features='log2'，
random_state=4)
```

代码解析：

行 1～3：建立 GBDT 模型，模型参数。

(1) n_estimators，默认值为 100；使用多少棵树来拟合，即多少次迭代。本案例中分别取 500、400、500。

(2) max_features，寻找最佳分割时要考虑的特征数量。如果为"sqrt"，则 max_features = sqrt(n_features)。如果为"log2"，则 max_features = log2(n_features)，在找到至少一个有效的节点样本分区之前，分割的搜索不会停止，即使它需要有效检查多个 max_features 功能也是如此。

(3) max_depth，默认值为 6，表示每一棵树最大深度，本案例中取 3。

3. RF 算法实现

```
1.  forest1 = RandomForestRegressor(n_estimators=300，max_features='sqrt'，random_state=2，
    n_jobs=8)
2.  forest2 = RandomForestRegressor(n_estimators=300，max_features='log2'，random_state=3，
    n_jobs=8)
3.  forest3 = RandomForestRegressor(n_estimators=600，max_features='sqrt'，random_state=4，
    n_jobs=8)
```

代码解析：

行 1～3：建立 RF 模型，模型参数。

(1) n_estimators，默认值为 100；使用多少棵树来拟合，即多少次迭代。本案例中分别取 300、300、600。

(2) max_features，寻找最佳分割时要考虑的特征数量。如果为"sqrt"，则 max_features = sqrt(n_features)。

4. LightGBM 算法实现

```
1.  lgb1 = LGBMRegressor(n_estimators=900，max_depth=5，random_state=2，n_jobs=8)
2.  lgb2 = LGBMRegressor(n_estimators=850，max_depth=4，random_state=3，n_jobs=8)
3.  lgb3 = LGBMRegressor(n_estimators=720，max_depth=4，random_state=4，n_jobs=8)
```

代码解析：

行 1～3：建立 LightGBM 模型，模型参数。

(1) n_estimators，默认值为 100；使用多少棵树来拟合，即多少次迭代。本案例中分别取 900、850、720。

(2) max_features，寻找最佳分割时要考虑的特征数量。如果为"sqrt"，则 max_features = sqrt(n_features)。如果为"log2"，则 max_features = log2(n_features)，在找到至少一个有效的节点样本分区之前，分割的搜索不会停止，即使它需要有效检查多个 max_features 功能也是如此。

(3) max_depth，默认值为 6，表示每一棵树的最大深度，本案例中默认取 4。

5. KNN 算法实现

```
1.  knn1 = KNeighborsRegressor(n_neighbors=7，p=1)
2.  knn2 = KNeighborsRegressor(n_neighbors=8，p=2)
3.  knn3 = KNeighborsRegressor(n_neighbors=6，p=1)
```

代码解析：

行 1～3：建立 KNN 模型，模型参数。

(1) n_neighbors，默认值为 5，表示选择 n 个邻居，本案例中使用值 7，8，6。

（2）p，默认值为2，控制Minkowski度量方法的值整型，本案例中值为1，2，1。

6. SVM 算法实现

```
1. stacking_model = SVR(C=100，gamma=0.01，epsilon=0.01)
```

代码解析：

行1：建立SVM模型，模型参数。

（1）C：惩罚系数，即对误差的宽容度。C越高，说明越不能容忍出现误差，容易过拟合。C越小，容易欠拟合。C过大或过小，泛化能力变差。本案例中参数使用100。

（2）gamma隐含地决定了数据映射到新的特征空间后的分布，gamma越大，支持向量越少，gamma值越小，支持向量越多。本案例中参数使用0.01。

（3）epsilon指定了epsilon-tube，其中训练损失函数中没有惩罚与在实际值的距离epsilon内预测的点。本案例中使用参数0.01。

 **11.6 模型调优**

模型调优

11.6.1 模型调优方法

如果性能不够，机器学习模型在真实世界中就没有实用价值。对于开发者们来说，如何提高性能是非常重要的工作，调优的常用策略包括选择最佳算法、调整模型设置特征工程、Stacking学习。

1. 选择最佳算法

比较多个算法是提高模型性能的一个简单的方法，不同的算法适合不同类型的数据集，可以一起训练它们，找到表现最好的那个算法。例如对于分类模型，可以尝试逻辑回归、支持向量机、XGBOOST、神经网络等。本案例中使用诸如KNN、LightGBM等算法进行调优。

2. 超参数调优

超参数调优是一种常用的模型调优方法。在机器学习模型中，学习过程开始之前需要选择的一些参数被称为超参数。比如决策树允许的最大深度，以及随机森林中包含的树的数量。超参数的设置会影响学习过程的结果，调整超参数可以使模型在学习过程中快速获得最佳结果。

3. 特征工程

除了选择最佳算法和调优参数外，还可以从现有数据中生成更多特征,这被称为特征工程。构建新的特征需要一定领域的知识和创造力。比较直接的想法是从公共数据集中获取特征。假如需要构建一个用来预测用户是否会转换为会员的模型，可用的数据集中却没有太多的用户信息，只有"电子邮件"和"公司"属性。那么就可以从第三方获取"电子邮件"和"公司"以外的数据，如用户地址、用户年龄、公司规模等，这些数据可以用于丰富训练数据。除此之外，去除不相关和嘈杂的特征同样有助于减少模型训练时间并提高模型性能。Sklearn 中有多种特征选择方法可以用来去除不相关的特征。例如本文中使用的方法，"SelectFromModel"进行特征选择。

```
1. SelectFromModel(GradientBoostingRegressor(random_state=2))
```

4. Stacking 学习

当训练数据很多时，一种更为强大的结合策略是使用"学习法"，即通过另一个学习器来进行结合。Stacking 是学习法的典型代表。

Stacking 先从初始数据集训练出初级学习器，然后"生成"一个新的数据集用于训练次级学习器。在这个新的数据集中，初级学习器的输出被当作样例输入特征，而初级样本的标记仍被当作样例标记。假定初级学习器使用不同的学习算法产生，即初级集成是异质的，具体过程如下：

(1) 划分训练数据集为两个不相交的集合。

(2) 在第一个集合上训练多个学习器。

(3) 在第二个集合上测试这几个学习器。

(4) 把第三步得到的预测结果作为输入，把正确的回应作为输出，训练一个高层学习器。

11.6.2 模型调优实现

本案例使用了交叉验证法超参数调优和 Stacking 学习进行模型调优。

1. 交叉验证法

交叉验证法 (Cross Validation) 是一种非常常用的对于模型泛化性能进行评估的方法。和之前所用的 train_test_split 方法所不同的是，交叉验证法会反复地拆分数据集，并用来训练多个模型。在 Sklearn 中默认使用的交叉验证法是 K 折叠交叉验证法 (k-fold cross valldatlon)。本案例中使用的也是此种方法，交叉验证通用方法如下：

(1) leave-one-out 方法。该方法类似 K 折叠交叉验证法，把每一个数据点都当成一个测试集，因此数据集里有多少样本，就需要迭代多少次。如果数据集比较大的话，这个方法是非常耗时的。但是如果数据集比较小，该方法评分准确度是最高的。

(2) 随机拆分交叉验证法。随机拆分交叉验证法 (shuffle-split cross-validation) 的原理是，先从数据集中随机抽一部分数据集作为训练集，再从其余的部分随机抽一部分作为测试集，进行评分后再迭代。重复上一步的动作，直到把设置的迭代次数全部跑完。

(3) K 折叠交叉验证法。K 折叠交叉验证法 (k-fold cross valldatlon) 将数据集拆分成 k 个部分，再用 k 个数据集对模型进行训练和评分。例如，令 k 等于 5，则数据集被拆分成 5 个，其中，第 1 个子集会被作为测试数据集，另外 4 个用来训练模型。之后再用第 2 个子集作为测试集，而另外 4 个用来训练模型。依此类推，直到把 5 个数据集全部用完，这样就会得到模型的 5 个评分。

在本案例中多次使用该方法进行交叉验证，本章节取一个典型例子进行讲解。

```
cross_val_score(estimator=model，X = train_X_data[i]，y = train_y_data[i]，cv=cv,
scoring='neg_mean_squared_error')
```

cross_val_score 方法主要参数解释：

cv：交叉验证折数或可迭代的次数。

estimator：需要使用交叉验证的算法。

X：输入样本数据。

y：样本标签。

scoring：交叉验证最重要的就是验证方式，选择不同的评价方法，就会产生不同的评价结果。'neg_mean_squared_error' 表示结果使用负的均方误差。具体的评价指标，可查看官方链接：https://scikit-learn.org/stable/modules/model_evaluation.html#scoring-parameter。

本案例定义了 cross_validation_test 方法实现，在多个模型中进行交叉验证，具体代码如下：

```
1.  def cross_validation_test(models, train_X_data, train_y_data, cv=5):
2.      model_name, mse_avg, score_avg = [], [], []
3.  # 添加索引
4.      for i, model in enumerate(models):
5.          print(i + 1, '- Model:', str(model).split('(')[0])
6.          model_name.append(str(i + 1) + '.' + str(model).split('(')[0])
7.          # 使用负的均方误差
8.          nmse = cross_val_score(model, train_X_data[i], train_y_data[i], cv=cv,
            scoring='neg_mean_squared_error')
9.          # 求均方根误差的平均值
10.         avg_mse = np.average(-nmse)
11.         mse_avg.append(avg_mse)
12.         # 计算模型得分
13.         scores = cal_score(-nmse)
14.         avg_score = np.average(scores)
15.         score_avg.append(avg_score)
16.         # 结果输出
17.         print('MSE:', -nmse)
18.         print('Score:', scores)
19.         print('Average XGB - MSE:', avg_mse, ' - Score:', avg_score, '\n')
20.         # 返回结果
21.     res = pd.DataFrame()
22.     res['Model'] = model_name
23.     res['Avg MSE'] = mse_avg
24.     res['Avg Score'] = score_avg
25.     return res
```

计算方法如下：

```
1.  def cal_score(mse):
2.      if isinstance(mse, float):
3.          return 1 / (1 + math.sqrt(mse))
4.      else:
5.          return np.divide(1, 1 + np.sqrt(mse))
```

以 KNN 模型为例，调用此方法代码如下：

```
1. cross_validation_test(
2.     models=[knn1, knn2, knn3],
3.     train_X_data=[
4.         all_X_train, all_X_train, all_X_train,
5.     ],
6.     train_y_data=[
7.         all_y_train, all_y_train, all_y_train,
8.     ]
9. )
```

2. Stracking 学习

本案例将 XGB 算法、GBDT 算法、LightGBM 算法、RF 算法、KNN 算法构建的单模型作为基学习器，最终使用支持向量机 SVM 算法进行训练输出模型。Stacking 集成学习的关键代码如下：

```
1. class Stacker(object):
2.     def __init__(self, n_splits, stacker, base_models):
3.         # 交叉次数
4.         self.n_splits = n_splits
5.         # 支持向量机模型
6.         self.stacker = stacker
7.         # 基础模型
8.         self.base_models = base_models
9.
10.        # X: 原始训练集, y: 原始训练集真实值, predict_data: 原始待预测数据
11.        def fit_predict(self, X, y, predict_data):
12.            X = np.array(X)
13.            y = np.array(y)
14.            T = np.array(predict_data)
15.            # 使用 KFold 划分数据, 整理成训练集和测试集
16.            folds = list(KFold(n_splits=self.n_splits, shuffle=True, random_state=2018).split(X, y))
17.            # 调用 numPy 中的方法设置空 array
18.            S_train = np.zeros((X.shape[0], len(self.base_models)))
19.            S_predict = np.zeros((T.shape[0], len(self.base_models)))
20.            for i, regr in enumerate(self.base_models):
21.                print(i + 1, 'Base model:', str(regr).split('(')[0])
22.                S_predict_i = np.zeros((T.shape[0], self.n_splits))
23.                for j, (train_idx, test_idx) in enumerate(folds):
24.                    # 将 X 分为训练集与测试集
25.                    X_train, y_train, X_test, y_test = X[train_idx], y[train_idx], X[test_idx],
```

```
                         y[test_idx]
26.                      print ('Fit fold'，(j+1)，'...')
27.                      # 训练模型
28.                      regr.fit(X_train，y_train)
29.                      # 预测数据
30.                      y_pred = regr.predict(X_test)
31.                      # 收集预测数据
32.                      S_train[test_idx，i] = y_pred
33.                      # 使用模型训练数据
34.                      S_predict_i[:，j] = regr.predict(T)
35.                  # 取均值
36.                  S_predict[:，i] = S_predict_i.mean(axis=1)
37.
38.              nmse_score = cross_val_score(self.stacker，S_train，y，cv=5，
                     scoring='neg_mean_squared_error')
39.              print('CV MSE:'，-nmse_score)
40.              print('Stacker AVG MSE:'，-nmse_score.mean()，'Stacker AVG Score:'，
                     np.mean(np.divide(1，1 + np.sqrt(-nmse_score))))
41.              # 处理欠拟合和过拟合的问题
42.              self.stacker.fit(S_train，y)
43.              res = self.stacker.predict(S_predict)
44.              return res，S_train，S_predict
```

方法中的关键代码使用蓝色标出，代码解析：

行 20：外层 for 循环控制不同的基础模型的执行。

行 23：内层 for 循环控制使用 KFold 划分的训练和测试数据在每个模型中执行。

行 28~34：各个模型训练、预测。

行 36：将各个模型预测的结果进行求平均值处理，达到比较不同算法进行调优的效果。

行 42：通过支持向量机算法，把测试数据经过调优模型预测后的测试数据和真实数据标签进行训练，再传入到行 36 计算出的测试数据经过调优模型预测后，得到最终的结果。

经过模型调优后的一次结果如下所示：

```
1. Stacker AVG MSE: 0.032414749526893195
2. Stacker AVG Score: 0.8534334642751784
```

11.7　发电量预测与导出

数据导出

经过模型创建、模型训练、交叉测试、模型调优等步骤，最终得到了较为理想的机器学习模型，最后一步是光伏电站发电量预测的结果输出。

```
1.  df_result = pd.DataFrame()
2.  df_result['ID'] = list(test_data['ID'])
3.  pred_stack，S_train_data，S_predict_data = stacker.fit_predict(all_X_train，all_y_train，sub_data)
4.  pred_clean_stack，S_clean_train_data，S_clean_predict_data = stacker2.fit_predict(clean_X，clean_y，
       clean_sub_data)
5.  df_result['score'] = pred_stack
6.  index = df_result[df_result['ID'].isin(special_missing_ID)].index
7.  df_result.loc[index，'score'] = 0.379993053
8.  c_index = df_result[df_result['ID'].isin(cleaned_sub_data_ID)].index
9.  df_result.loc[c_index，'score'] = pred_clean_stack
10. df_result.to_csv('submit_stack_svm_15_poly_select_dropdup_outlier.csv'，index=False，
       header=False)
```

代码解析：

行1~2：定义结果集。

行3~5、8~9：调用调优模型方法生成结果并填充数据。

行6~7：使用固定值代替在异常值处理中因为缺失数据造成的空缺。

行10：输出结果集至csv文件。

光伏发电站发电量预测结果（前30条）如图11-8所示。

1	1	0.379993
2	9	1.463478
3	13	2.186966
4	17	3.464196
5	18	3.711431
6	21	4.18285
7	23	4.093604
8	25	4.826043
9	26	4.95656
10	28	5.209087
11	29	5.407138
12	31	5.618137
13	32	5.816991
14	33	6.014751
15	36	6.354745
16	37	6.518945
17	38	6.720605
18	40	6.938726
19	41	6.979476
20	46	7.436133
21	48	7.628971
22	50	7.844924
23	51	7.929909
24	53	8.129065
25	54	8.201749
26	55	8.276258
27	56	8.284521
28	59	8.64221
29	62	8.774255
30	69	9.200274

图11-8　光伏发电站发电量预测（前30条）

本 章 小 结

　　清洁能源消费比重逐年增加，光作为能源绿色转型和低碳转型的主力能源，利用光进行光伏发电具有重要意义。人工智能相关领域技术的发展可以帮助人们更好地完成预测光伏发电负荷以及照度等因素对发电量的影响。

　　本章以光伏发电量预测为人工智能应用场景，介绍了预测案例实现的总体思路，分为数据准备、数据处理、模型建立、模型训练、模型调优、模型使用。首先，为便于读者更好地学习、复现本章案例，介绍了案例开发环境、编程语言以及案例中使用到的第三方库，包括如何在 Anaconda 平台上使用 Numpy、Pandas、Scikit-learn 等 Python 库。其次，从数据读取、数据处理出发，主要介绍数据处理。数据处理内容包括数据缺失值和异常值的处理、数据划分、数据升维与特征值的提取。对于数据缺失部分的处理是均值带入；异常值的处理方法是使用异常值最近的两个值取均值带入；数据划分是为了方便模型建立完成之后的调优；数据升维和特征值提取是为了更加准确地进行模型的训练和调优。再次，重点介绍了案例中使用到的模型算法，包括 XGBOOST、Gradient Boosting Decision Tree、Random Forest、Light Gradient Boosting Machine、KNN 算法、支持向量机 (SVM) 算法，得益于 Scikit-learn 提供的方便快捷的 API，可以很快地建立模型并完成训练，代码部分较为简洁；本章案例采用 K 折叠法进行交叉验证，并在模型调优中通过 Stacking 学习解决模型的过拟合和欠拟合问题。最后，使用调优过的模型进行预测，保存结果数据。

　　回顾整个章节内容，最重要的部分是第 4、5、6 节，分别对应数据处理、模型创建、模型调优三个部分；本案例以光伏发电为背景，通过使用机器学习的相关库的使用，带领大家领略了机器学习的魅力。但在实际生产生活中，人工智能的业务场景和技术框架比本案例要复杂得多，希望本章节的案例能够帮助到同学们。

思 考 题

　　1. scikit-learn 机器学习库的优点有哪些？

　　2. 异常值处理的方法有哪些？

　　3. 模型调优的方法都有哪些？

第12章 通信技术领域中AI的应用——网络流量异常检测实战

12.1 网络流量异常检测业务背景

12.1.1 数据安全性

随着大数据时代的来临，数据安全性已成为网络安全性的主要关注点。在网络世界，人的贪欲尤其容易膨胀。为了非法利益，一些黑客不惜敲诈勒索、坑蒙拐骗，把网络当成了谋取非法利益的平台。2020年10月，美国一家网络安全公司Trustwave表示，他们发现一名黑客正在出售超过2亿美国人的个人识别信息，其中包括1.86亿选民的注册数据。网络安全公司Trustwave表示，他们识别出的大部分数据都是公开可用的，并且几乎所有数据都是可供合法企业定期买卖的。但事实上，他们发现大量有关姓名、电子邮件地址、电话号码和选民登记记录的信息数据在暗网上成批出售。2020年11月，富士康在其位于墨西哥华雷斯城的富士康CTBG MX设备遭受了攻击。攻击者在对设备加密之前先窃取了未经加密的文件，不法分子声称已加密约1200台服务器，窃取了100 GB的未加密文件，并删除20~30 TB的备份。消息人士还透露了勒索软件攻击期间在富士康服务器上创建的勒索信，不法分子索要1804.0955个比特币的赎金，按当天的比特币价格折算，约合34 686 000美元。2020年12月，巴西当地媒体Estadao再次放出重料，包括在世和已故的在内，有超过2.43亿巴西人的个人信息已经在网络上曝光。这些数据来自于巴西卫生部官方网站的源代码，开发者在其中发现了重要政府数据库。该数据库包含巴西人提供给政府的所有个人信息，从全名到家庭住址，从电话号码到医疗信息技术。

12.1.2 入侵监测、网络流量异常检测

网络流量异常检测及分析是网络及安全管理领域的重要研究内容。网络流量异常是指对网络正常使用造成不良影响的网络流量模式。引起网络流量异常的原因很多，主要包括网络攻击（DDoS攻击、DoS攻击、端口查看等）、导致数据量模式改变的网络病毒（蠕虫病毒等）、网络的使用问题（大量的P2P应用模式对网络流量造成的影响）、网络误配置及网络存储耗尽等。网络流量异常的检测是指检测何时何处有异常的网络流量发生，异常分析则是指在异常检测的基础上进一步确定哪些数据流引发网络异常并诊断异常类型。流量

异常检测及分析是网络流量异常监视及响应应用的基础，便于网络及安全管理人员排查网络异常、维护网络正常运转、保证网络安全。

以往的异常流量监测主要是基于特征和行为的判断，基于特征和行为的研究通过在网络流量数据中查找与异常特征相匹配的模式来检测异常。此研究常用的输入数据有包追踪和网络流，被广泛用于基于网络链路的入侵检测系统中。研究者们分类描述网络异常的流量特征及行为特征刻画 Internet 的入侵活动、分析 IP 网络的失效时间、构造 Internet 蠕虫分类和 DoS 攻击行为等。基于特征和行为的研究成果被应用于开发网络入侵检测工具或网络流工具。基于特征和行为的研究特点：

(1) 检测和分析精确，不仅可以检测网络异常，还可以确定和诊断异常。

(2) 可以做到实时或准实时分析和检测。

(3) 局限性则在于只能检测已知模式的网络异常。特别是当数据量大的时候，监测的准确性和时效性有待商榷。

随着互联网技术的迅猛发展，恶意软件也随之迅速演进，主要特点包括种类繁多、传播迅速、影响广泛。在这种背景下，传统的恶意代码检测技术已不再能满足当前的需求。例如基于行为的检测方法，也称为行为分析，依赖于监控软件在系统中的行为模式。这种方法不是直接搜索恶意软件的签名，而是观察软件的行为，如文件访问、网络活动、注册表更改等。如果软件的行为模式与已知的恶意行为模式匹配，系统就会把它标记为潜在的恶意软件。然而，它有可能会产生更多的误报 (即错误地将安全的软件标记为恶意的)，特别是无法及时识别全新的、未知的恶意行为模式。

面对这些挑战，基于机器学习的恶意代码检测方法成为了学术界的研究热点。基于机器学习的恶意代码检测方法通过其独特的适应性和学习能力在面对日益复杂的网络安全威胁时显得尤为有效。这种方法能够处理和分析大量数据，从而学习和识别新的和未知的恶意软件行为模式。机器学习算法不仅能够发现已知恶意软件的变体，而且能够识别从未见过的威胁，这一点对于传统方法来说是一个巨大的进步。这种方法在准确性和速度方面也往往优于传统检测技术，因为它可以快速适应新的数据并作出响应。此外，随着算法的不断完善和训练，它们能够减少误报的数量，从而提高整体的安全性能。总的来说，基于机器学习的恶意代码检测方法为网络安全提供了一个更为灵活、高效和前瞻性的解决方案。

下面将复现一个基于机器学习的入侵检测和攻击识别的案例，它包含以下几个方面：

(1) 数据分析预处理中字符特征转换为数值特征、数据标准化、数据归一化，这都是机器学习标准化工作。

(2) 结合入侵检测应用 KNN 实现分类。

(3) 采用序号、最小欧式距离、类标绘制散点图；绘制 ROC 曲线，从而分析算法效果。

 **12.2 数 据 集**

12.2.1 数据集介绍和来源

数据集与 Python
数据预处理

KDD Cup 1999 数据集，是与 KDD-99 第五届知识发现和数据挖掘国际会议同时举行的第三届国际知识发现和数据挖掘工具竞赛使用的数据集。竞争任务是建立一个网络入侵检测器，这是一种能够区分称为入侵或攻击的"不良"连接和"良好"的正常连接的预测模型。该数据集包含一组要审核的标准数据，其中包括在军事网络环境中模拟的多种入侵。

数据文件包括：

① kddcup.names 功能列表。

② kddcup.data.gz 完整数据集 (18M;743M 未压缩)。

③ kddcup.data_10_percent.gz10% 的数据集 (2.1M;75M 未压缩)。

④ kddcup.newtestdata_10_percent_unlabeled.gz(1.4M;45M 未压缩)。

⑤ kddcup.testdata.unlabeled.gz(11.2M;430M 未压缩)。

⑥ kddcup.testdata.unlabeled_10_percent.gz(1.4M;45M 未压缩)。

⑦ corrected.gz 正确标签的测试数据。

⑧ training_attack_types 入侵类型列表。

⑨ typo-correction.txt 关于数据集中的简要说明。

1. KDD Cup 1999 数据集包括训练数据和测试数据

KDD Cup 1999 数据集的来源是 1998 年美国国防部高级研究计划局 (DARPA) 资助的一个项目，该项目的目的是评估和提升网络入侵检测系统 (NIDS) 的性能。数据集是由林肯实验室制作的，基于一个模拟的美国空军局域网环境，该环境被设计用来模拟典型的美国政府机构网络。

在这个模拟环境中，林肯实验室生成了大量正常的网络流量数据，并混入了各种类型的模拟攻击，以模拟真实网络环境中的各种攻击和异常行为。这些攻击涵盖了广泛的网络入侵类型，如 DoS 攻击、R2L 攻击、U2R 攻击和 PROBING 攻击。

在生成数据集的过程中，实验室使用了多种网络协议和服务，同时记录了网络流量的详细特征，如单个 TCP 连接的持续时间、登录尝试次数、连接到同一主机的连接数量等。这些特征后来被用于构建 KDD Cup 1999 数据集，每个记录包含了多种特征和一个标签，标识该记录是正常的还是某种类型的攻击。

2. KDD Cup 1999 数据集包括的四类主要攻击

(1) DoS 攻击 (拒绝服务攻击)：这类攻击的目的是使目标系统或网络资源不可用，通常通过过载目标系统的网络带宽或资源达成。典型的 DoS 攻击包括 SYN Flood、Ping of Death、Teardrop 等。

(2) R2L 攻击 (远程到本地攻击)：这类攻击指的是攻击者从网络上远程利用系统的漏洞获取本地用户的权限。例如，未授权访问和猜测密码等行为。这类攻击通常涉及未授权的数据包能够到达本地系统并被执行的行为。

(3) U2R 攻击 (用户到根攻击)：这类攻击涉及攻击者通过正常访问的方式进入系统，然后利用系统漏洞提升权限至 root 级别。例如，执行缓冲区溢出攻击。这类攻击通常从系统内部发起，利用系统漏洞获得更高级别的权限。

(4) PROBING 攻击 (探测攻击)：这类攻击是攻击者在准备更复杂攻击前进行的侦察活动。例如端口扫描、网络映射和漏洞扫描，目的是收集目标系统的信息，如开放的端口、运行的服务和系统漏洞等。

上述四类主要攻击的具体分类标识见表 12-1。

表 12-1　KDD Cup 1999 入侵检测实验数据的标识类型

标识类型	含　义	具体分类标识
Normal	正常记录	Normal
DOS	拒绝服务攻击	back、land、neptune、pod、smurf、teardrop
R2L	来自远程机器的非法访问	ftp_write、guess_passwd、imap、multihop、phf、spy、warezclient、warezmaster
U2R	未授权的本地超级用户特权访问	buffer_overflow, loadmodule, perl, rootkit
PROBING	监视和其他探测活动	ipsweep、nmap、portsweep、satan

12.2.2　数据特征描述

在实验研究中，一般使用 KDD Cup 1999 中的网络入侵检测数据包 kddcup_data_10percent。kddcup_data_10percent 数据包是对 kddcup_data 数据包 (约 490 万条数据记录)10% 的抽样。打开数据，如图 12-1 所示。

```
kddcup.data_10_percent_corrected
0,tcp,http,SF,181,5450,0,0,0,0,0,1,0,0,0,0,0,0,0,0,0,0,8,8,0.00,0.00,0.00,0.00,1.00,0.00,0.00,9,9,1.00,0.00,0.11,0.00,0.00,0.00,0.00,0.00,normal.
0,tcp,http,SF,239,486,0,0,0,0,0,1,0,0,0,0,0,0,0,0,0,0,8,8,0.00,0.00,0.00,0.00,1.00,0.00,0.00,19,19,1.00,0.00,0.05,0.00,0.00,0.00,0.00,0.00,normal.
0,tcp,http,SF,235,1337,0,0,0,0,0,1,0,0,0,0,0,0,0,0,0,0,8,8,0.00,0.00,0.00,0.00,1.00,0.00,0.00,29,29,1.00,0.00,0.03,0.00,0.00,0.00,0.00,0.00,normal.
0,tcp,http,SF,219,1337,0,0,0,0,0,1,0,0,0,0,0,0,0,0,0,0,6,6,0.00,0.00,0.00,0.00,1.00,0.00,0.00,39,39,1.00,0.00,0.03,0.00,0.00,0.00,0.00,0.00,normal.
0,tcp,http,SF,217,2032,0,0,0,0,0,1,0,0,0,0,0,0,0,0,0,0,6,6,0.00,0.00,0.00,0.00,1.00,0.00,0.00,49,49,1.00,0.00,0.02,0.00,0.00,0.00,0.00,0.00,normal.
0,tcp,http,SF,217,2032,0,0,0,0,0,1,0,0,0,0,0,0,0,0,0,0,6,6,0.00,0.00,0.00,0.00,1.00,0.00,0.00,59,59,1.00,0.00,0.02,0.00,0.00,0.00,0.00,0.00,normal.
0,tcp,http,SF,212,1940,0,0,0,0,0,1,0,0,0,0,0,0,0,0,0,0,1,2,0.00,0.00,0.00,0.00,1.00,0.00,1.00,1,69,1.00,0.00,1.00,0.04,0.00,0.00,0.00,0.00,normal.
0,tcp,http,SF,159,4087,0,0,0,0,0,1,0,0,0,0,0,0,0,0,0,0,5,5,0.00,0.00,0.00,0.00,1.00,0.00,0.00,11,79,1.00,0.00,0.09,0.04,0.00,0.00,0.00,0.00,normal.
0,tcp,http,SF,210,151,0,0,0,0,0,1,0,0,0,0,0,0,0,0,0,0,8,8,0.00,0.00,0.00,0.00,1.00,0.00,0.00,8,89,1.00,0.00,0.12,0.04,0.00,0.00,0.00,0.00,normal.
0,tcp,http,SF,212,786,0,0,0,1,0,1,0,0,0,0,0,0,0,0,0,0,8,8,0.00,0.00,0.00,0.00,1.00,0.00,0.00,8,99,1.00,0.00,0.12,0.05,0.00,0.00,0.00,0.00,normal.
0,tcp,http,SF,210,624,0,0,0,0,0,1,0,0,0,0,0,0,0,0,0,0,18,18,0.00,0.00,0.00,0.00,1.00,0.00,0.00,18,109,1.00,0.00,0.06,0.05,0.00,0.00,0.00,0.00,normal.
0,tcp,http,SF,177,1985,0,0,0,0,0,1,0,0,0,0,0,0,0,0,0,0,1,1,0.00,0.00,0.00,0.00,1.00,0.00,0.00,28,119,1.00,0.00,0.04,0.04,0.00,0.00,0.00,0.00,normal.
0,tcp,http,SF,222,773,0,0,0,0,0,1,0,0,0,0,0,0,0,0,0,0,11,11,0.00,0.00,0.00,0.00,1.00,0.00,0.00,38,129,1.00,0.00,0.03,0.04,0.00,0.00,0.00,0.00,normal.
0,tcp,http,SF,256,1169,0,0,0,0,0,1,0,0,0,0,0,0,0,0,0,0,4,4,0.00,0.00,0.00,0.00,1.00,0.00,0.00,4,139,1.00,0.00,0.25,0.04,0.00,0.00,0.00,0.00,normal.
0,tcp,http,SF,241,259,0,0,0,0,0,1,0,0,0,0,0,0,0,0,0,0,1,1,0.00,0.00,0.00,0.00,1.00,0.00,0.00,14,149,1.00,0.00,0.07,0.04,0.00,0.00,0.00,0.00,normal.
0,tcp,http,SF,260,1837,0,0,0,0,0,1,0,0,0,0,0,0,0,0,0,0,11,11,0.00,0.00,0.00,0.00,1.00,0.00,0.00,24,159,1.00,0.00,0.04,0.04,0.00,0.00,0.00,0.00,normal.
0,tcp,http,SF,241,261,0,0,0,0,0,1,0,0,0,0,0,0,0,0,0,0,2,2,0.00,0.00,0.00,0.00,1.00,0.00,0.00,34,169,1.00,0.00,0.03,0.04,0.00,0.00,0.00,0.00,normal.
0,tcp,http,SF,257,818,0,0,0,0,0,1,0,0,0,0,0,0,0,0,0,0,12,12,0.00,0.00,0.00,0.00,1.00,0.00,0.00,44,179,1.00,0.00,0.02,0.03,0.00,0.00,0.00,0.00,normal.
0,tcp,http,SF,233,255,0,0,0,0,0,1,0,0,0,0,0,0,0,0,0,0,2,8,0.00,0.00,0.00,0.00,1.00,0.00,0.25,54,189,1.00,0.00,0.02,0.03,0.00,0.00,0.00,0.00,normal.
0,tcp,http,SF,233,504,0,0,0,0,0,1,0,0,0,0,0,0,0,0,0,0,7,7,0.00,0.00,0.00,0.00,1.00,0.00,0.00,64,199,1.00,0.00,0.02,0.03,0.00,0.00,0.00,0.00,normal.
0,tcp,http,SF,256,1273,0,0,0,0,0,1,0,0,0,0,0,0,0,0,0,0,17,17,0.00,0.00,0.00,0.00,1.00,0.00,0.00,74,209,1.00,0.00,0.01,0.03,0.00,0.00,0.00,0.00,normal.
0,tcp,http,SF,234,255,0,0,0,0,0,1,0,0,0,0,0,0,0,0,0,0,5,5,0.00,0.00,0.00,0.00,1.00,0.00,0.00,84,219,1.00,0.00,0.01,0.03,0.00,0.00,0.00,0.00,normal.
0,tcp,http,SF,241,259,0,0,0,0,0,1,0,0,0,0,0,0,0,0,0,0,12,12,0.00,0.00,0.00,0.00,1.00,0.00,0.00,94,229,1.00,0.00,0.01,0.03,0.00,0.00,0.00,0.00,normal.
0,tcp,http,SF,239,968,0,0,0,0,0,1,0,0,0,0,0,0,0,0,0,0,3,3,0.00,0.00,0.00,0.00,1.00,0.00,0.00,3,239,1.00,0.00,0.33,0.03,0.00,0.00,0.00,0.00,normal.
0,tcp,http,SF,245,1919,0,0,0,0,0,1,0,0,0,0,0,0,0,0,0,0,13,13,0.00,0.00,0.00,0.00,1.00,0.00,0.00,13,249,1.00,0.00,0.08,0.03,0.00,0.00,0.00,0.00,normal.
0,tcp,http,SF,248,2129,0,0,0,0,0,1,0,0,0,0,0,0,0,0,0,0,23,23,0.00,0.00,0.00,0.00,1.00,0.00,0.00,23,255,1.00,0.00,0.04,0.03,0.00,0.00,0.00,0.00,normal.
0,tcp,http,SF,354,1752,0,0,0,0,0,1,0,0,0,0,0,0,0,0,0,0,2,2,0.00,0.00,0.00,0.00,1.00,0.00,0.00,5,255,1.00,0.00,0.20,0.04,0.00,0.00,0.00,0.00,normal.
0,tcp,http,SF,193,3991,0,0,0,0,0,1,0,0,0,0,0,0,0,0,0,0,1,1,0.00,0.00,0.00,0.00,1.00,0.00,0.00,1,255,1.00,0.00,1.00,0.05,0.00,0.00,0.00,0.00,normal.
0,tcp,http,SF,214,14959,0,0,0,0,0,1,0,0,0,0,0,0,0,0,0,0,6,6,0.00,0.00,0.00,0.00,1.00,0.00,0.00,11,255,1.00,0.00,0.09,0.05,0.00,0.00,0.00,0.00,normal.
0,tcp,http,SF,212,1309,0,0,0,0,0,1,0,0,0,0,0,0,0,0,0,0,2,10,0.00,0.00,0.00,0.00,1.00,0.00,0.20,21,255,1.00,0.00,0.05,0.05,0.00,0.00,0.00,0.00,normal.
```

图 12-1　数据集示例

从图 12-1 数据集示例中可以看出，每一行都是一条网络流量数据记录，总共有 42 项特征，最后一列是标记位 (Label)，用来表示该条连接记录是正常的，或是某个具体的攻击类型，具体属于哪种分类标识详见表 12-1。前 41 项数据是用来判定流量正常与否的特征位，其中特别注意，41 个数据中 9 个特征属性为离散型，其他均为连续型。下面展示随机抽取的 1 条记录，随机抽取的第一条记录：

0,tcp,http,SF,181,5450,0,0,0,0,0,1,0,0,0,0,0,0,0,0,0,0,8,8,0.00,0.00,0.00,0.00,1.00,0.00,0.00,9,9,1.00,0.00,0.11,0.00,0.00,0.00,0.00,0.00,normal.

在上述 1 条记录中，每一条记录一共 42 个数据，前面 41 个数据是特征值，最后一个是标记位。接下来按顺序解释各个特征的具体含义，这是进行数据分析之前非常必要的一个环节。这 41 个数据特征共分为四大类，如表 12-2 所示。

表 12-2　数据特征分类

TCP 连接 基本特征	TCP 连接的 内容特征	基于时间的网络流量 统计特征	基于主机的网络流量 统计特征
序号 1～9	序号 10～22	序号 23～31	序号 32～41
9 种	13 种	9 种	10 种

对于上面的 1 条记录，我们按照顺序解释各个特征的含义。

1. TCP 连接基本特征 (共 9 种，序号 1～9)

根据上文提供的 KDD Cup 1999 数据集中的一条记录，下面是序号 1～9 的 TCP 连接基本特征及含义。

(1) duration(持续时间)：网络连接的持续时间，以秒为单位。在我们给出的记录中，duration 为 0，表示该网络连接的持续时间不足 1 秒。

(2) protocol_type(协议类型)：表示所用的网络协议类型。在这条记录里，protocol_type 是 "tcp"，意味着该连接使用的是传输控制协议。

(3) service(服务类型)：指出网络连接所使用的服务类型。这里的 service 是 "http"，表示使用的是超文本传输协议。

(4) flag(连接状态)：描述了连接过程的状态。在这个例子中，flag 是 "SF"，代表正常的连接建立和结束。

(5) src_bytes(源字节)：源地址到目标地址传输的字节数。在这个记录中，src_bytes 为 181，表示从源地址向目标地址传输了 181 字节数据。

(6) dst_bytes(目标字节)：目标地址到源地址传输的字节数。此例中的 dst_bytes 为 5450，表示从目标地址传输了 5450 字节数据到源地址。

(7) land(是否同一主机 / 端口)：表示源地址和目标地址是否相同。在这条记录里，land 为 0，意味着源地址和目标地址不是相同的。

(8) wrong_fragment(错误分段的数量)：记录错误分段的数量。在此条记录中，wrong_fragment 为 0，表明没有错误分段。

(9) urgent(加急包的个数)：加急数据包的数量。此例中 urgent 为 0，表示没有加急数据包。

这些特征综合描述了一条网络连接的基本情况，对于分析判断网络流量的性质 (如正常或攻击行为) 非常关键。

2. TCP 连接的内容特征 (共 13 种，序号 10～22)

根据上文提供的 KDD Cup 1999 数据集中的一条记录示例，这里解释序号 10～22 的 TCP 连接的内容特征。

(10) land：这个标志表示是否源地址和目标地址是相同的。在此例中，land 为 0，意味着源地址和目标地址不同。

(11) wrong_fragment：这个特征表示网络连接中错误分段的数量。在此例中，wrong_fragment 为 0，表示没有错误分段。

(12) urgent：指示加急数据包的数量。在这个记录中，urgent 的值为 0，表示没有加急数据包。

(13) hot：表示连接中的"热点"特征数，通常与攻击行为相关。此例中值为0，表示没有热点特征。

(14) num_failed_logins：尝试登录失败的次数。此例中该值为0。

(15) logged_in：指示是否成功登录。在这条记录中，其值为1，表示有成功的登录行为。

(16) num_compromised：表示连接过程中被破坏的次数。此例中该值为0。

(17) root_shell：指示是否获得了root shell访问权限。此例中该值为0。

(18) su_attempted：指示是否尝试了su命令。此例中该值为0。

(19) num_root：表示root访问次数。在这个例子中，其值为0。

(20) num_file_creations：表示在连接过程中创建的文件数量。此例中该值为0。

(21) num_shells：表示通过shell命令启动的进程数量。此例中该值为0。

(22) num_access_files：表示访问控制文件的尝试次数。此例中该值为0。

这些特征结合起来，提供了对网络连接内容方面的细节描述，有助于分析和判断网络流量的性质，如正常行为或各种攻击行为。

3. 基于时间的网络流量统计特征（共9种，序号23～31）

基于上文提供的KDD Cup 1999数据集中的记录，下面是序号23～31的基于时间的网络流量统计特征及含义。

(23) count：在过去两秒内与当前连接具有相同目的主机的连接数。在您提供的记录中，count为8，表示在过去两秒内有8个连接到达了这次连接的目的主机。

(24) srv_count：在过去两秒内，与当前连接具有相同服务的连接数。在此例中，srv_count为8，表示有8个连接在过去两秒内使用了同样的服务。

(25) serror_rate：在过去两秒内，与当前连接具有相同目的主机的连接中，出现"SYN"错误的比例。此记录中serror_rate为0.00，表示没有SYN错误。

(26) srv_serror_rate：在过去两秒内，与当前连接具有相同服务的连接中，出现"SYN"错误的比例。此记录中srv_serror_rate为0.00。

(27) rerror_rate：在过去两秒内，与当前连接具有相同目的主机的连接中，出现"REJ"错误的比例。此记录中rerror_rate为0.00。

(28) srv_rerror_rate：在过去两秒内，与当前连接具有相同服务的连接中，出现"REJ"错误的比例。此记录中srv_rerror_rate为0.00。

(29) same_srv_rate：在过去两秒内，与当前连接具有相同服务的连接所占比例。此记录中same_srv_rate为1.00，意味着所有连接都使用了同一服务。

(30) diff_srv_rate：在过去两秒内，与当前连接具有不同服务的连接所占比例。在这个记录中，diff_srv_rate为0.00，表示没有不同服务的连接。

(31) srv_diff_host_rate：在过去两秒内，与当前连接具有相同服务但不同目的主机的连接所占比例。此例中srv_diff_host_rate为0.00。

这些特征主要用于描述和分析网络流量的时间特性，如连接频率、错误率以及服务的一致性等，对于理解网络行为和检测异常模式非常重要。

4. 基于主机的网络流量统计特征（共10种，序号32～41）

根据上文提供的KDD Cup 1999数据集中的一条记录示例，这里是序号32～41的基于主机的网络流量统计特征及含义。

(32) dst_host_count：在过去 100 个连接中，与当前连接具有相同目的主机的连接数量。在此例中，dst_host_count 为 9，表示过去 100 个连接中有 9 个连接具有相同的目的主机。

(33) dst_host_srv_count：在过去 100 个连接中，与当前连接具有相同服务的连接数量。此记录中 dst_host_srv_count 为 9，表示有 9 个连接使用了同样的服务。

(34) dst_host_same_srv_rate：在过去 100 个连接中，与当前连接具有相同服务的连接所占的比例。在这个例子中，dst_host_same_srv_rate 为 1.00，意味着所有这些连接都使用了相同的服务。

(35) dst_host_diff_srv_rate：在过去 100 个连接中，与当前连接具有不同服务的连接所占的比例。此记录中 dst_host_diff_srv_rate 为 0.00，表示没有其他不同服务的连接。

(36) dst_host_same_src_port_rate：在过去 100 个连接中，与当前连接具有相同源端口的连接所占的比例。此例中 dst_host_same_src_port_rate 为 0.11。

(37) dst_host_srv_diff_host_rate：在过去 100 个连接中，与当前连接具有相同服务但不同源主机的连接所占的比例。此例中 dst_host_srv_diff_host_rate 为 0.00。

(38) dst_host_serror_rate：在过去 100 个连接中，与当前连接具有相同目的主机并出现 SYN 错误的连接所占的比例。此记录中 dst_host_serror_rate 为 0.00。

(39) dst_host_srv_serror_rate：在过去 100 个连接中，与当前连接具有相同服务并出现 SYN 错误的连接所占的比例。此例中 dst_host_srv_serror_rate 为 0.00。

(40) dst_host_rerror_rate：在过去 100 个连接中，与当前连接具有相同目的主机并出现 REJ 错误的连接所占的比例。此记录中 dst_host_rerror_rate 为 0.00。

(41) dst_host_srv_rerror_rate：在过去 100 个连接中，与当前连接具有相同服务并出现 REJ 错误的连接所占的比例。此例中 dst_host_srv_rerror_rate 为 0.00。

这些基于主机的网络流量统计特征提供了关于网络连接在主机层面的行为和特性的详细信息，有助于识别和分析网络流量模式及潜在的异常或攻击行为。

12.3　Python 数据预处理

12.3.1　KDD Cup 1999 数据集评价

入侵检测系统的核心是构建一个能够识别并分离正常与异常网络活动的分类机制，以便及时发现并警报任何攻击行为。本研究使用的 KDD Cup 1999 数据集，作为评估这类系统性能的标准工具，广泛用于学术界以测试和验证不同的入侵检测技术。

在数据挖掘和机器学习领域，第一步基本上是数据预处理工作，数据处理相关的工作时间占据了整个项目的 70% 以上。数据的质量，直接决定了模型的预测和泛化能力的好坏。它涉及很多因素，包括准确性、完整性、一致性、时效性、可信性和解释性。而在真实数据中，我们拿到的数据可能包含了大量的缺失值，可能包含大量的噪音，也可能因为人工录入错误导致有异常点存在，非常不利于算法模型的训练。数据清洗的结果是对各种脏数据进行对应方式的处理，得到标准的、干净的、连续的数据，提供给数据统计、数据挖掘等使用。

在本案例 KDD Cup 1999 数据集中，主要是在分类算法中使用计算距离的方法对数据进行分类，而连接记录的固定特征属性中有两种类型的数据：数值型和字符型，因此我们需要对字符型数据数值化。另外，对于数值型特征属性，各属性的度量方法不一样。一般而言，所用的度量单位越小，变量可能的值域就越大，这样对分类结果的影响也越大，即在计算数据间距离时对分类的影响越大，甚至会出现"大数"吃"小数"的现象。因此，为了避免对度量单位选择的依赖，消除由于属性度量的差异对聚类产生的影响，需要对属性值进行标准化。我们通过以下两个小节详细描述如何将字符型数据转为数值型以及如何进行数值标准化。

12.3.2　字符型数据转换为数值型数据

在机器学习中有很多特征有可能是字符串类型的，如周志华老师的西瓜书中西瓜的色泽、纹理、根茎等。KDD Cup 1999 数据集中有一些特征或标签不是用数值表示的，而我们的 DT、RF 等算法只能处理数值型数据，不能处理字母、文字等，因此需要将字符型数据统一编码为数值型数据。目前有两种主流的方法，一种是标签编码 (Label Encoder)，另一种是独热编码 (One Hot Encoder)。独热编码它先对该列字符串进行分类，把原有的一列拆成 n 列 (n 是分类的个数)，如果字符串所在的那一列在这一类上面则这一列为 1，其余列为 0。

在本例中选择标签编码将字符串特征转为数值类型，本文我们使用两种方法实现标签编码，第一种为手动实现，第二种调用第三方库 Sklearn 库 (全称 Scikit-learn)。

第一种方法为手动实现，选择手写代码通过数学方法实现数据数值化，可以加深我们对数据预处理的理解。我们根据第一种标签编码方式，利用 find_index 方法将相应的非数字类型转换为数字标识，即字符型数据转化为数值型数据，思路是先将所有类型的字符型数据统一排序，然后取字符对应的索引表示该字符。

```
1.  def find_index(x,y):
2.      return [i for i in range(len(y)) if y[i]==x]
```

步骤一：函数 handleProtocol 将原数据集中 3 种协议类型转换成数字标识。

```
1.  def handleProtocol(input):
2.      protocol_list=['tcp','udp','icmp']
3.      if input[1] in protocol_list:
4.          return find_index(input[1],protocol_list)[0]
```

步骤二：函数 handleService 功能将原数据集中 70 种网络服务类型转换成数字标识。

```
1.  def handleService(inputs):
2.      service_list=['aol','auth','bgp','courier','csnet_ns','ctf','daytime','discard','domain','domain_u','echo',
'eco_i','ecr_i','efs','exec','finger','ftp','ftp_data','gopher','harvest','hostnames','http','http_2784','http_443',
'http_8001','imap4','IRC','iso_tsap','klogin','kshell','ldap','link','login','mtp','name','netbios_dgm','netbios_ns',
'netbios_ssn','netstat','nnsp','nntp','ntp_u','other','pm_dump','pop_2','pop_3','printer','private','red_i',
'remote_job','rje','shell','smtp','sql_net','ssh','sunrpc','supdup','systat','telnet','tftp_u','tim_i','time','urh_i',
'urp_i','uucp','uucp_path','vmnet','whois','X11','Z39_50']
3.      if inputs[2] in service_list:
4.          return find_index(inputs[2],service_list)[0]
```

步骤三：函数 handleFlag 将原数据集中 11 种网络连接状态转换成数字标识。

```
1.  def handleFlag(inputs):
2.      flag_list=
3.  ['OTH','REJ','RSTO','RSTOS0','RSTR','S0','S1','S2','S3','SF','SH']
4.      if inputs[3] in flag_list:
5.          return find_index(inputs[3],flag_list)[0]
```

步骤四：函数 handleLabel 功能将原数据集中攻击类型转换成数字标识。异常类型被细分为四大类共 39 种攻击类型，训练集中共出现 22 种攻击类型，而剩下的 17 种未知攻击类型出现在测试集中。

```
1.  global label_list
2.  # 定义 label_list 为全局变量，用于存放 39 种攻击类型
3.  def handleLabel(inputs):
4.      label_list=
5.  ['normal.','buffer_overflow.','loadmodule.','perl.','neptune.','smurf.','guess_passwd.','pod.','teardrop.',
'portsweep.','ipsweep.','land.','ftp_write.','back.','imap.','satan.','phf.','nmap.','multihop.','warezmaster.',
'warezclient.','spy.','rootkit.']
6.      # 在函数内部使用全局变量并修改它
7.      if inputs[41] in label_list:
8.          return find_index(inputs[41],label_list)[0]
9.      else:
10.         label_list.append(inputs[41])
11.         # 如果发现出现新的攻击类型，将它添加到 label_list
12.         return find_index(inputs[41],label_list)[0]
```

步骤五：最后我们在主函数中实现 KDD Cup 1999 数据集的预处理全过程，包括引入相应的包文件，调用之前写过的函数。

```
1.  # 文件写入
2.  data_numerization=open("kddcup.data.numerization00.txt",'w',newline='')# 新建文件用于存放数值
化后的数据集
3.  if __name__=='__main__':
4.      with open('kddcup.data.txt','r')as data_original:
5.          # 打开原始数据集文件
6.          csv_reader=csv.reader(data_original)
7.          # 按行读取所有数据并返回由 csv 文件的每行组成的列表
8.          csv_writer=csv.writer(data_numerization,dialect='excel')
9.          # 先传入文件句柄
10.         for row in csv_reader:                       # 循环读取数据
11.             temp_line=np.array(row)                  # 将列表 list 转换为 ndarray 数组。
12.             temp_line[1]=handleProtocol(row)
13.             # 将源文件行中 3 种协议类型转换成数字标识
```

```
                temp_line[2]=handleService(row)
                # 将源文件行中 70 种网络服务类型转换成数字标识
                temp_line[3]=handleFlag(row)
                # 将源文件行中 11 种网络连接状态转换成数字标识
                temp_line[41]=handleLabel(row)
                # 将源文件行中 23 种攻击类型转换成数字标识
                csv_writer.writerow(temp_line)
                # 按行写入
        data_numerization.close()
        print(' 数值化 done！ ')
```

处理后的结果如图 12-2 所示，可见，其中的字符型数据完全转换为数值型数据。

```
kddcup.data_10_percent_corrected.csv
0,0,21,9,181,5450,0,0,0,0,0,1,0,0,0,0,0,0,0,0,0,0,8,8,0.00,0.00,0.00,0.00,1.00,0.00,0.00,9,9,1.00,0.00,0.11,0.00,0.00,0.00,0.00,0.00,0
0,0,21,9,239,486,0,0,0,0,0,1,0,0,0,0,0,0,0,0,0,0,8,8,0.00,0.00,0.00,0.00,1.00,0.00,0.00,19,19,1.00,0.00,0.05,0.00,0.00,0.00,0.00,0.00,0
0,0,21,9,235,1337,0,0,0,0,0,1,0,0,0,0,0,0,0,0,0,0,8,8,0.00,0.00,0.00,0.00,1.00,0.00,0.00,29,29,1.00,0.00,0.03,0.00,0.00,0.00,0.00,0.00,0
0,0,21,9,219,1337,0,0,0,0,0,1,0,0,0,0,0,0,0,0,0,0,6,6,0.00,0.00,0.00,0.00,1.00,0.00,0.00,39,39,1.00,0.00,0.03,0.00,0.00,0.00,0.00,0.00,0
0,0,21,9,217,2032,0,0,0,0,0,1,0,0,0,0,0,0,0,0,0,0,6,6,0.00,0.00,0.00,0.00,1.00,0.00,0.00,49,49,1.00,0.00,0.02,0.00,0.00,0.00,0.00,0.00,0
0,0,21,9,217,2032,0,0,0,0,0,1,0,0,0,0,0,0,0,0,0,0,6,6,0.00,0.00,0.00,0.00,1.00,0.00,0.00,59,59,1.00,0.00,0.02,0.00,0.00,0.00,0.00,0.00,0
0,0,21,9,212,1940,0,0,0,0,0,1,0,0,0,0,0,0,0,0,0,0,1,2,0.00,0.00,0.00,0.00,1.00,0.00,1.00,1,69,1.00,0.00,1.00,0.04,0.00,0.00,0.00,0.00,0
0,0,21,9,159,4087,0,0,0,0,0,1,0,0,0,0,0,0,0,0,0,0,5,5,0.00,0.00,0.00,0.00,1.00,0.00,0.00,11,79,1.00,0.00,0.09,0.04,0.00,0.00,0.00,0.00,0
0,0,21,9,210,151,0,0,0,0,0,1,0,0,0,0,0,0,0,0,0,0,8,8,0.00,0.00,0.00,0.00,1.00,0.00,0.00,8,89,1.00,0.00,0.12,0.04,0.00,0.00,0.00,0.00,0
0,0,21,9,212,786,0,0,0,1,0,1,0,0,0,0,0,0,0,0,0,0,8,8,0.00,0.00,0.00,0.00,1.00,0.00,0.00,8,99,1.00,0.00,0.12,0.05,0.00,0.00,0.00,0.00,0
0,0,21,9,210,624,0,0,0,0,0,1,0,0,0,0,0,0,0,0,0,0,18,18,0.00,0.00,0.00,0.00,1.00,0.00,0.00,18,109,1.00,0.00,0.06,0.05,0.00,0.00,0.00,0.00,0
0,0,21,9,177,1985,0,0,0,0,0,1,0,0,0,0,0,0,0,0,0,0,1,1,0.00,0.00,0.00,0.00,1.00,0.00,0.00,28,119,1.00,0.00,0.04,0.04,0.00,0.00,0.00,0.00,0
0,0,21,9,222,773,0,0,0,0,0,1,0,0,0,0,0,0,0,0,0,0,11,11,0.00,0.00,0.00,0.00,1.00,0.00,0.00,38,129,1.00,0.00,0.03,0.04,0.00,0.00,0.00,0.00,0
0,0,21,9,256,1169,0,0,0,0,0,1,0,0,0,0,0,0,0,0,0,0,4,4,0.00,0.00,0.00,0.00,1.00,0.00,0.00,4,139,1.00,0.00,0.25,0.04,0.00,0.00,0.00,0.00,0
0,0,21,9,241,259,0,0,0,0,0,1,0,0,0,0,0,0,0,0,0,0,1,1,0.00,0.00,0.00,0.00,1.00,0.00,0.00,14,149,1.00,0.00,0.07,0.04,0.00,0.00,0.00,0.00,0
0,0,21,9,260,1837,0,0,0,0,0,1,0,0,0,0,0,0,0,0,0,0,11,11,0.00,0.00,0.00,0.00,1.00,0.00,0.00,24,159,1.00,0.00,0.04,0.04,0.00,0.00,0.00,0.00,0
0,0,21,9,241,261,0,0,0,0,0,1,0,0,0,0,0,0,0,0,0,0,2,2,0.00,0.00,0.00,0.00,1.00,0.00,0.00,34,169,1.00,0.00,0.03,0.04,0.00,0.00,0.00,0.00,0
0,0,21,9,257,818,0,0,0,0,0,1,0,0,0,0,0,0,0,0,0,0,12,12,0.00,0.00,0.00,0.00,1.00,0.00,0.00,44,179,1.00,0.00,0.02,0.03,0.00,0.00,0.00,0.00,0
0,0,21,9,233,255,0,0,0,0,0,1,0,0,0,0,0,0,0,0,0,0,2,8,0.00,0.00,0.00,0.00,1.00,0.00,0.25,54,189,1.00,0.00,0.02,0.03,0.00,0.00,0.00,0.00,0
0,0,21,9,233,504,0,0,0,0,0,1,0,0,0,0,0,0,0,0,0,0,7,7,0.00,0.00,0.00,0.00,1.00,0.00,0.00,64,199,1.00,0.00,0.02,0.03,0.00,0.00,0.00,0.00,0
0,0,21,9,256,1273,0,0,0,0,0,1,0,0,0,0,0,0,0,0,0,0,17,17,0.00,0.00,0.00,0.00,1.00,0.00,0.00,74,209,1.00,0.00,0.01,0.03,0.00,0.00,0.00,0.00,0
0,0,21,9,234,255,0,0,0,0,0,1,0,0,0,0,0,0,0,0,0,0,5,5,0.00,0.00,0.00,0.00,1.00,0.00,0.00,84,219,1.00,0.00,0.01,0.03,0.00,0.00,0.00,0.00,0
0,0,21,9,241,259,0,0,0,0,0,1,0,0,0,0,0,0,0,0,0,0,12,12,0.00,0.00,0.00,0.00,1.00,0.00,0.00,94,229,1.00,0.00,0.01,0.03,0.00,0.00,0.00,0.00,0
0,0,21,9,239,968,0,0,0,0,0,1,0,0,0,0,0,0,0,0,0,0,3,3,0.00,0.00,0.00,0.00,1.00,0.00,0.00,3,239,1.00,0.00,0.33,0.03,0.00,0.00,0.00,0.00,0
0,0,21,9,245,1919,0,0,0,0,0,1,0,0,0,0,0,0,0,0,0,0,13,13,0.00,0.00,0.00,0.00,1.00,0.00,0.00,13,249,1.00,0.00,0.08,0.03,0.00,0.00,0.00,0.00,0
0,0,21,9,248,2129,0,0,0,0,0,1,0,0,0,0,0,0,0,0,0,0,23,23,0.00,0.00,0.00,0.00,1.00,0.00,0.00,23,255,1.00,0.00,0.04,0.03,0.00,0.00,0.00,0.00,0
0,0,21,9,354,1752,0,0,0,0,0,1,0,0,0,0,0,0,0,0,0,0,2,2,0.00,0.00,0.00,0.00,1.00,0.00,0.00,5,255,1.00,0.00,0.20,0.04,0.00,0.00,0.00,0.00,0
0,0,21,9,193,3991,0,0,0,0,0,1,0,0,0,0,0,0,0,0,0,0,1,1,0.00,0.00,0.00,0.00,1.00,0.00,0.00,1,255,1.00,0.00,1.00,0.05,0.00,0.00,0.00,0.00,0
0,0,21,9,214,14959,0,0,0,0,0,1,0,0,0,0,0,0,0,0,0,0,6,6,0.00,0.00,0.00,0.00,1.00,0.00,0.00,11,255,1.00,0.00,0.09,0.05,0.00,0.00,0.00,0.00,0
0,0,21,9,212,1309,0,0,0,0,0,1,0,0,0,0,0,0,0,0,0,0,2,10,0.00,0.00,0.00,0.00,1.00,0.00,0.20,21,255,1.00,0.00,0.05,0.05,0.00,0.00,0.00,0.00,0
```

图 12-2 KDD Cup 1999 数据集预处理之后的数据

下面我们提供第二种方法来将字符型数据转化为数值型，Python 中有强大的第三方库 Sklearn 库 (全称 Scikit-learn)，Sklearn 库提供了很多模块函数来进行数据预处理。这里采用 Sklearn 库中 preprocessing 模块的 OrdinalEncoder()、LabelEncoder() 函数分别对字符型特征、标签进行统一编码，可以实现同样的效果。

LabelEncoder 是对不连续的数字或者文本进行编号，处理标签专用。我们通过以下数据和代码学习 LableEncoder 方法的使用。我们构建了一个数据集，如图 12-3 所示，一个类标签，其中 Age 和 Heat 是数值型变量，其余四个皆为字符型 (类别型) 变量。

	Age	Heat	Sex	Grade	Weight	Label
0	19	36.8	男	优	>60kg	猛男
1	18	37.2	女	良	>50kg	美女
2	20	37.1	男	良	>60kg	靓仔
3	19	36.9	女	优	>40kg	美女
4	20	36.4	男	差	>50kg	靓仔

图 12-3 数据集

利用 LabelEncoder 方法通过以下代码即可将最后一列 Lable 转化为数字类型，如图

12-4 所示。

```
1. from sklearn.preprocessing import LabelEncoder
2. LabE=LabelEncoder()# 实例化
3. label=LabE.fit_transform(Data1.iloc[:,-1])
4. Data1.iloc[:,-1] =label
```

	Age	Heat	Sex	Grade	Weight	Label
0	19	36.8	男	优	>60kg	0
1	18	37.2	女	良	>50kg	1
2	20	37.1	男	良	>60kg	2
3	19	36.9	女	优	>40kg	1
4	20	36.4	男	差	>50kg	2

图 12-4　利用 LabelEncoder 方法转化的数据类型

在上述数据中，Sex、Grade 和 Weight 也需要转化为相应的数值型数据，利用 OrdinalEncoder() 方法可以实现这个功能：

```
1. from sklearn.preprocessing import OrdinalEncoder
2. Data2=Data1.copy()
3. OrE=OrdinalEncoder()# 实例化
4. Data2.iloc[:,2:-1]=OrE.fit_transform(Data2.iloc[:,2:-1])
```

与 LabelEncoder 最大不同之处就是 OrdinalEncoder 要求传入数据不能为一维，LabelEncoder 是只针对标签变量的方法，所以自然接受一维数据。最后运行的结果如图 12-5 所示。

	Age	Heat	Sex	Grade	Weight	Label
0	19	36.8	1.0	0.0	2.0	0
1	18	37.2	0.0	2.0	1.0	1
2	20	37.1	1.0	2.0	2.0	2
3	19	36.9	0.0	0.0	0.0	1
4	20	36.4	1.0	1.0	1.0	2

图 12-5　运行结果

下面给出本例中将 KDD 数据集中字符型数据转化为数值型数据的代码，其中第四行利用 LabelEncoder() 方法将数据的标签进行数值编码，代码的第五行将数据直接统一进行数值型编码。

```
1. fr=pd.read_csv(file, encoding='utf-8', error_bad_lines=False, nrows=None)
2. data=np.array(fr)
3. print(' 数据集大小: ',data.shape)
4. data[:,-1]=LabelEncoder().fit_transform(data[:,-1])        # 标签的编码
5. data[:,0:-1]=OrdinalEncoder().fit_transform(data[:,0:-1])  # 特征的分类编码
```

12.3.3　数值标准化

数据标准化是机器学习、数据挖掘中常用的一种方法。数据标准化主要是应对特征

向量中数据很分散的情况，防止小数据被大数据（绝对值）吞并的情况。另外，数据标准化也有加速训练，防止梯度爆炸的作用。图12-6是从李宏毅教授视频中截下来的两张图，左图表示未经过数据标准化处理的loss更新函数，右图表示经过数据标准化后的loss更新图。可见，经过标准化后的数据更容易迭代到最优点，而且收敛更快。

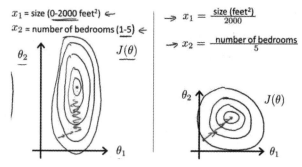

图12-6 李宏毅教授视频截图

在聚类或分类算法中，使用计算距离的方法对数据进行聚类或分类，而连接记录的固定特征属性中有两种类型的数值——离散型和连续型。对于连续型特征属性，各属性的度量方法不一样。一般而言，所用的度量单位越小，变量可能的值域就越大，这样对聚类结果的影响也越大，即在计算数据间距离时对聚类的影响越大，甚至会出现"大数"吃"小数"的现象。

因此，为了避免对度量单位选择的依赖，消除由于属性度量的差异对聚类或分类产生的影响，需要对属性值进行标准化。对于离散型特征属性，本文中并不作标准化处理，而是放在聚类算法中计算距离时处理。所以，数据标准化是针对连续型特征属性的。

Z-score标准化是基于数据均值和方差的标准化方法。标准化后的数据呈现均值为0，方差为1的正态分布。这种方法要求原始数据的分布可以近似为高斯分布，否则效果会很差。标准化公式如下：

$$x' = \frac{x - mean}{std}$$

标准化之前的数据显示如下：

1. 0,1,47,9,105,146,0,0,0,0,0,0,0,0,0,0,0,0,0,0,0,0,0,1,1,0.00,0.00,0.00,0.00,1.00,0.00,0.00,255,254,1.00,0.01,0.00,0.00,0.00,0.00,0.00,0.00,0

经过处理后的数据如下所示。

1. -0.024411893497851576,1.0,47.0,9.0,-0.030455897580918892,-0.030455897580918892,0.0,-0.030455897580918892,-0.030455897580918892,-0.030455897580918892,-0.030455897580918892,0.0,-0.030455897580918892,0.0,-0.030455897580918892,-0.030455897580918892,-0.030455897580918892,-0.030455897580918892,-0.030455897580918892,-0.030455897580918892,0.0,0.0,-0.030455897580918892,-0.030455897580918892,-0.030455897580918892,-0.030455897580918892,-0.030455897580918892,-0.030455897580918892,-0.030455897580918892,-0.030455897580918892,-0.030455897580918892,-0.030455897580918892,-0.030455897580918892,-0.030455897580918892,-0.030455897580918892,

0.030455897580918892,-0.030455897580918892,-0.030455897580918892,-

0.030455897580918892,-0.030455897580918892,-0.030455897580918892,-

0.030455897580918892,0

数值标准化实现：我们利用 Sklearn 库中的 StandardScaler() 函数进行数据标准化。首先，我们需要引用该函数，其中，data 是已经全部转化为数值的数据。

```
1. from sklearn.preprocessing import StandardScaler
2. data=StandardScaler().fit_transform(data) # 标准化：利用 Sklearn 库的 StandardScaler 对数据标准化
```

12.4　KNN 实现入侵检测算法实现

KNN 实现入侵
检测算法实现

12.4.1　算法实现

K 最近邻 (K-NearestNeighbor，简称 KNN，详细算法描述见 11 章 5 节) 分类算法是数据挖掘分类技术中最简单常用的方法之一。所谓 K 最近邻，就是寻找 K 个最近的邻居的意思，每个样本都可以用它最接近的 K 个邻居来代表。本小节主要介绍 KNN 分类算法的基础知识及分析实例。

接下来开始进行 KNN 算法分类分析，其中 KNN 核心算法主要步骤包括加载数据集、划分数据集、KNN 训练与预测。下面我们将分步实现。

1. 加载数据集

我们定义 data_processing()，读取数据获得数据特征样本和数据标签，其中定义的 data_processing() 函数里面有一个参数 all_features，默认值为 True，表示提取所有特征 (41 个) 进行训练；如果选择 all_features=False，则表示提取第 3,4,5,6,8,10,13,23,24,37 这 10 个特征进行训练，最后会比较这两种特征选取方案预测的优劣。

```
1.  def data_processing(file,all_features=True):
2.      fr=pd.read_csv(file,encoding='utf-8',error_bad_lines=False,nrows=None)
3.      data=np.array(fr)
4.      print(' 数据集大小：',data.shape)
5.
6.      data[:,-1]=LabelEncoder().fit_transform(data[:,-1])
7.      # 标签的编码
8.      data[:,0:-1]=OrdinalEncoder().fit_transform(data[:,0:-1])
9.      # 特征的分类编码
10.     # 标准化：利用 Sklearn 库的 StandardScaler 对数据标准化
11.     data=StandardScaler().fit_transform(data)
12.
13.     # 选取特征和标签
14.     line_nums=len(data)
```

```
15.     data_label=np.zeros(line_nums)
16.     if all_features==True:
17.         data_feature=np.zeros((line_nums,41))
18.         # 创建 line_nums 行 41 列的矩阵
19.         for i in range(line_nums):              # 依次读取每行
20.             data_feature[i,:] =data[i][0:41]
21.             # 选择前 41 个特征划分数据集特征和标签
22.             data_label[i]=int(data[i][-1])       # 标签
23.     else:
24.         data_feature=np.zeros((line_nums,10))
25.         # 创建 line_nums 行 10 列的矩阵
26.         for i in range(line_nums):              # 依次读取每行
27.             feature=[3,4,5,6,8,10,13,23,24,37]# 选择第 3,4,5,6,8,10,13,23,24,37 这 10 个特征分类
28.             for j in feature:
29.                 data_feature[i,feature.index(j)]=data[i][j]
30.             data_label[i]=int(data[i][-1])       # 标签
31.     return data_feature,data_label
```

2. 划分数据集

因为数据集只有一个，所以需要将数据集划分成训练集和测试集两部分，一部分用于模型训练，一部分用于模型测试，验证模型的准确性。这里采用 Sklearn 库 model_selection 模块的 train_test_split 函数划分，训练集占 60%、测试集 40%。

```
1.  train_feature,test_feature,train_label,test_label=train_test_split(data_feature,data_label,test_size=0.4,
random_state=4)# 测试集 40%
2.  print(' 训练集特征大小：{}，训练集标签大小：{}'.format(train_feature.shape,train_label.shape))
3.  print(' 测试集特征大小：{}，测试集标签大小：{}'.format(test_feature.shape,test_label.shape))
```

3. KNN 模型训练与预测

我们使用 Sklearn KNN 算法进行分类，需要先了解 Sklearn KNN 算法的一些基本参数。

```
1.  def KNeighborsClassifier(n_neighbors=5,
2.      weights='uniform',
3.      algorithm='',
4.      leaf_size='30',
5.      p=2,
6.      metric='minkowski',
7.      metric_params=None,
8.      n_jobs=None
9.      )
```

- n_neighbors：这个值就是指 KNN 中的 "K"。前面介绍过，通过调整 K 值，算法会有不同的效果。

- weights(权重)：最普遍的 KNN 算法无论距离如何，权重都一样，但有时候根据案

例的情景我们需要对距离做出特殊设置，比如距离更近的点让它更加重要。这时候就需要
weight 参数，这个参数有三个可选的值，决定了如何分配权重。参数选项如下：

(1) 'uniform'：不管远近权重都一样，就是最普通的 KNN 算法的形式。

(2) 'distance'：权重和距离成反比，距离预测目标越近具有越高的权重。

(3) 自定义函数：自定义一个函数，根据输入的坐标值返回对应的权重，达到自定义
权重的目的。

- algorithm：略。

- p：和 metric 结合使用的，当 metric 参数是"minkowski"的时候，p = 1 为曼哈顿距离，
p = 2 为欧式距离。默认为 p = 2。

- metric：指定距离度量方法，一般都是使用欧式距离。

- n_jobs：指定多少个 CPU 进行运算，默认是 −1，也就是全部都算。

```
1.  begin_time = time()  # 训练预测开始时间
2.  if __name__ == '__main__':
3.      print('Start training DT：',end = '')
4.      dt = sklearn.tree.DecisionTreeClassifier(criterion = 'gini',splitter = 'best',max_depth = 20,
min_samples_split = 2,min_samples_leaf = 1)
5.      dt.fit(train_feature,train_label)
6.      print(dt)
7.      print('Training done！')
8.
9.      print('Start prediction DT：')
10.     test_predict = dt.predict(test_feature)
11.     print('Prediction done！')
12.
13.     print(' 预测结果：',test_predict)
14.     print(' 实际结果：',test_label)
```

12.4.2 评价算法

评价指标是针对将相同的数据，输入不同的算法模型，或者输入不同参数的同一种算
法模型，而给出这个算法或者参数好坏的定量指标。

在模型评估过程中，往往需要使用多种不同的指标进行评估，在诸多的评价指标中，
大部分指标只能片面地反应模型的一部分性能，如果不能合理地运用评估指标，不仅不能
发现模型本身的问题，而且还会得出错误的结论。在本章算法中，我们主要用到了精准率
来评估模型指标。

精准率 (Precision) 又叫查准率，它是针对预测结果而言的，它的含义是在所有被预测
为正的样本中实际为正的样本的概率，意思就是在预测为正样本的结果中，我们有多少把
握可以预测正确，其公式如下：

$$Precision = \frac{TP}{TP + FP}$$

在上述公式中 *TP*，*FP* 为所有被预测为正的样本中实际为正负的样本的个数，在本例中 *TP* 和 *FP* 为网络流量判定为入侵流量中真实入侵流量的数目和非真实入侵流量的数目。

```
1. print(' 正确预测的数量：',sum(test_predict==test_label))
2. print(' 准确率 :',metrics.accuracy_score(test_label, test_predict))
3. # 预测准确率输出
4. end_time = time() # 训练预测结束时间
5. total_time = end_time - begin_time
6. print(' 训练预测耗时：',total_time,'s')
```

预测结果如图 12-7 和图 12-8 所示。

方案一：提取所有特征进行训练，方案一的预测准确率为 0.9934，耗时 110.3 s。

```
Start training DT: KNeighborsClassifier()
Training done!
Start prediction DT:
Prediction done!
预测结果：[18. 18.  9. ...  9. 18. 11.]
实际结果：[18. 18.  9. ...  9. 18. 11.]
正确预测的数量：196308
准确率：0.9934213189749402
宏平均精确率：0.6761670920117717
微平均精确率：0.9934213189749402
宏平均召回率：0.6705467910841479
平均F1-score：0.9933455519786402
训练预测耗时：915.1273963451385 s
```

图 12-7　方案一预测结果

方案二：提取第 3,4,5,6,8,10,13,23,24,37 这 10 个特征进行训练，方案二的预测准确率为 0.9948，耗时 33.8 s。

```
Start training DT: KNeighborsClassifier()
Training done!
Start prediction DT:
Prediction done!
预测结果：[18. 18.  9. ...  9. 18. 11.]
实际结果：[18. 18.  9. ...  9. 18. 11.]
正确预测的数量：197503
准确率：0.9994686449941298
宏平均精确率：0.7205754620547735
微平均精确率：0.9994686449941298
宏平均召回率：0.7006688664839547
平均F1-score：0.9994473794822294
训练预测耗时：1268.8057479858398 s
```

图 12-8　方案二预测结果

从上述结果可以看出，我们不需要选择所有的特征来训练模型，只需要选择其中关键的几个特征就可以很好地实现 KDD Cup 1999 数据集的分类预测，从而极大地减小计算量。可以尝试选择其他特征来训练模型，对比分析一下预测效果。这里推荐三组特征：[3,4,5,6,29,30,32,35,39,40]、[1,3,5,6,12,22,23,31,32,33]、[1,2,3,5,10,13,14,32,33,36]。也可以尝试其他算法，比如决策树、随机森林、朴素贝叶斯等。

本 章 小 结

基于机器学习的恶意代码检测方法一直是学界研究的热点。由于机器学习算法可以挖掘输入特征之间更深层次的联系，更加充分地利用恶意代码的信息，因此，基于机器学习的恶意代码检测往往表现出较高的准确率，并且在一定程度上可以对未知的恶意代码实现自动化分析。

在实际应用中，以往的传统监控，面对海量运维监控数据，需要快速止损，但人肉监控（例如 ELK）不现实，且业务数据的特点会发生变化，经验也需与时俱进。目前，我们逐渐开始使用 AI 异常检测的方式快速发现问题并提前规避故障，使用历史数据结合 AI 算法自动更新业务经验知识，如苏宁已经建成的 AI 监控运维中心。

另外，我们也应该与时俱进，随着物联网、5G 网络、无线网等的发展，在后续研究工作中，应多考虑新型的网络应用场景，解决如何在实际环境中进行实时性和适应性的验证。

思 考 题

1. 简述网络流量异常检测的训练过程。
2. 除使用 KNN 实现流量异常检测外，查阅资料，看看还可以使用哪些方法？
3. KNN 代码中有哪些参数是可以修改的？请尝试修改后，观察对结果是否有影响。
4. 利用深度学习算法和利用常规机器学习算法进行网络流量异常检测有哪些区别？

第13章 智能制造领域中AI的应用——智能分拣实战

13.1 智能分拣需求业务背景

13.1.1 机器人发展

制造业是国家经济发展的重要支柱，随着"中国制造2025"战略的深入发展，国内的制造产业迈入了发展的快车道，工业机器人作为先进技术装备对产业的升级发展起着重要作用。工业机器人在国内的数量增长迅速，截至2019年，中国工业机器人累计安装量已达78.3万台，总量居亚洲第一。

工业机器人是一种应用范围非常广并且技术附加值较高的数字控制装备。为了避免工人在工业化生产流水线上不断地进行机械式重复劳动，或是期望工人可以从危险的工作环境下解放出来，人们掀起了研究工业机器人的热潮。随着机器人研究领域的不断发展，机器人在工业化生产中的相关技术已经越来越成熟，不仅可以严格保证产品质量，还极大地提高了工业化生产效率。此外，机器人行业的竞争激烈，促使其成本正在逐步降低，然而人工劳动力的成本却在不同程度地上涨，这导致对高性价比的机器人的需求量迅速增加，从而进一步推动着该行业的发展。

现代工业生产线上经常需要通过分拣操作完成作业任务，例如汽车零件分拣组装、电子产品零部件分拣等。工业机器人具有较高的定位精度和较好的工作稳定性等优点，因此被大量应用于分拣作业。

分拣机器人被大量应用于传统生产领域，它能够代替工人完成固定的分拣动作，避免了人工因素导致的分拣错误，提高了工业生产效率和质量。

13.1.2 视觉机器人产生

传统的分拣机器人通过示教编程或离线编程方法控制机器人，使机器人按照规划的移动路线和运行姿态完成分拣任务。传统分拣机器人通常只能运用在待抓取位置固定的应用场景，如果待分拣工件的摆放位置或姿态发生变化，该类型机器人就很难准确抓取到工件，且当实际作业环境发生变化时，需要重新通过示教编程或离线编程设置机器人。当前工业生产线上的工件种类丰富，传统分拣机器人在多种类工件混合放置时无法识别出所需要的目标工件，所以需要设计并开发一种智能的多种类工件分拣系统，能够对复杂工作环境下的多种类工件进行识别定位与抓取。为了能够实现分拣操作，机器人需要知道待分拣的工件类型以及工件在传送带上运动时的实时位置信息，所以需要给机器人安装图像传感器设备，使其具有获取外部图像信息的能力，增强其自适应性，以满足分拣种类繁多的机械零部件的要求。

人类通过视觉可以获取众多的外部信息，若将这一特点应用到机器人上，就可以使机器人感知外部信息的变化，并反馈给控制器，其应用领域将更加广泛。可见，视觉伺服对于扩大工业机器人的应用范围起到了重要作用。在视觉分拣操作中涉及的相关技术正在改变我们传统的工业，解放人类劳动力，提高社会生产力水平，这正是我国实现工业化道路过程中的一次重要机遇。

随着视觉处理技术和机器人控制技术的快速发展，机器人研发工程师开始将机器视觉技术应用到传统分拣机器人中，从而显著提高了分拣机器人适应工作环境的能力，促进了工业制造技术向智能化方向发展。目前国内的智能工件分拣系统技术研究还不够深入，且我国制造业的升级改造市场需求存在巨大空间，因此研究基于视觉的工件自动分拣系统具有较大的工业应用价值。

机器视觉是一门涉及较多领域的交叉学科，包括计算机图形学、信号处理、计算机科学和光学理论等领域。机器视觉能对三维空间中的客观事物进行测量和判断，包括缺陷检测、图像识别、视觉定位等。

常见的工业视觉应用系统的主要工作流程如图 13-1 所示。视觉系统首先使用工业相机采集目标物体图像，接着通过预处理技术对采集的原始图像进行处理，提高图像质量；通过视觉处理算法对预处理后的图像进行处理分析，提取出图像中的目标特征信息；视觉应用系统根据获取的目标特征信息与实际作业需求得到决策结果，最后根据决策结果执行相应的操作。

图 13-1　机器视觉系统工作流程图

机器视觉技术的应用方向主要分为定位、检测、识别、测量。视觉定位指通过视觉技术得到被检测物体的位置坐标信息，视觉应用系统一般通过该坐标信息引导自动化设备作业；视觉检测通常用于判断被检测对象的当前状态是否达标，例如判断物体表面是否缺损；视觉识别指通过视觉技术提取图像中目标的特征信息，根据不同的任务规则进行对应的识别与分类；视觉测量主要指通过视觉技术计算出图像中目标物体的尺寸大小，为后续的生产作业提供参考数据。

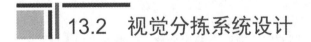

视觉分拣系统设计
与数据集准备

本节首先对系统需求进行分析，根据系统需求设计视觉分拣系统的整体方案框架并概述系统中各组成单元的作用。本节设计的视觉分拣系统实现了工件图像采集、识别、定位与分拣等完整的生产作业流程。

13.2.1　需求分析

基于某制造业企业的生产技术改造需求，其传统的流水线作业需要大量人工进行操作，随着人工成本的大幅增加，企业的经营成本也大幅提高。而市场上常见的视觉分拣机器人成本高，无法大规模推广使用，该企业需要一款低成本且具有良好分拣性能的工件分拣系统。本节介绍的视觉分拣系统要对传送带上合格品和瑕疵品工件实现实时定位和精准分拣作业，且系统具有低构造成本的特点。

13.2.2　整体方案设计

本文设计的视觉分拣系统由四大模块单元组成，分别为控制设备单元、图像采集单元、图像处理单元和机器人分拣单元，系统的组成关系如图 13-2 所示。

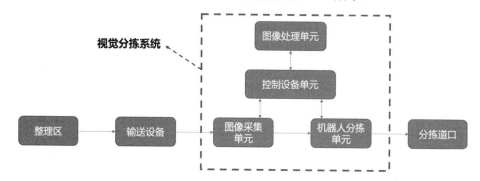

图 13-2　分拣系统整体框架图

1. 控制设备单元

主控制器是系统的核心，如图 13-3 所示，它用来实现各个模块之间的互联通信，进行信息的处理和传递。我们采用树莓派作为主控制器。树莓派相对于同级别的 STM32、Ardruino、FPGA 等嵌入式控制器来说，性价比较高，主板上面集成的功能也比较齐全，支持的外设也较多，可自行装载系统。

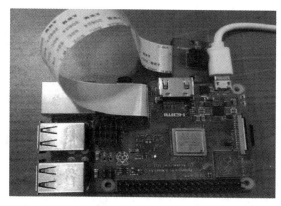

图 13-3　主控制单元

2. 图像采集单元

图像采集单元包括工业相机、光学镜头和传输网线。该单元将采集到的工件图像传输给图像处理单元进行处理。由于传送带上的工件具有种类多且分布位置随机的特点，加上工件出现在相机摄影范围的时间较短，因此对工业相机的拍摄频率和传输带宽提出了较高要求。使用普通以太网通信会出现比较大的传输延迟，而千兆以太网通信可以达到大约1000 Mb/s 的传输速率，使用千兆以太网工业相机可以满足视觉分拣系统对图像数据高速率传输的要求。

3. 图像处理单元

图像处理单元是系统的核心单元，包括视觉处理算法、工控机和显示器。图像处理单元中的工控机接收到图像采集单元所采集的工件图像后，调用视觉处理算法对工件图像进行处理分析，得到图像中工件对应的种类信息和位置坐标信息，最后将该信息发送给机器人分拣单元。

4. 机器人分拣单元

机器人分拣单元主要利用机械臂实现抓取功能。机器人分拣单元是基于视觉的工件分拣系统的执行机构，负责接收图像处理单元发送的分拣信息，并根据分拣信息对传送带上的工件进行抓取与放置，根据工件的位置坐标信息确定分拣机器人的抓取点，根据工件的种类信息确定分拣机器人的放置区域。

13.3 品类分类算法——基于卷积神经网络的图像分类算法

13.3.1 卷积神经网络

卷积神经网络本质上是一个多层感知机，它采用局部连接和共享权值的方式，使得神经网络易于优化，降低过拟合的风险。卷积神经网络可以使用图像直接作为神经网络的输入，避免了传统识别算法中复杂的特征提取和数据重建过程。卷积神经网络在二维图像处理上有众多优势，如能自行抽取图像特征（包括颜色、纹理、形状及图像的拓扑结构），在识别位移、缩放及其他形式扭曲不变性的应用上具有良好的鲁棒性和运算效率等。卷积神经网络可以处理环境信息复杂、背景知识不清楚、推理规则不明确情况下的问题，允许样品有较大的缺损、畸变，并且运行速度快，自适应性能好，具有较高的分辨率。

卷积神经网络最主要的功能是特征提取和降维。特征提取是计算机视觉和图像处理中的一个概念，指的是使用计算机提取图像信息，决定每个图像的点是否属于一个图像特征。特征提取的结果是把图像上的点分为不同的子集，这些子集往往属于孤立的点、连续的曲线或者连续的区域。降维是指通过线性或非线性映射，将样本从高维度空间映射到低维度空间，从而获得高维度数据的一个有意义的低维度表示过程。通过特征提取和降维，可以有效地进行信息提取及无用信息的摈弃，从而极大地降低了计算的复杂程度，减少了冗余信息。例如，一张狗的图像通过特征提取和降维后，尺寸缩小一半还能被认出是一张狗的图像，说明这张图像中仍保留着狗的最重要的特征。图像降维时去掉的信息只是一些无关紧要的信息，而留下的信息则是最能表达图像特征的信息。

13.3.2　基于卷积神经网络的图像分类算法

图像分类，即给定一幅输入图像，通过某种分类算法来判断该图像所属的类别。图像分类的主要流程包括图像预处理、图像特征描述和提取以及分类器的设计。预处理包括图像滤波（例如中值滤波、均值滤波、高斯滤波等）和尺寸的归一化等操作，其目的是方便目标图像后续处理。图像特征描述是对凸显特性或属性的描述；特征提取，即根据图像本身的特征，按照某种既定的图像分类方式来选取合适的特征并进行有效的提取。分类器就是按照所选取的特征来对目标图像进行分类的一种算法。

传统的图像分类方法如图 13-4 所示，即按照上述流程分别进行处理，性能差异性主要依赖于特征提取及分类器选择两方面。传统图像分类算法所采用的特征都为人工选取，常用的图像特征有形状、纹理、颜色等底层视觉特征。

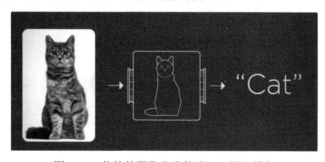

图 13-4　传统的图像分类算法——提取特征

但是，对于一些复杂场景的图像，要寻找能准确描述目标图像的人工特征绝非易事。常见的传统分类器包括 K 近邻、支持向量机等传统分类器。对于一些简单图像分类任务，这些分类器实现简单，效果良好，但对于一些类别之间差异细微、图像干扰严重的图像，其分类精度大打折扣，即传统分类器非常不适合复杂图像的分类，如图 13-5 所示。

图 13-5　分类困难

随着计算机的快速发展以及计算能力的极大提高，深度学习逐渐步入我们的视野。在图像分类领域，深度学习中的卷积神经网络对于图像分类问题效果显著，如图 13-6 所示。相较于传统的图像分类方法，卷积神经网络不再需要人工对目标图像进行特征描述和提取，而是通过神经网络自主地从训练样本中学习特征，并且这些特征与分类器关系紧密，这很好地解决了人工提取特征和分类器选择的难题。

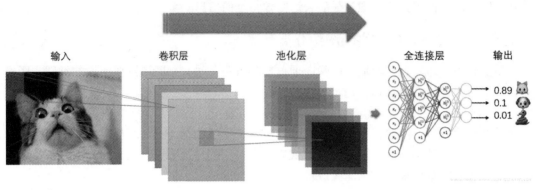

图 13-6　卷积神经网络

13.3.3　分类器的一般训练过程

分类器的训练如图 13-7 所示。训练一个分类器通常需要以下三个步骤。

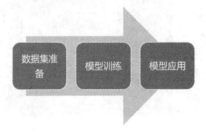

图 13-7　训练分类器的三个步骤

1. 数据集准备

通常会把要处理的数据叫作数据集 (data set)。一个数据集通常来说包括三个部分：① 训练数据 (training data) 及其标签；② 验证数据 (validation data) 及其标签；③ 测试数据 (testing data)。需要特别强调的是，这三部分都是各自独立的，也就是说，训练数据中的数据不能再出现在验证数据以及测试数据中，验证数据最好也不要出现在测试数据中，这点在训练分类器的时候一定要特别注意。

我们通过使用训练数据和其标签训练模型，这就好比教育一个小孩子通过观察知道什么是苹果的过程，我们要让他反复地看到各种样式的苹果的照片以及其他不是苹果的物体的照片 (训练数据)，并且告诉他哪些照片是苹果，哪些不是 (训练数据的标签)，通过这样的过程让小孩子学习。

2. 模型训练

将数据集进行预处理后，喂进数据模型，进行模型训练。通过将损失函数降低，可以不断优化模型中的参数。

3. 模型应用

等到模型已经训练得足够好了，即在验证数据上取得了很好的效果之后，我们就将这个模型真正地运用于实际中，代替我们工作。有时候在一些科研项目中是不存在这个步骤的，因为如果要衡量一个机器学习算法的优越性，使用第二步中有标签的数据就可以做到。只有等到那个算法真正地在现实生活中应用了，才会有很多的无标签数据让机器去代替人们完成任务。

以下我们将对 13.2 节设计的视觉分拣系统中的分类算法按照步骤 1、2 实现，第 3 步是将我们已经训练好的模型驱动机械臂实施分拣任务，这里不作介绍。

13.4　数据集准备

本案例的目的是将企业生产线上生产的两类产品分拣出来，包括合格品和不合格品。我们通过实际采集来演示如何自定义数据集。我们一共收集了两类样品，共 448 张图片，具体信息如表 13-1 所示。

表 13-1　产品线数据集信息

产品	合格品	不合格品
数量	224	224

用户自行下载提供的数据集文件，解压后获得名为 data 的根目录，它包含了两个文件夹，每个文件夹的文件夹名代表了图片的类别名，每个子文件夹下面存放了当前类别的所有图片，如图 13-8 所示。

data		
名称	修改日期	类型
合格品	2022/5/25 20:07	文件夹
不合格品	2022/5/25 20:07	文件夹

图 13-8　数据集存放目录

在实际应用中，样本以及样本标签的存储方式可能各不相同。有些场合所有的图片存储在同一目录下，类别名可从图片名字中推导出。例如文件名为合格品 0132.png 的图，其类别信息可从文件名提取出。有些数据集样本的标签信息保存在 JSON 格式的文本文件中，需要按照 JSON 格式查询每个样本的标签。不管数据集是以什么方式存储的，总是能够通过逻辑规则获取所有样本的路径和标签信息。

这里将自定义数据的加载流程抽象为创建编码表、创建样本和标签表格、数据集划分等步骤。

13.4.1　创建编码表

样本的类别一般以字符串类型的类别名标记，但是对于神经网络来说，首先需要将类别名进行数字编码，然后在合适的时候再转换成 One-hot 编码或其他编码格式。考虑 n 个类别的数据集，将每个类别随机编码为 $l \in [0, n-1]$ 的数字，类别名与数字的映射关系称为编码表，一旦创建后，一般不能变动。

针对数据集的存储格式，通过如下方式创建编码表。首先按序遍历 data 根目录下的所有子目录，对每个子目录，利用类别名作为编码表字典对象 name2label 的键，编码表的现有键值对数量作为类别的标签映射数字，并保存进 name2label 字典对象。代码如下：

```
1.  def load_data(root, mode='train'):
2.      # 创建数字编码表
3.      name2label = {}  # "sq...":0
4.      # 遍历根目录下的子文件夹，并排序，保证映射关系固定
5.      for name in sorted(os.listdir(os.path.join(root))):
6.          # 跳过非文件夹
7.          if not os.path.isdir(os.path.join(root, name)):
8.              continue
9.          # 给每个类别编码一个数字
10.         name2label[name] = len(name2label.keys())
11.         ……
```

13.4.2 创建样本和标签表格

编码表确定后，需要根据实际数据的存储方式获得每个样本的存储路径以及它的标签数字，分别表示为 images 和 labels 两个 List 对象。其中 imagesList 存储了每个样本的路径字符串，labelsList 存储了样本的类别数字，两者长度一致，且对应位置的元素相互关联。将 images 和 labels 信息存储在 csv 格式的文件中，其中 csv 文件格式是一种以逗号分隔数据的纯文本文件格式，可以使用记事本或者 MSExcel 软件打开。通过将所有样本信息存储在一个 csv 文件中有诸多好处，如可以直接进行数据集的划分、可以随机采样 Batch 等。在 csv 文件中可以保存数据集所有样本的信息，也可以根据训练集、验证集和测试集分别创建 3 个 csv 文件。最终产生的 csv 文件内容如图 13-9 所示，每行的第一个元素保存了当前样本的存储路径，第二个元素保存了样本的类别数字。

```
C:\Users\duluv\Desktop\科研\通识课教材\ClassificationProject\data\不合格品\00000016.png,0
C:\Users\duluv\Desktop\科研\通识课教材\ClassificationProject\data\不合格品\00000030.png,0
C:\Users\duluv\Desktop\科研\通识课教材\ClassificationProject\data\不合格品\00000010.png,0
C:\Users\duluv\Desktop\科研\通识课教材\ClassificationProject\data\不合格品\00000002.jpg,0
C:\Users\duluv\Desktop\科研\通识课教材\ClassificationProject\data\不合格品\00000150.png,0
C:\Users\duluv\Desktop\科研\通识课教材\ClassificationProject\data\不合格品\00000107.png,0
C:\Users\duluv\Desktop\科研\通识课教材\ClassificationProject\data\不合格品\00000154.png,0
C:\Users\duluv\Desktop\科研\通识课教材\ClassificationProject\data\合格品\00000037.jpg,1
C:\Users\duluv\Desktop\科研\通识课教材\ClassificationProject\data\合格品\00000119.jpg,1
C:\Users\duluv\Desktop\科研\通识课教材\ClassificationProject\data\合格品\00000183.jpg,1
C:\Users\duluv\Desktop\科研\通识课教材\ClassificationProject\data\不合格品\00000137.png,0
C:\Users\duluv\Desktop\科研\通识课教材\ClassificationProject\data\合格品\00000015.jpg,1
C:\Users\duluv\Desktop\科研\通识课教材\ClassificationProject\data\不合格品\00000188.jpg,0
```

图 13-9 csv 文件保存的样本路径和标签

csv 文件创建过程为：遍历 data 根目录下的所有图片，记录图片的路径，并根据编码表获得其编码数字，作为一行写入 csv 文件中。代码如下：

```
1.  def load_csv(root, filename, name2label):
2.      # 从 csv 文件返回 images,labels 列表
3.      # root: 数据集根目录 ,filename:csv 文件名 , name2label: 类别名编码表
4.      if not os.path.exists(os.path.join(root, filename)):
5.          # 如果 csv 文件不存在 , 则创建
6.          images = []
7.          for name in name2label.keys(): # 遍历所有子目录 , 获得所有的图片
8.              # 只考虑后缀为 png,jpg,jpeg 的图片 :
9.              images += glob.glob(os.path.join(root, name, '*.png'))
10.             images += glob.glob(os.path.join(root, name, '*.jpg'))
11.             images += glob.glob(os.path.join(root, name, '*.jpeg'))
12.         # 打印数据集信息
13.         print(len(images), images)
14.         random.shuffle(images) # 随机打散顺序
15.         # 创建 csv 文件 , 并存储图片路径及其 label 信息
16.         with open(os.path.join(root, filename), mode='w', newline='') as f:
17.             writer = csv.writer(f)
18.             for img in images:
19.                 name = img.split(os.sep)[-2]
20.                 label = name2label[name]
21.                 #'
22.                 writer.writerow([img, label])
23.             print('written into csv file:', filename)
```

创建完 csv 文件后，下一次只需要从 csv 文件中读取样本路径和标签信息即可，而不需要每次都生成 csv 文件，提高了计算效率，代码如下：

```
1.  def load_csv(root, filename, name2label):
2.      ...
3.      # 此时已经有 csv 文件，直接读取
4.      images, labels = [], []
5.      with open(os.path.join(root, filename)) as f:
6.          reader = csv.reader(f)
7.          for row in reader:
8.              #
9.              img, label = row
10.             label = int(label)
11.             images.append(img)
12.             labels.append(label)
13.     # 返回图片路径 list 和标签 list
14.     return images, labels
```

13.4.3 数据集划分

数据集的划分需要根据实际情况来灵活调整划分比率。当数据集样本数较多时，可以选择 80%、10%、10% 的比例分别分配给训练集、验证集和测试集；当样本数量较少时，如这里的图片总数仅 448 张左右，如果验证集和测试集比例只有 10%，则其图片数量约为 40 张，因此验证准确率和测试准确率可能波动较大。对于小型的数据集，尽管样本数量较少，但还是需要适当增加验证集和测试集的比例，以保证获得准确的测试结果。这里将验证集和测试集比例均设置为 20%，即有约 80 张图片用作验证和测试。

首先调用 load_csv 函数加载 images 和 labels 列表，根据当前模式参数 mode 加载对应部分的图片和标签。具体地，如果模式参数为 train，则分别取 images 和 labels 的前 60% 数据作为训练集；如果模式参数为 val，则分别取 images 和 labels 的 60%~80% 区域数据作为验证集；如果模式参数为 test，则分别取 images 和 labels 的后 20% 作为测试集。代码如下：

```
1.  def load_data(root, mode='train'):
2.      ...
3.
4.      # 读取 Label 信息
5.      # [file1,file2,], [3,1]
6.      images, labels = load_csv(root, 'images.csv', name2label)
7.
8.      if mode == 'train': # 60%
9.          images = images[:int(0.6 * len(images))]
10.         labels = labels[:int(0.6 * len(labels))]
11.     elif mode == 'val': # 20% = 60%->80%
12.         images = images[int(0.6 * len(images)):int(0.8 * len(images))]
13.         labels = labels[int(0.6 * len(labels)):int(0.8 * len(labels))]
14.     else: # 20% = 80%->100%
15.         images = images[int(0.8 * len(images)):]
16.         labels = labels[int(0.8 * len(labels)):]
17.
18.     return images, labels, name2label
```

注意：每次运行时的数据集划分方案需固定，防止使用测试集的样本训练，导致模型泛化性能不准确。

13.5 模型加载和训练

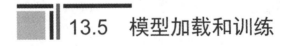

智能分拣
业务实现

13.5.1 创建 Dataset 对象

首先通过 load_data 函数返回 images、labels 和编码表信息，代码如下：

```
1.  # 加载数据集，指定加载训练集
2.  images, labels, table = load_data(path, 'train')
3.  print('images:', len(images), images)
4.  print('labels:', len(labels), labels)
5.  print('table:', table)
```

构建 Dataset 对象，并完成数据集的随机打散、预处理和批量化操作，代码如下：

```
1.  # images: string path
2.  # labels: number
3.  db = tf.data.Dataset.from_tensor_slices((images, labels))
4.  db = db.shuffle(1000).map(preprocess).batch(32)
```

在使用 tf.data.Dataset.from_tensor_slices 构建数据集时传入的参数是 images 和 labels 组成的 tuple，因此在对 db 对象迭代时，返回的是 $(X_i，Y_i)$ 的 tuple 对象，其中，X_i 是第 i 个 Batch 的图片张量数据，Y_i 是第 i 个 Batch 的图片标签数据。可以通过 TensorBoard 可视化来查看每次遍历的图片样本，代码如下：

```
1.  # 创建 TensorBoard 对象
2.  writter = tf.summary.create_file_writer('logs')
3.  for step, (x,y) in enumerate(db):
4.      # x: [32, 224, 224, 3]
5.      # y: [32]
6.      with writter.as_default():
7.          x = denormalize(x) # 反向 normalize，方便可视化
8.          # 写入图片数据
9.          tf.summary.image('img',x,step=step,max_outputs=9)
10.         time.sleep(5)
```

13.5.2　数据预处理

前面在构建数据集时通过调用 map(preprocess) 函数来完成数据的预处理工作。由于目前 images 列表只是保存了所有图片的路径信息，而不是图片的内容张量，因此需要在预处理函数中完成图片的读取以及张量转换等工作。对于预处理函数 (x，y)=preprocess(x，y)，它的传入参数需要和创建 Dataset 时给的参数的格式保持一致，返回参数也需要和传入参数的格式保持一致。特别地，在构建数据集时传入 (x，y) 的 tuple 对象，其中，x 为所有图片的路径列表，y 为所有图片的标签数字列表。考虑到 map 函数的位置为：

```
db = db.shuffle(1000).map(preprocess).batch(32)
```

那么 preprocess 的传入参数为 $(x_i，y_i)$，其中，x_i 和 y_i 分别为第 i 个图片的路径字符串和标签数字。如果 map 函数的位置为：

```
db = db.shuffle(1000).batch(32).map(preprocess)
```

那么 preprocess 的传入参数为 $(x_i，y_i)$，其中，x_i 和 y_i 分别为第 i 个 Batch 的路径和标签列表，代码如下：

```
1.  def preprocess(x,y):
2.      # x: 图片的路径 List,y：图片的数字编码 List
3.      x = tf.io.read_file(x) # 根据路径读取图片
4.      x = tf.image.decode_jpeg(x, channels=3) # 图片解码
5.      x = tf.image.resize(x, [244, 244]) # 图片缩放
6.
7.      # 数据增强
8.      # x = tf.image.random_flip_up_down(x)
9.      x= tf.image.random_flip_left_right(x) # 左右镜像
10.     x = tf.image.random_crop(x, [224, 224, 3]) # 随机裁剪
11.     # 转换成张量
12.     # x: [0,255]=> 0～1
13.     x = tf.cast(x, dtype=tf.float32) / 255.
14.     # 0～1 => D(0,1)
15.     x = normalize(x) # 标准化
16.     y = tf.convert_to_tensor(y) # 转换成张量
17.
18.     return x, y
```

考虑到数据集规模非常小，为了防止过拟合，做了少量的数据增强变换，以获得更多样式的图片数据。最后将 0～255 的像素值缩放到 0～1，并通过标准化函数 normalize 实现数据的标准化运算，将像素映射为在 0 周围分布，有利于网络的优化。最后将数据转换为张量数据返回。此时对 db 对象迭代时返回的数据将是批量形式的图片张量数据和标签张量。

标准化后的数据适合网络的训练及预测，但是在进行可视化时，需要将数据映射回 0～1 的范围。实现标准化和标准化的逆过程的代码如下：

```
1.  # 这里的 mean 和 std 根据真实的数据计算获得，比如 ImageNet
2.  img_mean = tf.constant([0.485, 0.456, 0.406])
3.  img_std = tf.constant([0.229, 0.224, 0.225])
4.  def normalize(x, mean=img_mean, std=img_std):
5.      # 标准化
6.      # x: [224, 224, 3]
7.      # mean: [224, 224, 3], std: [3]
8.      x = (x - mean)/std
9.      return x
10.
11. def denormalize(x, mean=img_mean, std=img_std):
12.     # 标准化的逆过程
13.     x = x * std + mean
14.     return x
```

使用上述方法，分别创建训练集、验证集和测试集的 Dataset 对象。一般来说，验证集和测试集并不直接参与网络参数的优化，不需要随机打散样本次序。代码如下：

```
1.  batchsz = 32
2.  # 创建训练集 Datset 对象
3.  images, labels, table = load_data(path,mode='train')
4.  db_train = tf.data.Dataset.from_tensor_slices((images, labels))
5.  db_train = db_train.shuffle(1000).map(preprocess).batch(batchsz)
6.  # 创建验证集 Datset 对象
7.  images2, labels2, table = load_data(path,mode='val')
8.  db_val = tf.data.Dataset.from_tensor_slices((images2, labels2))
9.  db_val = db_val.map(preprocess).batch(batchsz)
10. # 创建测试集 Datset 对象
11. images3, labels3, table = load_data(path,mode='test')
12. db_test = tf.data.Dataset.from_tensor_slices((images3, labels3))
13. db_test = db_test.map(preprocess).batch(batchsz)
```

13.5.3　创建模型

在 keras.applications 模块中实现了常用的网络模型，如 VGG 系列、ResNet 系列、DenseNet 系列、MobileNet 系列等，只需要一行代码即可创建这些模型网络。代码如下：

```
1.  # 加载 DenseNet 网络模型，并去掉最后一层全连接层，最后一个池化层设置为 max pooling
2.  net = keras.applications.DenseNet121(weights='imagenet', include_top=False, pooling='max')
3.  # 设计为不参与优化，即 MobileNet 这部分参数固定不动
4.  net.trainable = True
5.  newnet = keras.Sequential([
6.      net, # 去掉最后一层的 DenseNet121
7.      layers.Dense(1024, activation='relu'), # 追加全连接层
8.      layers.BatchNormalization(), # 追加 BN 层
9.      layers.Dropout(rate=0.5), # 追加 Dropout 层，防止过拟合
10.     layers.Dense(2) # 根据数据的任务，设置最后一层输出节点数为 5
11. ])
12. newnet.build(input_shape=(4,224,224,3))
13. newnet.summary()
```

上面的代码使用 DenseNet121 模型来创建网络，由于 DenseNet121 的最后一层输出节点设计为 1000，将 DenseNet121 去掉最后一层，并根据自定义数据集的类别数，添加一个输出节点数为 2 的全连接层，通过 Sequential 容器重新包裹成新的网络模型。其中，include_top=False 表明去掉最后的全连接层，pooling='max' 表示 DenseNet121 最后一个 Pooling 层设计为 MaxPolling。网络模型结构如图 13-10 所示。

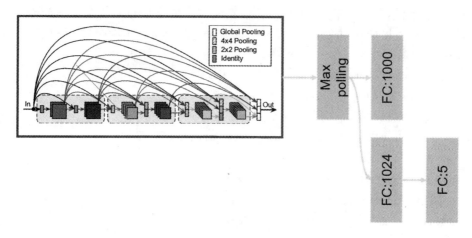

图 13-10 网络模型结构

13.5.4 网络训练与测试

直接使用 Keras 提供的 Compile&Fit 方式装配并训练网络，优化器采用最常用的 Adam 优化器，误差函数采用交叉熵损失函数，并设置 from_logits=True，在训练过程中关注的测量指标为准确率。网络模型装配代码如下：

```
1.  newnet.compile(optimizer=optimizers.Adam(lr=1e-3),
2.              loss=losses.CategoricalCrossentropy(from_logits=True),
3.              metrics=['accuracy'])
```

通过 fit 函数在训练集上面训练模型，每迭代一个 Epoch 就测试一次验证集，最大训练 Epoch 数为 100。为了防止过拟合，采用了 EarlyStopping 技术，即在 fit 函数的 callbacks 参数中传入 EarlyStopping 类实例。代码如下：

```
1.  history  = newnet.fit(db_train, validation_data=db_val, validation_freq=1, epochs=30,
2.              callbacks=[early_stopping])
```

其中，early_stopping 为标准的 EarlyStopping 类，它监听的指标是验证集准确率。如果连续 3 次验证集的测量结果没有提升 0.001，则触发 EarlyStopping 条件，训练结束。代码如下：

```
1.  # 创建 Early Stopping 类，连续 3 次不下降则终止
2.  early_stopping = EarlyStopping(
3.      monitor='val_accuracy',
4.      min_delta=0.001,
5.      patience=3
6.  )
```

将训练过程中的训练准确率、验证准确率以及最后从测试集上面获得的准确率绘制为曲线，如图 13-11 所示。可以看到，训练准确率迅速提升并维持在较高状态，但是验证准确率比较差，同时并没有获得较大提升，EarlyStopping 条件被触发，训练很快终止，网络出现了非常严重的过拟合现象。

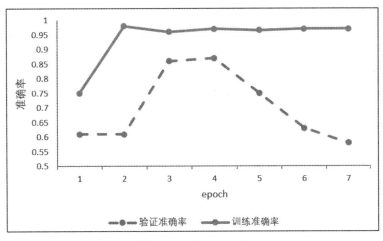

图 13-11 准确率曲线

那么为什么会出现过拟合现象？考虑使用的 DensetNet121 模型的层数达到了 121 层，参数量达到了 7M 个，是比较大型的网络模型，而大数据集仅有约 400 多个样本。根据经验，这远远不足以训练好如此大规模的网络模型，极容易出现过拟合现象。为了减轻过拟合，可以采用层数更浅、参数量更少的网络模型，或者添加正则化项，甚至增加数据集的规模等。除了这些方式以外，另外一种行之有效的方式就是迁移学习技术。

13.6 基于迁移学习改进

13.6.1 迁移学习原理

迁移学习，作为机器学习领域的关键策略之一，专注于研究如何有效地将在一个任务（例如任务 A）中获得的知识转移到另一个相关但不同的任务（如任务 B）上，从而加速学习过程并提升模型的泛化能力。下面以一个具体的例子来说明。假设任务 A 是区分不同种类的交通工具，如汽车和摩托车的图像分类任务，而任务 B 是对不同类型的航空器，比如直升机和飞机进行分类。尽管两个任务在主题上有所不同，但它们在视觉特征如轮廓、结构和纹理方面存在共性。因此，可以利用在任务 A 上训练得到的模型，作为任务 B 的起点，通过微调或重用部分已学习的特征来适应新任务。这种方法的优势在于，通过借鉴已有知识，我们可以减少对大量标记数据的依赖，同时减少训练时间和计算资源的消耗。此外，迁移学习在处理数据稀缺或标记成本高昂的场景时尤为有效，它能够显著提高学习效率和模型性能，特别是在深度学习应用中表现突出。这种在已有知识基础上进行学习和适应的过程，可以类比于人类如何在掌握了一项技能后更快地学习另一项相关技能。

这里应用一种比较简单，但是非常常用的迁移学习方法：网络微调技术。对于卷积神经网络，一般认为它能够逐层提取特征，越末层网络的抽象特征提取能力越强，输出层一般使用与类别数相同输出节点的全连接层，作为分类网络的概率分布预测。对于相似的任务 A 和 B，如果它们的特征提取方法是相近的，则网络的前面数层可以重用，网络后面的数层可以根据具体的任务设定从零开始训练。

　　如图 13-12 所示，上边的网络在任务 A 上面预训练的训练，学习到任务 A 的知识，迁移到任务 B 时，可以重用网络模型的前面数层的参数，并将后面数层替换为新的网络，并从零开始训练。把在任务 A 上面训练好的模型称为预训练模型，对于图片分类来说，在 ImageNet 数据集上面预训练的模型是一个较好的选择。

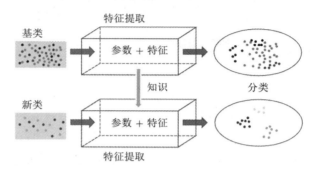

图 13-12　神经网络迁移学习

13.6.2　迁移学习实战

　　在 DenseNet121 的基础上，使用 ImageNet 数据集上预训练好的模型参数初始化 DenseNet121 网络，并去除最后一个全连接层，追加新的分类子网络，最后一层的输出节点数设置为 2。代码如下：

```
1. # 设计为不参与优化，即 MobileNet 这部分参数固定不动
2. net.trainable = False
3. newnet = keras.Sequential([
4.    net, # 去掉最后一层的 DenseNet121
5.    layers.Dense(1024, activation='relu'), # 追加全连接层
6.    layers.BatchNormalization(), # 追加 BN 层
7.    layers.Dropout(rate=0.5), # 追加 Dropout 层，防止过拟合
8.    layers.Dense(2) # 根据数据的任务，设置最后一层输出节点数为 2
9. ])
10. newnet.build(input_shape=(4,224,224,3))
11. newnet.summary()
```

　　上述代码在创建 DenseNet121 时，通过设置 weights='imagenet' 参数可以返回预训练的 DenseNet121 模型对象，并通过 Sequential 容器将重用的网络层与新的子分类网络重新封装为一个新模型 newnet。在微调阶段，可以通过设置 net.trainable=False 来固定 DenseNet121 部分网络的参数，即 DenseNet121 部分网络不需要更新参数，从而只需要训练新添加的子分类网络部分，极大地减少了实际参与训练的参数量。当然也可以通过设置 net. trainable=True，像正常的网络一样训练全部参数量。即使如此，由于重用部分网络已经学习到良好的参数状态，网络依然可以快速收敛到较好性能。

　　基于预训练的 DenseNet121 网络模型可训练到较好的性能，将训练准确率、验证准确

率和测试准确率绘制为曲线图，如图 13-13 所示。和从零开始训练相比，借助于迁移学习，网络只需要少量样本即可训练到较好的性能，提升十分显著。

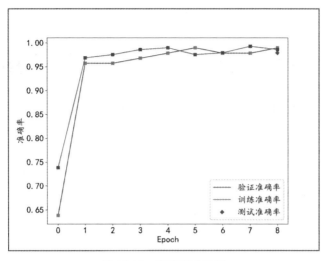

图 13-13 准确率曲线图

本 章 小 结

机器人技术是高新技术的重要组成部分，机器视觉是一门学科技术，广泛应用于生产制造检测等工业领域，用来保证产品质量、控制生产流程、感知环境等。机器视觉系统将被摄取目标转换成图像信号，传送给专用的图像处理系统，根据像素分布和亮度、颜色等信息，将图像信号转变成数字化信号，图像系统对这些信号进行各种运算来抽取目标的特征，进而根据判别的结果来控制现场的设备动作。在本章中，视觉分拣系统实现了工件图像采集、识别、定位与分拣等完整的生产作业流程，在这个完整的过程中，我们抽取了其中的人工智能分类算法，详尽地描述了如何一步步通过数据集采集到模型分类的完整训练结果。机器人技术产业化的进程在我国刚刚起步，虽然取得了一定的成绩，但仍然存在很多困难和不足，复合型人才的缺乏是重要原因。希望同学们可以努力学习人工智能知识，在复合型人才的道路上扬帆起航。

思 考 题

1. 简述智能分拣的训练过程。
2. 使用卷积神经网络进行图像分类的优点有哪些？
3. 尝试调整训练的参数，并查看算法效果变化。
4. 查阅资料，看看还有哪些方法可以进行视觉分类分拣。

第14章 电子商务领域中 AI 的应用——电影推荐实战

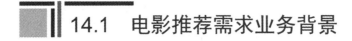

14.1 电影推荐需求业务背景

在 1987 年,中国接入世界互联网。至今已 35 年,期间我国的网民规模与互联网普及率从无到有,从小到大。同时,像互联网产品:微信、淘宝、爱奇艺等,现在已经渗透到我们生活的方方面面。不可否定,人们的生活质量得到提高。但是,与之相伴的数据流的增长,也成为影响人们生活水平不可忽视的因素。尤其是在网络电影中得到体现,在不计其数的电影数据中,查找人们喜爱的影片,难度不断增加。下面,从三个方面分别阐述电影智能推荐背景。

1. 我国网民数不断增多,互联网普及率逐年攀升

根据中国互联网络信息中心 (CNNIC) 发布的第 49 次《中国互联网络发展状况统计报告》,历年网络规模与互联网普及率逐年增长,如图 14-1 所示。

图 14-1 历年网络规模与互联网普及率

2. 网络视频用户规模不断增加，用户使用率名列前茅

网络视频运营更加专业，娱乐内容生态逐步构建。近年网络视频用户规模具体如图 14-2 所示。

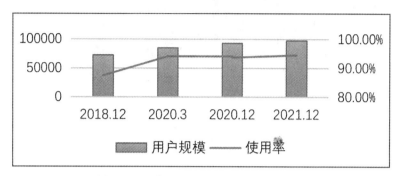

图 14-2　近年网络视频用户规模及使用率

网络视频在各类互联网应用中，各项排名均稳居前列。在用户规模数量排名前六位的网络应用行业中，网络视频排第二名，用户使用率高达 94.5%，仅次于即时通信。各类互联网应用的使用率如图 14-3 所示。

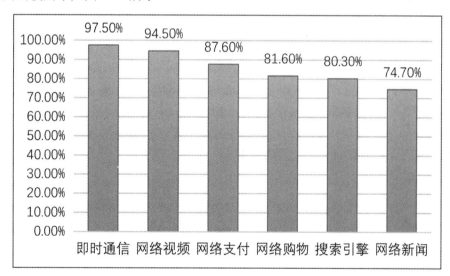

图 14-3　2021 年各类互联网应用的使用率

通过对数据分析，现在的互联网产品面临的用户规模，动辄逾万甚至上亿。巨大的用户规模也将带来巨大的数据量。

3. 电影行业发展前景良好

2023 年影片年产量屡创新高，如图 14-4 所示。随着每年影片的存续积累，人们将面临不计其数的影片资源，即数据过载问题。解决数据过载，往往要通过搜索引擎与推荐系统，但是搜索引擎是被动的，需要用户明确的需求表达。而推荐系统具有普适性，主动筛选信息，感知用户需求。推荐系统会将符合人们兴趣偏好的电影推送给用户。

图 14-4 2023 年单日电影票房

14.2 电影推荐案例实现总体框架流程

14.2.1 实现流程

通过以上学习，我们了解了电影推荐的业务背景，那么，如果要简单实现电影推荐，需要哪些步骤呢？下面我们就通过一个具体案例来了解这些步骤，具体流程如图 14-5 所示。需要注意的是，本案例与各个网址使用的推荐系统之间有一定的差距，本案例的目的在于初步带领大家领略推荐系统的魅力。

电影推荐案例
实现总体框架
流程数据准备

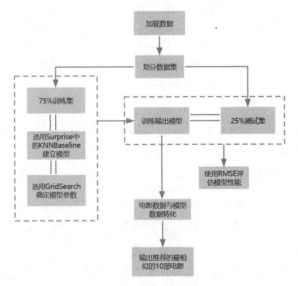

图 14-5 电影推荐流程图

14.2.2　实现准备

1. 开发语言

图 14-6 为 IEEE Spectrum 杂志统计的 2021 年编程语言排行榜。其中，Python 排名第一。

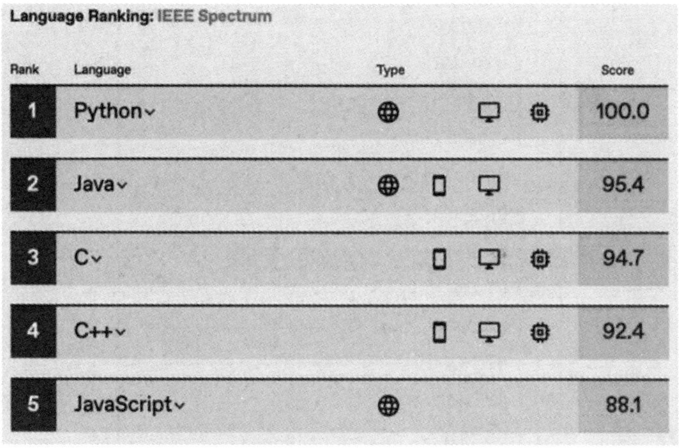
Language Ranking: IEEE Spectrum

Rank	Language	Type	Score
1	Python		100.0
2	Java		95.4
3	C		94.7
4	C++		92.4
5	JavaScript		88.1

图 14-6　IEEE Spectrum 统计的编程语言排行榜

Python 的安装相对简单，具体详见本书的第 10 章。

2. 开发环境

在学习本案例时，可以使用 Jupyter Notebook 进行代码开发。Jupyter Notebook 是一个强大的网页 Python 编辑器。在启动后，提供一个 Python 运行环境，开发者可以在其中进行代码的编写、查看、输出和可视化。它是一款可执行端到端的数据科学工作流程的便携工具，其中包括数据清理、统计建模、构建和训练机器学习模型、可视化数据等。

14.3　案例数据准备

14.3.1　案例数据集介绍及常见预处理

1. MovieLens 数据集介绍

MovieLens(http://movielens.umn.edu) 是一个基于 Web 的研究型推荐系统，从 1997 年秋季开始运行，用于接收用户对电影项目的评分，并提供相应的电影推荐列表。MovieLens 数据集通过 MovieLens 网站，从 1997 年 9 月 19 日到 1998 年 4 月 22 日，历时 7 个月收集的，共汇总了来自 943 个用户对 1682 部电影的 100 000 个评分 (ratings)，用户评分值用 1 到 5 之间的整数表示。数据集经过了 GroupLens 的预处理，每个用户至少评价 20 部电影。由于 GroupLens 研究小组的出色表现，其已经成为推荐系统研究领域的佼佼者，而由其提供的 MovieLens 数据集也成为推荐系统研究人员目前最为常用的测试数据集。

本案例主要使用其中的 ml-100k 数据集，分为 u.data(评分)、u.item(电影信息)、u.user(用户信息) 三个部分。打开数据集如图 14-7 所示。

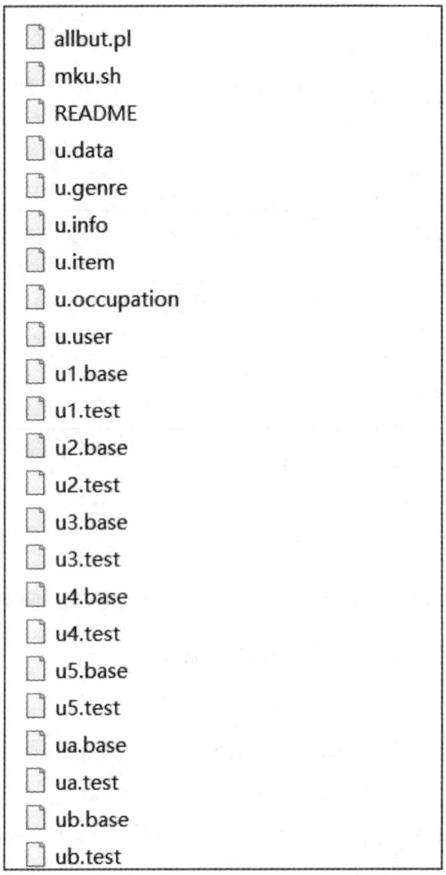

图 14-7 MovieLens 数据集文件目录情况

各文件含义如下：

(1) allbut.pl：生成训练和测试集的脚本，其中，除了 n 个用户评分之外，所有训练和测试集都在训练数据中。

(2) mku.sh：从 u.data 数据集生成的所有用户的 shell 脚本。

(3) README：该文件是描述性内容，主要对数据集进行相关介绍，数据集包含哪些文件，每个文件表示的是什么内容以及内容中数据的含义。可以直接阅读该文件了解数据集，也可以通过本书的介绍了解数据集。

(4) u.data：由 943 个用户对 1682 个电影的 10 000 条评分组成。每个用户至少要给 20 部电影评分。用户和电影从 1 号开始连续编号。数据是随机排序的。标签分隔列表：user id | item id | rating | timestamp。

(5) u.genre：类型列表。

(6) u.info：u.data 数据集中的用户数，电影数和评分数。

(7) u.item：电影信息。标签分隔列表：movie id | movie title | release date | video release date | IMDb URL | unknown | Action | Adventure | Animation | Children's | Comedy | Crime | Documentary | Drama | Fantasy | Film-Noir | Horror | Musical | Mystery | Romance |

Sci-Fi | Thriller | War | Western。

其中，最后 19 个字段是流派，1 表示电影是该类型，0 表示不是；电影可以同时使用几种流派。电影 id 和 u.data 数据集中的 id 是一致的。

(8) u.occupation：职业列表。

(9) u.user：用户的人口统计信息。标签分隔列表：user id | age | gender | occupation | zip code。

其中，用户 id 和 u.data 数据集中的 id 是一致的。

(10) u1.base/u1.test～u5.base/u5.test：将 u.data 数据集按照 80% 与 20% 的比例分割成训练集和测试集。其中，u1，...，u5 有互不相交的测试集；如果是 5 次交叉验证，那么你可以在每个训练和测试集中重复实验，平均结果。这些数据集可以通过 mku.sh 从 u.data 生成。

(11) ua.base /ua.test 和 ub.base/ub.test：数据集 ua.base、ua.test、ub.base、ub.test 将 u.data 数据集分为训练集和测试集，每个用户在测试集中具有 10 个评分。

其中，ua.test 和 ub.test 是不相交的。这些数据集可以通过 mku.sh 从 u.data 生成。

2. 数据完整性不足及一般应对方法

由于案例使用的数据集是预处理过的，我们可以直接拿来使用，但事实上，我们一般拿到的数据都是原始数据，可能会遇到异常数据、缺失值、噪声值等一些情况，这时候就需要对这些数据进行处理，否则就会降低后期训练模型的精度。

这里以缺失值为例，缺失值即某些属性的值为空，比如在一份数据中，age 列有数据缺失：

```
1. Name，sex，age
2. Jack，male，24
3. Lucy，female，22
4. Tom，male，
```

常见的缺失值处理方法包括 (但不局限于)：

(1) 忽略数据：在处理数据时忽略 "Tom，male" 这一行数据。

(2) 人工填写缺失值：当数据集很大时，该种方法比较耗时。

(3) 使用全局固定值填充：将缺失的属性值使用一个常量 (如 Null、None) 进行填充。

(4) 使用属性的中心度量 (如均值、中位数) 进校门填充：如使用非缺失值的平均数 $(24 + 22)/2 = 23$ 进行填充。

(5) 使用与给定元组属于同一类的所有样本的属性均值或中位数填充，如 Tom 和 Jack 均为男性，那么猜测 Tom 的年龄和 Jack 一样大 (当有多个样本时，求相应的均值即可)。

(6) 使用回归、决策树等工具进行推理：这种方法比较可靠，是最流行的处理方法。

14.3.2　推荐系统所用库

surprise(Simple Python Recommendation System Engine) 是一款推荐系统库，是 scikit 系列中的一个，简单易用，同时支持多种推荐算法 (基础算法、协同过滤、矩阵分解等)。

下面列出了 surprise 库中的基础算法，如表 14-1 所示。

表 14-1 surprise 库中的基础算法

算法类名	说　　明
random_pred.NormalPredictor	根据训练集的分布特征随机给出一个预测值
baseline_only.BaselineOnly	给定用户和 Item，给出基于 baseline 的估计值
knns.KNNBasic	最基础的协同过滤
knns.KNNWithMeans	将每个用户评分的均值考虑在内的协同过滤实现
knns.KNNBaseline	考虑基线评级的协同过滤
matrix_factorization.SVD	SVD 实现
matrix_factorization.SVDpp	SVD++，即 LFM + SVD
matrix_factorization.NMF	基于矩阵分解的协同过滤
slope_one.SlopeOne	一个简单但精确的协同过滤算法
co_clustering.CoClustering	基于协同聚类的协同过滤算法

其中基于近邻的方法（协同过滤）可以设定不同的度量准则，如表 14-2 所示。

表 14-2　相似度度量标准说明

相似度度量标准	度量标准说明
cosine	计算所有用户（或物品）对之间的余弦相似度
msd	计算所有用户（或物品）对之间的均方差异相似度
pearson	计算所有用户（或物品）对之间的 Pearson 相关系数
pearson_baseline	计算所有用户（或物品）对之间的（缩小的)Pearson 相关系数，使用基线进行居中而不是平均值

那么 surprise 库如何安装呢？一般情况可以直接用下面方式安装：

1. pip install numpy #scikit-surprise 需要依赖 numpy，如果已经安装则不需要此步
2. pip install scikit-surprise

建议使用 Anaconda 的方式安装：

1. conda install -c conda-forge scikit-surprise

14.3.3　数据加载

数据加载，由 Reader 和 Dataset 两个类来提供功能，具体的思路是由 Reader() 提供读取数据的格式，然后 Dataset 按照 Reader 的设置来完成对数据的载入。

1. Reader 类和 Dataset 类

1. reader = Reader(line_format='user item rating timestamp',sep='\t')

Reader 类主要用于分析包含评级的文件。对于这个 Reader 类，主要的功能是设置一个读取器。从 Reader 类的使用也可以看出，要求的输入是每行的格式、每行的分隔符。

因此我们在构建完 Reader 类之后，就可以将它传给 Dataset 类，来辅助我们按照想要的格式读取数据。

1. ratings = Dataset.load_from_file(r'./ml-100k/u.data', reader)

由于这里我们使用的是 surprise 库中的内置数据集，调用的就是 Dataset.load_from_file() 方法。

2. 代码实现及解析

```
1.  from surprise import Dataset, Reader
2.  reader = Reader(line_format='user item rating timestamp',sep='\t')
3.  ratings = Dataset.load_from_file(r'./ml-100k/u.data', reader)
```

代码解析：

行 1：从 surprise 库中导入 Dataset 和 Reader 两个包。

行 2：解析数据。其中，"line_format"定义每行格式,默认空格分割；"sep"设置分隔符。

行 3：加载数据。

14.3.4　数据划分

1. 数据划分原理介绍

在机器学习中，通常将数据集划分为训练数据集、验证数据集和测试数据集。它们的功能分别如下：

(1) 训练数据集 (train dataset) 用来构建机器学习模型。

(2) 验证数据集 (validation dataset) 辅助构建模型，用于在构建过程中评估模型，为模型提供无偏估计，进而调整模型的超参数。

(3) 测试数据集 (test dataset) 评估训练完成的最终模型的性能。

三类数据集在模型训练和评估过程中的使用顺序如图 14-8 所示。

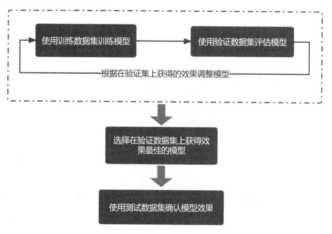

图 14-8　三类数据集在模型训练和评估过程中的使用顺序

为了划分数据集，可以采用留出法、K- 折交叉验证法、自助法等多种方法。下面分别介绍这三种数据集划分方法。

(1) 留出法。留出法 (hold-out) 直接将数据集划分为多个互斥的集合。例如，通常将 70% 的数据划分为训练数据集，30% 的数据划分为测试数据集。

(2) K- 折交叉验证法。在实际使用过程中常选择 K- 折交叉验证法 (K-fold cross-validation) 来评估模型，因为其偏差低、性能评估变化小。

K- 折交叉验证法将数据集划分为 K 个大小相似的互斥子集，并尽量保证每个子集数据分布的一致性。这样就可以获取 K 组训练数据集和测试数据集，从而进行 K 次训练和测试。K 通常取值为 10，此时称为 10- 折交叉验证法。其他常用的 K 值还有 5、20 等。

(3) 自助法。自助法 (Bootstrap Method) 以自助采样法为基础，每次随机地从初始数据集 D 中选择一个样本，将其复制到结果数据集 D'，然后将样本放回初始数据 D 中。这样重复 m 次，就得到了含有 m 个样本的数据集 D'。

这样就可以把数据集 D' 作为训练数据集，而数据集 D - D'（表示除了 D' 以外的数据）作为测试数据集。

样本在 m 次采样中始终未被采集到的概率为

$$\lim_{m \to \infty} \left(1 - \frac{1}{m}\right)^m = \frac{1}{e} = 0.368 \tag{14-1}$$

自助法的性能评估变化小，在数据集小、难以有效划分数据集时很有用。另外，自助法也可以从初始数据中产生多个不同的训练数据集，对集成学习等方法有好处。

自助法产生的数据集改变了初始数据的分布，会引入估计偏差。因而，数据量足够大时，建议使用留出法和 K- 折交叉验证法。

2. train_test_split() 函数介绍

train_test_split() 函数是交叉验证中常用的函数，其功能是用来随机划分样本数据为训练集和测试集的，当然也可以人为地切片划分。因此我们可以看出，train_test_split() 函数的优点就是随机客观地划分数据，减少人为因素。函数样式：

```
1.  X_train,X_test,y_train,y_test=train_test_split(train_data,train_target,test_size=0.25,random_state=0,
    stratify=y)
```

参数解释如下：

① train_data 表示待划分的样本特征集合。

② X_train 表示划分出的训练数据集数据。

③ X_test 表示划分出的测试数据集数据。

④ y_train 表示划分出的训练数据集的标签。

⑤ y_test 表示划分出的测试数据集的标签。

⑥ test_size 表示测试集样本数目与原始样本数目之比，若为整数，则是测试集样本的数目。

⑦ random_state 表示随机数种子，不同的随机数种子划分的结果不同。

⑧ stratify 是为了保持 split 前类的分布，例如训练集和测试集数量的比例是 A : B = 4 : 1，等同于 split 前的比例是 (80 : 20)，通常在这种类分布不平衡的情况下会用到 stratify。

3. 代码实现及解析

```
1.  from surprise.model_selection import train_test_split
2.  trainset, testset = train_test_split(ratings,test_size=0.25)
```

代码解析：

行 1：从"surprise.model_selection"中导入划分数据集函数"train_test_split()"。

行 2：划分训练集和测试集。这里用到了关键函数"train_test_split()"，根据自己的需要进行训练集 trainset 和测试集 testset 的分割。

其中"test_size"可以为浮点、整数或 None，默认为 None。若为浮点时，表示测试集占总样本的百分比；若为整数时，表示测试样本数；本案例设置为 0.25，即测试集占总样本的 25%。

14.4 训练参数优化

14.4.1 基础推荐算法

基于近邻的推荐算法是一种基础的推荐算法，在学术界和工业界广泛应用。这里所讲的基于近邻的推荐算法指的是协同过滤 (Collaborative Filtering) 算法，通常也称为协同推荐算法。该算法有两种类型，一种是基于物品的协同过滤 (Item-CF-Based) 算法，另一种是基于用户的协同过滤 (User-CF-Based) 算法。

关于协同过滤，一个经典的例子就是推荐电影。有时候我们不知道该看哪一部电影，通常的做法是询问周围的朋友，看看最近有哪些不错的电影可以推荐。在询问时，通常我们会问与自己品位相近的朋友，这就是协同过滤的核心思想。

1. UserCF 算法的原理——先"找到相似用户"，再"找到他们喜欢的物品"

基于用户的协同过滤算法利用用户过去的行为数据发现用户喜欢的物品，根据用户对物品的评分或偏好程度来评估用户之间的相似度，从而为具有相同偏好的用户进行物品推荐。

基于用户的协同过滤推荐的原则是，根据用户的兴趣，向用户推荐"其他具有相似兴趣用户"喜欢的物品。图 14-9 是一个基于用户的协同过滤推荐的简单示例，用户 A 和用户 C 都喜欢电影 A 和电影 C，而且用户 C 还喜欢电影 D。因此，系统会将用户 A 没有表达喜好的电影 D 推荐给用户 A。

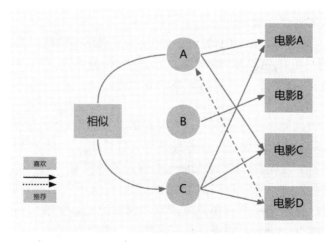

图 14-9 基于用户的协同过滤推荐的案例

2. ItemCF 算法的原理——先"找到用户喜欢的物品",再"找到喜欢物品的相似物品"

基于物品的协同过滤推荐就是通过对不同物品的评分来评估物品之间的相似性,从而基于物品之间的相似性进行推荐。简单的理解,就是给用户推荐他之前喜欢物品的相似物品。

从理论上可以得知,基于物品的协同过滤推荐与被推荐用户的偏好之间没有直接的关联。举个例子,当用户 A 购买了一本书 a 后,系统会向用户 A 推荐一些与书 a 相似的书。在此过程中,需要确定两本书之间的相似度如何进行衡量。

图 14-10 是一个基于物品的协同过滤推荐的简单示例,用户 C 喜欢电影 A,图中得知电影 C 和电影 A 相似度较高,系统便把用户 C 没有表达喜好的电影 C 推荐给用户 C。

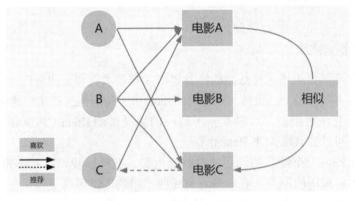

图 14-10　基于物品的协同过滤推荐的案例

3. 对比分析:UserCF 算法和 ItemCF 算法

(1) 从适用场景上看。

ItemCF 算法使用物品之间的相似性来推荐,当用户数量远大于物品数量时,可以考虑使用该算法。例如,在购物网站和技术博客网站,基础数据相对稳定,因此计算物品相似度时计算量较小并且不需要频繁更新。而 UserCF 算法利用用户之间的相似性来推荐,当物品数量远大于用户数量时,可以考虑使用该算法。UserCF 算法更适用于新闻类、短视频类等快消类数据的网站。例如,在社交网站应用中,UserCF 算法会取得较好的效果,并且具有更好的可解释性,因为这类网站内容更新频繁,用户更加关注其社会热点。

(2) 从推荐系统多样性上看。

在单用户的多样性方面,ItemCF 算法不如 UserCF 算法多样性广泛。这是因为 ItemCF 算法推荐的物品是与用户先前行为相似的物品,物品覆盖范围较小,多样性较低;而 UserCF 算法更注重推荐热门物品,具有更高的多样性。

(3) 从用户特点上看。

UserCF 算法推荐的原则是"找到与他有着相似喜好的用户所喜欢的东西",但当用户暂时找不到有着相同喜好的邻居时,推荐效果将大打折扣。因此,用户适应 UserCF 算法的好坏程度与他有多少邻居成正比。而 ItemCF 算法的前提是"用户喜欢与他以前购买的物品类型相似的物品",可以通过计算物品的自相似度来确定用户对 ItemCF 算法的适应程度。如果一个用户喜欢物品的自相似度较高,说明他们喜欢的东西比较相似,那么对 ItemCF 算法适应得较好;反之,如果自相似度较低,那么用 ItemCF 算法做出的推荐可能不太适合这个用户。

14.4.2　KNNBaseline 模型调参

1. 什么是调参

在机器学习模型中，需要人工选择的参数称为超参数。比如随机森林中决策树的个数，人工神经网络模型中隐藏层层数和每层的节点个数，正则项中常数大小等，他们都需要事先指定，KNNBaseline 模型也同样如此。如果超参数选择不恰当，就会出现欠拟合或者过拟合的问题，这时候就需要我们去调参。

那什么是调参呢？调参即超参数优化，是指从超参数空间中选择一组合适的超参数，以权衡好模型的偏差和方差，从而提高模型效果和性能。常用的调参方法有人工手动调参、网格搜索、随机搜索和贝叶斯调参。其中，人工手动调参需要结合数据情况及算法的理解，选择合适调参的优先顺序及参数的经验值，直到找到一个好的超参数组合，这么做的话会非常冗长，可能也没有很多时间探索多种组合。贝叶斯调参的工作方式是通过对目标函数形状的学习，找到使结果向全局最大值提升的参数，一旦找到了一个局部最大值或最小值，它会在这个区域不断采样，所以很容易陷入局部最值。

因此，本案例使用网格搜索 (GridSearchCV) 来做这项搜索工作。

2. GridSearchCV 调参

GridSearchCV 可以分解为两个部分，即 GridSearch 和 CV，其中前者代表网格搜索，后者代表交叉验证。这两个术语易于理解，网格搜索的目标是搜索参数，即在给定的参数范围内逐步调整参数，通过调整后的参数来训练和验证模型，最终在验证集上找到精度最高的参数，这实际上是一个训练和比较的过程。GridSearchCV 可以确保在给定的参数范围内找到精度最高的参数，但也存在耗时较长的问题，特别是在处理庞大数据集和多参数的情况下。

因此，当需要确认的超参数较少时 (三四个或更少)，网格搜索算法是适用的，用户可以列出一个较小的超参数值域，这些值域的排列组合形成了一个超参数组合，网格搜索算法会利用每组超参数来训练模型，并选择验证过程中误差最小的超参数组合。随着超参数数量的增加，网格搜索的计算复杂度将会指数级增长，此时可以使用随机搜索算法。

14.4.3　案例调参实现

本案例使用网格搜索法 (GridSearchCV) 调参，代码如下：

```
1.  from surprise import KNNBaseline
2.  from surprise.model_selection import GridSearchCV
3.  params = {'k':[*range(20,50,10)],'user_based':[True,False]}
4.  grid_search = GridSearchCV(KNNBaseline,params,measures=['rmse'],cv=3)
5.  grid_search.fit(ratings)
6.  print(grid_search.best_score)
7.  print(grid_search.best_params)
```

代码解析：

行 1：导入推荐系统库 surprise 中的 KNNBaseline 包。

行 2：导入网格搜索函数 GridSearchCV。

行 3：将需要遍历的参数定义为字典。

行 4：定义网格搜索中使用的模型和参数。其中，括号里依次表示所使用的模型、传递参数、模型评估方法、交叉验证参数。

行 5：运行网格搜索，使用网格搜索模型拟合数据，效果如图 14-11 所示。

```
grid_search.fit(ratings)

Estimating biases using als...
Computing the msd similarity matrix...
Done computing similarity matrix.
Estimating biases using als...
Computing the msd similarity matrix...
Done computing similarity matrix.
Estimating biases using als...
Computing the msd similarity matrix...
Done computing similarity matrix.
Estimating biases using als...
Computing the msd similarity matrix...
Done computing similarity matrix.
Estimating biases using als...
Computing the msd similarity matrix...
Done computing similarity matrix.
Estimating biases using als...
Computing the msd similarity matrix...
Done computing similarity matrix.
Estimating biases using als...
```

图 14-11 网格搜索运行截图

行 6：输出最优网格搜索的分数。

行 7：输出网格搜索的最优参数。

输出结果：

1. {'rmse' : 0.9362576611075571}
2. {'rmse' : {'k' : 40, 'user_based' : True}}

这里的 rmse 为衡量模型好坏的评价指标，在后面的 14.6.1 中将做详细介绍。

14.5 模型训练

14.5.1 相似度计算

相似度计算在推荐系统和数据挖掘中有着广泛的应用场景。

(1) 在协同过滤算法中，可以利用相似度计算用户之间或者物品之间的相似度。

(2) 在利用 k-means 进行聚类时，利用相似度计算公式计算个体到簇类中心的距离，进而判断个体所属的类别。

(3) 利用 KNN 进行分类时，利用相似度计算个体与已知类别之间的相似性，从而判断个体所属的类别等。

下面将依次介绍几个常见的相似度计算方法。

1. 余弦相似度

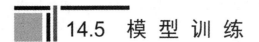

$$\text{sim}(i, \ j) = \cos(i, \ j) = \frac{i \cdot j}{\|i\| \cdot \|j\|} \tag{14-2}$$

余弦相似度用来衡量用户向量 i 和 j 之间的向量夹角大小，夹角越小，证明余弦相似度越大,说明两个用户越相似,若把用户向量换成物品向量,则同理可得物品向量之间的相似度。

2. 皮尔逊相关系数

皮尔逊相关系数在对用户进行相似性计算时,与余弦相似度相比,加入了用户平均分对各独立评分进行修正,减小了用户评分偏置的影响,本案例使用了该方法进行电影推荐用户间的相似度计算。

$$\text{sim}(i,\ j) = \frac{\sum_{p \in P}(R_{i,\ p} - \overline{R_i})(R_{i,\ p} - \overline{R_j})}{\sqrt{\sum_{p \in P}(R_{i,\ p} - \overline{R_i})^2}\sqrt{\sum_{p \in P}(R_{j,\ p} - \overline{R_j})^2}} \qquad (14\text{-}3)$$

其中,$R_{i,p}$ 表示用户 i 对于物品 p 的评分,$\overline{R_i}$ 表示用户 i 对于所有物品的平均评分,p 代表所有物品的集合,这里引入了用户对所有物品的平均评分,我们也可以引入物品 p 的平均评分,即

$$\text{sim}(i,\ j) = \frac{\sum_{p \in P}(R_{i,\ p} - \overline{R_p})(R_{i,\ p} - \overline{R_P})}{\sqrt{\sum_{p \in P}(R_{i,\ p} - \overline{R_p})^2}\sqrt{\sum_{p \in P}(R_{j,\ p} - \overline{R_p})^2}} \qquad (14\text{-}4)$$

3. 欧氏距离

欧氏距离也叫欧几里得距离,指在 m 维空间中两个点的真实距离。在二维平面上,计算点 $a(x_1, y_1)$ 与点 $b(x_2, y_2)$ 之间的欧氏距离的公式如下。如果是多维空间,则类比往后追加。比如是三维空间,则在根号中再加 $(z_1 - z_2)^2$。

$$d_{12} = \sqrt{(x_1 - x_2)^2 + (y_1 - y_2)^2} \qquad (14\text{-}5)$$

4. 曼哈顿距离

曼哈顿距离又叫城市街区距离。想象一下,你在曼哈顿,要从一个十字路口开车到另外一个十字路口,驾驶距离是两点间的直线距离吗?显然不是,除非你能穿越大楼。实际驾驶距离就是"曼哈顿距离"。这也是"曼哈顿距离"名称的来源。

在二维平面中,计算点 $a(x_1,\ y_1)$ 与点 $b(x_2,\ y_2)$ 之间的曼哈顿距离的公式如下:

$$d_{12} = |x_1 - x_2| + |y_1 - y_2| \qquad (14\text{-}6)$$

14.5.2　模型训练

我们调用 KNNBaseline 模型进行训练,代码如下:

```
1.  knn_best = KNNBaseline(k=40, sim_options={'name':'pearson','user_based':False})
2.  knn_best.fit(trainset)
```

代码解析:

行 1:建立 KNNBaseline 模型,参数为网格搜索出的最优参数。

行 2:对训练集进行训练。其中,行 1 中的 name 表示相似度计算方法,我们选用的是皮尔逊相关系数 (pearson),user_based 表示是否是基于用户的相似度,True 表示基于用户的相似度,False 表示基于物品的相似度。

14.6 评估训练模型

14.6.1 机器学习模型效果常见评估方法

在机器学习中，性能指标 (Metrics) 是衡量一个模型好坏的关键。在使用机器学习算法的过程中，针对不同的场景需要不同的评价指标，常用的机器学习算法包括回归、分类、聚类等，下面介绍几个常用的指标。

1. 回归模型

(1) 平均绝对误差。

平均绝对误差 (Mean Absolute Error，MAE)，又叫平均绝对离差，是所有标签值与回归模型预测值的偏差的绝对值的平均。其优点是可以直观地反映回归模型的预测值与实际值之间的偏差，准确地反映实际预测误差的大小，不会出现平均误差中因为误差符号不同而导致的正负相互抵消。其缺点是不能反映预测的无偏性 (估算的偏差就是估计值的期望与真实值的差值，无偏就要求估计值的期望就是真实值)。

(2) 平均绝对百分误差。

虽然平均绝对误差能够获得一个评价值，但我们并不知道这个值代表模型拟合是优还是劣，只有通过对比才能达到效果。当需要以相对的观点来衡量误差时，则使用平均绝对百分误差。

平均绝对百分误差 (Mean Absolute Percentage Error，MAPE) 是对平均绝对误差的一种改进，考虑了绝对误差相对真实值的比例。

(3) 均方误差。

MAE 虽能较好地衡量回归模型的好坏，但是绝对值的存在导致函数不光滑，在某些点上不能求导。可以考虑将绝对值改为残差的平方，就得到了均方误差。

均方误差 (Mean Square Error，MSE) 相对于平均绝对误差而言，均方误差求的是所有标签值与回归模型预测值的偏差的平方的平均。

其优点是能准确地反映实际预测误差的大小，放大预测偏差较大的值，比较不同预测模型的稳定性。其缺点是不能反映预测的无偏性。

(4) 均方根误差。

均方根误差 (Root-Mean-Square Error，RMSE)，也称标准误差，是在均方误差的基础上进行开方运算。RMSE 会被用来衡量观测值同真值之间的偏差。

(5) 决定系数。

决定系数 (R^2) 与之前介绍的三个指标有所不同，它表征的是因变量 y 的变化中有多少可以用自变量 x 来解释，是回归方程对观测值拟合程度的一种体现。

R^2 越接近 1，说明回归模型的性能越好，即能够解释大部分的因变量变化。其优点是可用于定量描述回归模型的解释能力。其缺点是要考虑特征数量变化的影响，无法比较特征数目不同的回归模型。

2. 分类模型

分类算法的性能一般用精确度 (Precision)、准确率 (Accuracy) 和召回率 (Recall) 来评价。假设原始样本中有两类数据，其中，总共有 P 个类别为 1 的样本，有 N 个类别为 0 的样本；经过分类后，有 TP 个类别为 1 的样本被系统正确判定为类别 1，FP 个类别为 0 的样本被系统错误判定为类别 1；有 FN 个类别为 1 的样本被系统错误判定为类别 0，有 TN 个类别为 0 的样本被系统正确判定为类别 0，它们之间的关系如下：

表 14-3 预测类别真值表

类 别	实际的类别		
		1	0
预测的类别	1	TP	FP
	0	FN	TN

$$Precision = \frac{TP}{TP + FP} \tag{14-7}$$

$$Accuracy = \frac{TP + TN}{P + N} = \frac{TP + TN}{TP + FN + FP + TN} \tag{14-8}$$

$$Recall = \frac{TP}{TP + FN} \tag{14-9}$$

精确度反映了被分类器判定的类别 1 中真正的类别 1 样本的比重；准确率反映了分类器对整个样本的判定能力，能将类别 1 的判定为类别 1，类别 0 的判定为类别 0；召回率反映了被正确判定类别 1 占总的类别 1 的比重。

14.6.2 代码实现及解读

本案例使用了均方根误差对电影推荐准确度进行评估，代码如下：

```
1.  from surprise import accuracy
2.  pred = knn_best.test(testset)
3.  accuracy.rmse(pred)
```

代码解析：

行 1：从 surprise 库中调用 accuracy 包。

行 2：预测值。

行 3：准确度评估。

14.7 训练模型使用

1. 模型数据与业务场景数据转化

由于很多业务数据不能直接表达成可训练模型数据，因此，在对模型进行训练之前，我们需要将电影名与计算机可识别的 ID 互相转换。

电影数据与模型数据转化代码如下：

```
1.  def read_item_names():
2.      name_to_rid = {}
3.      rid_to_name = {}
4.      with open("./ml-100k/u.item", 'r', encoding='ISO-8859-1') as f:
5.          for line in f:
6.              lines = line.split("|")
7.              name_to_rid[lines[1]] = lines[0]
8.              rid_to_name[lines[0]] = lines[1]
9.      return name_to_rid, rid_to_name
10.     name_to_rid, rid_to_name = read_item_names()
```

代码解析：

行 1：定义函数"read_item_names"用于读取电影信息数据，将电影名与计算机可识别的 ID 互相转换。

行 2～3：获取电影的 ID。遍历得到两个字典：

rid_to_name：通过 ID 得到电影名称；

name_to_rid：通过电影名称得到电影 ID。

行 4～10：读取并解码数据，将结构化数据返回。

下面我们举一个例子来验证。

```
1.  print(rid_to_name["1"], name_to_rid["Toy Story (1995)"])
```

分别为电影 ID 为 1 的电影名转换和电影名为 Toy Story (1995) 的电影 ID 转换，运行结果：

```
1.  Toy Story (1995) 1
```

2. 模型训练结果展示

现在就到我们的最后一步了，以 Twelve Monkeys(1995) 这部电影为依据，为用户推荐出相似的 10 部电影，代码如下：

```
1.  movie_id = name_to_rid['Twelve Monkeys (1995)']
2.  iid = knn_best.trainset.to_inner_iid(movie_id)
3.  neighbors = knn_best.get_neighbors(iid, k=10)
4.  rec_movies = [rid_to_name[knn_best.trainset.to_raw_iid(n)] for n in neighbors]
5.  print(rec_movies)
```

代码解析：

行 1：将电影名 'Twelve Monkeys(1995)' 转换成电影 ID。

行 2：定义模型内部 iid。

行 3：通过模型获取相似度最高的 10 个电影 ID。

行 4：将 10 个电影 ID 转换成相应的电影名。

行 5：输出推荐的电影列表。列表如下：

1. ['Hard Eight (1996)', 'Nadja (1994)', 'Pather Panchali (1955)', 'Pie in the Sky (1995)', 'Panther (1995)', 'Mad Love (1995)', 'Man in the Iron Mask, The (1998)', 'Angel and the Badman (1947)', 'Withnail and I (1987)', "Ed's Next Move (1996)"]

本 章 小 结

随着信息技术和互联网技术的发展，人们从信息匮乏时代步入了信息过载时代，在这种时代背景下，人们越来越难从大量的信息中找到自身感兴趣的信息，信息也越来越难展示给可能对它感兴趣的用户，而推荐系统的任务就是连接用户和信息，创造价值。近年来推荐系统广泛应用于电子商务领域，本章以电影推荐为例，通过逐步分解，从数据处理到模型训练，带领同学们了解电影推荐的实现原理与步骤。

思 考 题

1. 简述电影推荐的训练过程。
2. 数据集中训练集和测试集的作用分别是什么？
3. 还有哪些推荐算法可以用于电影推荐？

第 15 章　数字艺术设计领域中 AI 的应用
——绘画风格迁移实战

15.1　绘画风格迁移产业的背景

绘画作品是艺术创作的一种重要视觉表现形式。画家们因文化背景或个人经历的不同，创作出了风格迥异的作品，如卡通、漫画、油画、水彩、水墨等。描述一幅画作的风格，通常要使用一些经验知识，例如绘画工具，画面的色彩、线条、纹理，描绘物体的手法，光影的使用等。这些知识通常比较抽象，并且需要对这些抽象特点进行组合，才能对一个人的画作进行风格的描述。

绘画风格迁移技术具有高效率、低成本的特点，被广泛应用于日常生活的各个领域。例如：

(1) 艺术字创作。在没有风格迁移算法之前，人们必须人为地实现所有常见字的艺术字转化，这对于数量基数巨大的汉字而言，将会耗费极大的人力和时间成本。而风格迁移算法恰恰解决了这一问题，开发者只需要设计出一些具有代表性的艺术字样本，即可通过风格迁移算法，自动生成所需求的该种风格的其他艺术字。

(2) 影视动画行业。通过风格迁移算法可以渲染出一些现实世界中所不存在的场景，提升影视作品的视觉效果。例如在电影《暮光之城》中，就使用了大量采用风格迁移所创造出的奇幻场景。

(3) 应用软件设计。绘画风格迁移技术极大地降低了艺术创作的门槛，人们不需要考虑如何亲自去绘制一幅图画，只需挑选合适的内容图片和风格图片并设置好网络参数，就可以得到一张风格化后的图片。

(4) 艺术作品创作。通过风格迁移，我们可以再现一些大师的优秀作品，将他们的风格与现实中的一些照片相结合，创作出新颖的艺术作品。

近些年来，人工智能发展迅猛，一种基于深度学习的快速绘画风格化方法应运而生。深度学习在让机器智能化的同时，也能够让艺术智能化。基于深度学习的方法摒弃了传统各种算法的堆砌，只通过网络的自动学习，便能够学习模仿原画家的精髓。在艺术设计领域中，深度学习的应用让艺术再一次鲜活起来。

在 2018 年 10 月的佳士得拍卖会上，一幅名为《爱德蒙·贝拉米肖像》的画作吸引了人们的眼球，如图 15-1 所示。模糊的轮廓，迷幻的神态，意境满满，乍看上去，这幅画似乎是出自某位名家之手。事实上，这幅画作是由法国艺术组织 Obvious 使用生成对抗网络 (Generative Adversarial Network，GAN) 创作的。最终，这幅人工智能画作以 43.25 万美元拍卖成功，佳士得称这"标志着人工智能艺术作品将登上世界拍卖舞台"。

图 15-1　《爱德蒙·贝拉米肖像》

目前，国内人工智能技术在中国画工笔、写意以及抽象画的生成等方面都进行了尝试，包括模拟艺术家写生、临摹的创作方式；利用人工智能来理解参考图像的色彩数理关系，进行创作；或者让计算机学习一些绘画的美学规则，如画面视觉要素的均衡、疏密、黄金比率、三分法等，形成抽象画的生成模型，将点、线、色彩、肌理等元素作为抽象画的表现要素进行创作等。

AI 创作绘画目前还主要处于借助计算机工具来表现人的创新、想法和情感的阶段。而真正意义上的 AI 创作最本质的特征在于：作品的创意、想法和情感，部分或者全部由 AI 所产生，即 AI 具有"灵感"。

 **15.2　绘画风格迁移的技术方案**

绘画风格迁移产业
背景与技术方案

15.2.1　整体流程

绘画风格迁移的整体流程如图 15-2 所示。

整个系统包括特征提取、训练和输出结果三部分。在特征提取阶段，使用神经网络分别提取图像的内容特征和风格特征。在神经网络中，通过对每一层得到的响应结果的重建可以理解卷积神经网络每一层都提取到了什么样的信息，这也可以帮助我们理解基于神经网络的图像艺术风格化原理。在训练阶段，建立起生成图像 (生成图像初始化为白噪声图像) 和内容图像之间的内容损失函数以及生成图像和风格图像之间的风格损失函数，将两者结合得到总体损失函数；通过优化总体损失函数，更新生成图片；将生成的图片再送入神经网络进行多次迭代训练。当迭代达到次数或者损失函数达到既定的阈值时，停止训练，

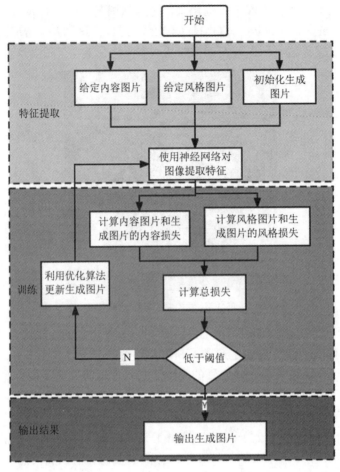

进入输出结果阶段，得到最终的风格化图像。

图 15-2　绘画风格迁移整体流程

(1) 特征提取。特征提取从初始的图像开始，建立旨在提供信息和非冗余的派生值（特征），从而促进后续的学习和训练步骤，在某些情况下能够带来更好的可解释性。本项目所提取的特征包括内容信息和风格信息两部分。

(2) 训练。向神经网络中输入足够多的样本，通过一定算法调整网络的损失函数，使输出与预期值相符，这个过程就是神经网络训练。在本项目中训练包括三个步骤：① 将训练的数据输入神经网络，并得到一个输出的结果；② 分别计算内容误差和风格误差，得到总误差；③ 对总误差进行优化，生成输出图像。

(3) 输出结果。当训练达到预期的目的时，训练停止，保存输出结果图像。

15.2.2　技术路径

绘画风格迁移的技术架构如图 15-3 所示。C 表示内容图像，S 表示风格图像，X 表示生成图像。整个迁移过程可分为以下技术步骤：

(1) 将内容图像 C 和风格图像 S 传递到 VGG19 神经网络中，使用 VGG19 神经网络高层特征表达目标图像的内容特征。

(2) 从其特征表示中计算样式图像 Gram(格拉姆) 矩阵，用 Gram 矩阵作为图像的风格特征。

(3) 初始化由随机噪声生成的图像 X。

(4) 将生成图像 X 送入 VGG19 神经网络，得到其特征表示矩阵。

(5) 从图像的特征表示中计算生成图像 X 的 Gram 矩阵。

(6) 计算内容损失：计算内容和生成的特征表示矩阵之间的均方误差。

(7) 计算风格损失：计算风格和生成的 Gram 矩阵之间的均方误差。

(8) 计算总损失：将内容损失和样式损失相加。

(9) 使用梯度下降法最小化总损失，更新生成图像 X。

(10) 转入步骤 (4)，并进行多次迭代，最终得到风格化图像。

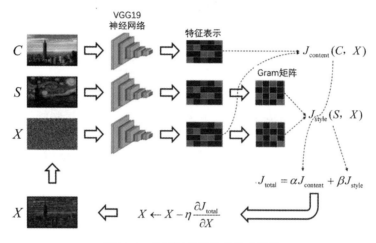

图 15-3　绘画风格迁移的技术架构

1. 神经网络

图像迁移所使用的神经网络是 VGG19 卷积神经网络，它包含若干个卷积层、池化层、全连接层和一个 softmax 激活层。图像风格迁移用一个已经训练好的 VGG19 神经网络作为 backbone(主干网络)，这样不需要训练网络参数，网络输出的特征随着输入的生成图像的不断变化而变化。

2. 内容特征

使用 VGG 网络高层特征表达目标图像的内容特征。得益于对神经网络黑盒特性的不断研究，学者们发现，神经网络的中间层提取到的图像特征是不一样的：靠近输入层的中间层提取到的特征是浅层特征 (即点、线、色块等低级特征)；靠近输出层的中间层提取到的特征是高级特征 (例如边、角、轮廓等)。因此，图像的内容信息可以使用神经网络提取到的高级特征来表达。

3. 风格特征

风格特征更为抽象和复杂，它不仅取决于某一层提取的特征信息，而且取决于多层卷积层提取特征的相关性。德国图宾根大学的学者 Gatys 发现，Gram 矩阵可以很好地表示这一相关性，该矩阵不仅可以度量自身各个维度的特性，而且还可以度量彼此之间的联系。

其中，对角线元素代表不同特征图的信息，其余元素表示这些特征图之间的关系。因此，该矩阵在图像风格迁移中被广泛使用。

4. 梯度下降

梯度下降 (gradient descent) 在机器学习中应用十分广泛，它的主要目的是通过迭代找到目标函数的最小值，或者收敛到最小值。在本项目中，对总损失函数求梯度，并将其作为更新生成图片 X 的依据来不断更新，直到生成的图像同时匹配风格图像特征与内容图像特征为止。

15.3 项目相关基础知识

15.3.1 VGG19 网络

VGG 是牛津大学计算机视觉组和 Google DeepMind 公司联合研发的深度卷积神经网络 (卷积神经网络概念介绍详见 13.3.1 小节)，VGG Net 探索了卷积神经网络的深度与其性能之间的关系，通过反复堆叠 3×3 的小型卷积核和 2×2 的最大池化层，成功地构筑了 16～19 层深的卷积神经网络。VGG 网络相比之前最先进的网络结构，错误率大幅下降，并取得了 ILSVRC(ImageNet Large Scale Visual Recognition Challenge)2014 比赛分类项目的第 2 名和定位项目的第 1 名。VGG19 包含了 19 个隐藏层，其中有 16 个卷积层和 3 个全连接层，网络结构如图 15-4 所示。

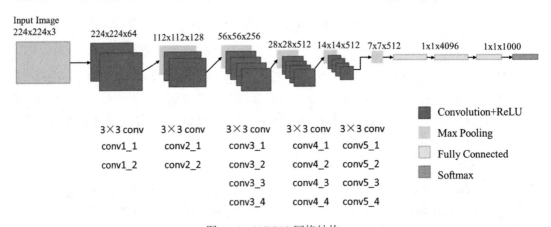

图 15-4 VGG19 网络结构

在图 15-4 中，各参数的意义如下：

(1) Convolution 表示卷积层，conv1～conv5 分别代表第一到第五层卷积，3×3conv 表示卷积层使用 3×3 大小的卷积核。

(2) ReLU 表示使用 ReLU 激活函数。

(3) Max Pooling 表示采用最大值池化。

(4) Fully Connected 表示全连接层。

(5) Softmax 表示使用归一化指数函数作为激活函数。

(6) 特征图上的数字表示特征图的大小和通道数，如 224 × 224 × 64 表示每个特征图大小为 224 × 224，特征图数量为 64。

VGG19 网络拥有 5 个卷积段，每一个卷积段都有 2～3 个卷积层，每段结尾都会接一个最大池化层，来缩小图片尺寸。每段内都拥有相同数量的卷积核，越往后卷积核数量越多。对于给定的感受野 (与输出有关的输入图片的局部大小)，采用堆积的小卷积核优于采用大的卷积核，因为多层非线性层可以增加网络深度来保证学习更复杂的模式，在一定程度上提升了神经网络的效果，而且代价还比较小 (参数更少)，训练速度更快。

1. VGG19 网络的优点

(1) VGG19 网络的结构非常简洁，整个网络都使用了同样大小的卷积核尺寸 (3 × 3) 和最大池化尺寸 (2 × 2)。

(2) 几个小滤波器 (3 × 3) 卷积层的组合比一个大滤波器 (5 × 5 或 7 × 7) 卷积层好，验证了通过不断加深网络结构可以提升性能的特点。

2. VGG19 网络的缺点

(1) VGG19 需耗费更多计算资源，并且使用了更多的参数，导致更多的内存占用。

(2) VGG19 有 3 个全连接层，其中绝大多数的参数都来自第一个全连接层。

15.3.2　梯度下降

梯度下降是目前最流行的优化策略，用于机器学习和深度学习，是一种广泛用于求解线性和非线性模型最优解的迭代算法。绝大多数的机器学习和深度学习模型都会有一个损失函数，损失函数用来衡量机器学习模型的精确度。一般来说，损失函数的值越小，模型的精确度就越高。如果要提高机器学习模型的精确度，就需要尽可能地降低损失函数的值。而降低损失函数的值，一般采用梯度下降方法。所以，梯度下降的目的，就是为了最小化损失函数。

1. 梯度的概念

在函数中，梯度是一个有方向的向量。给定函数中的某一点，梯度方向指出了函数在该点上升最快的方向。这正是我们优化模型所需要的，只要沿着梯度的反方向一直走，就能走到损失函数的最低点。

2. 梯度下降的原理

寻找损失函数的最低点，就像我们在山谷里行走，希望找到山谷里最低的地方。那么，如何寻找损失函数的最低点呢？在这里，我们使用了微积分里的导数，通过求出函数导数的值，从而找到函数下降的方向或者是最低点 (极值点)。

损失函数里一般有两种参数，一种是控制输入信号量的权重 (Weight，记作 w)，另一种是调整函数与真实值距离的偏差 (Bias，记作 b)。通过梯度下降方法，不断地调整权重 w 和偏差 b，可使损失函数的值变得越来越小。

假设损失函数 L 与权重 w 的关系如图 15-5 所示。这里为了简单起见，损失函数只有一个变量 w。权重 w 目前的

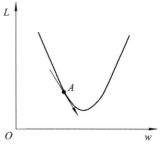

图 15-5　梯度下降示意图

位置是在 A 点。此时如果求出 A 点的梯度 $\dfrac{\mathrm{d}L}{\mathrm{d}w}$，便可以知道如果向右移动，可以使损失函数的值变得更小。

我们用 w_0 表示权重的初始值，w_{i+1} 表示第 i 次迭代后更新的权重值，用 α 表示学习率，则有

$$w_{i+1} = w_i - \alpha \left.\frac{\mathrm{d}L}{\mathrm{d}w}\right|_{w=w_i} \tag{15-1}$$

对于偏差 b，我们也可以用相同的方式进行处理，更新 b 的值。在梯度下降中，我们会重复更新 w 和 b 多次，直至损失函数值收敛到最小值。如果学习率 α 设置得过大，有可能会错过损失函数的最小值；如果设置得过小，可能要迭代非常多次才能找到最小值，会耗费较多的时间。因此，在实际应用中，我们需要为学习率设置一个合适的值。

3. 梯度下降的过程

梯度下降的整体过程分为计算梯度和更新参数两部分。

(1) 计算梯度。

计算第 i 个训练数据的权重 w 和偏差 b 相对于损失函数的梯度，最终会得到每一个训练数据的权重和偏差的梯度值。

```
1.  for i = 0 to 训练数据的个数：
2.        计算所有训练数据权重 w 的梯度的总和；
3.        计算所有训练数据偏差 b 的梯度总和。
```

(2) 更新参数。

① 使用下面的式子，更新每个样本的权重值和偏差值。

$$w_{i+1} = w_i - \alpha \left.\frac{\partial L}{\partial w}\right|_{w=w_i} \tag{15-2}$$

$$b_{i+1} = b_i - \alpha \left.\frac{\partial L}{\partial b}\right|_{b=b_i} \tag{15-3}$$

② 重复上面的过程，直至损失函数收敛不变。

15.4 特征提取

绘画风格迁移
特征提取

15.4.1 数据准备

1. 项目配置

项目的配置文件为 settings.py，主要指示项目运行所必需的参数，包括输入输出图片的路径、神经网络的训练参数、损失函数的加权系数等。项目配置的代码如下：

```
1.  # 内容特征层及 loss 加权系数
2.  CONTENT_LAYERS = {'block4_conv2': 0.5, 'block5_conv2': 0.5}
```

```
3.  # 风格特征层及 loss 加权系数
4.  STYLE_LAYERS = {'block1_conv1': 0.2, 'block2_conv1': 0.2, 'block3_conv1':
5.                      0.2, 'block4_conv1': 0.2, 'block5_conv1': 0.2}
6.  # 内容图片路径
7.  CONTENT_IMAGE_PATH = './images/njcit1.jpg'
8.  # 风格图片路径
9.  STYLE_IMAGE_PATH = './images/style.jpg'
10. # 生成图片的保存目录
11. OUTPUT_DIR = './output'
12. # 内容 loss 总加权系数
13. CONTENT_LOSS_FACTOR = 1
14. # 风格 loss 总加权系数
15. STYLE_LOSS_FACTOR = 100
16. # 图片宽度
17. WIDTH = 450
18. # 图片高度
19. HEIGHT = 300
20. # 训练 epoch 数
21. EPOCHS = 20
22. # 每个 epoch 训练多少次
23. STEPS_PER_EPOCH = 100
24. # 学习率
25. LEARNING_RATE = 0.03
```

2. 图像预处理

图像的预处理文件为 utils.py，主要执行风格图像和内容图像的读入、预处理，以及对结果图像进行输出保存。这里给出了读入和预处理的代码，保存图片的程序将在 15.5 节给出。图像读入和预处理代码如下：

```
1.  import tensorflow as tf
2.  import settings
3.  # 我们准备使用经典网络在 imagenet 数据集上的预训练权重，所以归一化时也要使用 imagenet
        的平均值和标准差
4.  image_mean = tf.constant([0.485, 0.456, 0.406])
5.  image_std = tf.constant([0.229, 0.224, 0.225])
6.  def normalization(x):
7.      """
8.          对输入图片 x 进行归一化，返回归一化的值
9.      """
10.     return (x - image_mean) / image_std
11. def load_images(image_path, width=settings.WIDTH, height=settings.HEIGHT):
```

```
12.        """
13.        加载并处理图片
14.        :param image_path: 图片路径
15.        :param width: 图片宽度
16.        :param height: 图片长度
17.        :return: 一个张量
18.        """
19.        # 加载文件
20.        x = tf.io.read_file(image_path)
21.        # 解码图片
22.        x = tf.image.decode_jpeg(x, channels=3)
23.        # 修改图片大小
24.        x = tf.image.resize(x, [height, width])
25.        x = x / 255.
26.        # 归一化
27.        x = normalization(x)
28.        x = tf.reshape(x, [1, height, width, 3])
29.        # 返回结果
30.        return x
```

15.4.2 网络构建

VGG 网络是 ImageNet 比赛提出的经典卷积神经网络,在图像分类、物体定位等任务中有着优异的表现。卷积神经网络能够捕获定义类别(例如猫与狗)之间的关键性特征,这些特征与背景噪声和其他干扰无关。由于 VGG 网络包含庞大的参数量,这里采用 ImageNet 数据集进行训练,以加快训练的速度。实际上在风格迁移任务中使用 VGG19 网络最终并不是要输出一个 1000 维的向量来预测物体类别,而只是用预训练的 VGG19 网络来提取图片的内容和风格特征,从而构建风格迁移中的损失函数。网络构建代码 model.py 如下:

```
1.  import typing
2.  import tensorflow as tf
3.  import settings
4.
5.  def get_vgg19_model(layers):
6.      """
7.      创建并初始化 vgg19 模型
8.      """
9.      # 加载 imagenet 上预训练的 vgg19
10.     vgg = tf.keras.applications.VGG19(include_top=False, weights='imagenet')
```

```
11.        # 提取需要被用到的 vgg 的层的 output
12.        outputs = [vgg.get_layer(layer).output for layer in layers]
13.        # 使用 outputs 创建新的模型
14.        model = tf.keras.Model([vgg.input, ], outputs)
15.        # 锁死参数，不进行训练
16.        model.trainable = False
17.        return model
18.
19. class NeuralStyleTransferModel(tf.keras.Model):
20.
21.        def __init__(self, content_layers: typing.Dict[str, float] = settings.CONTENT_LAYERS,
           style_layers: typing.Dict[str, float] = settings.STYLE_LAYERS):
22.            super(NeuralStyleTransferModel, self).__init__()
23.            # 内容特征层字典 Dict[ 层名 , 加权系数 ]
24.            self.content_layers = content_layers
25.            # 风格特征层
26.            self.style_layers = style_layers
27.            # 提取需要用到的所有 vgg 层
28.            layers = list(self.content_layers.keys()) + list(self.style_layers.keys())
29.            # 创建 layer_name 到 output 索引的映射
30.            self.outputs_index_map = dict(zip(layers, range(len(layers))))
31.            # 创建并初始化 vgg 网络
32.            self.vgg = get_vgg19_model(layers)
33.
34.        def call(self, inputs, training=None, mask=None):
35.            """
36.            前向传播
37.            :return  typing.Dict[str,typing.List[outputs, 加权系数 ]]
38.            """
39.            outputs = self.vgg(inputs)
40.            # 分离内容特征层和风格特征层的输出，方便后续计算 typing.List[outputs, 加权系数 ]
41.            content_outputs = []
42.            for layer, factor in self.content_layers.items():
43.                content_outputs.append((outputs[self.outputs_index_map[layer]][0], factor))
44.            style_outputs = []
45.            for layer, factor in self.style_layers.items():
46.                style_outputs.append((outputs[self.outputs_index_map[layer]][0], factor))
47.            # 以字典的形式返回输出
48.            return {'content': content_outputs, 'style': style_outputs}
```

15.5 训练生成图像

绘画风格迁移
训练生成图像

图像风格迁移需要把风格图像的风格迁移到内容图像上，因而在图像的风格迁移过程中，需要定义和计算内容图像的损失函数、风格图像的损失函数，并通过计算两种损失函数的总损失来生成风格迁移图像。

15.5.1 计算内容损失

我们进行风格迁移的时候，必须保证生成图像与内容图像的内容一致性，不然风格迁移就变成艺术创作了。那么，如何衡量两张图片的内容差异呢？很简单，通过 VGG19 输出的特征图来衡量图片的内容差异。假设原始输入图像为 p，生成图像为 x，P_{ij}^l 和 F_{ij}^l 分别表示 l 层中生成图像特征和输入图像特征第 i 个滤波器 j 位置的激活值，将该层的内容损失定义为二者之间的平方误差，公式为

$$L_{\text{content}}(\boldsymbol{p}, \ \boldsymbol{x}, \ l) = \frac{1}{2} \sum_{i, \ j} (F_{ij}^l - P_{ij}^l)^2 \tag{15-4}$$

最后总的内容损失为所有层的损失之和，此处需要除以图像的像素数和通道数。

```
1.  import os
2.  import numpy as np
3.  from tqdm import tqdm
4.  import tensorflow as tf
5.  from model import NeuralStyleTransferModel
6.  import settings
7.  import utils
8.
9.  # 创建模型
10. model = NeuralStyleTransferModel()
11.
12. # 加载内容图片
13. content_image = utils.load_images(settings.CONTENT_IMAGE_PATH)
14. # 风格图片
15. style_image = utils.load_images(settings.STYLE_IMAGE_PATH)
16.
17. # 计算出目标内容图片的内容特征备用
18. target_content_features = model([content_image, ])['content']
19. # 计算目标风格图片的风格特征
```

```
20. target_style_features = model([style_image, ])['style']
21.
22. M = settings.WIDTH * settings.HEIGHT
23. N = 3
24.
25. def _compute_content_loss(noise_features, target_features):
26.     """
27.     计算指定层上两个特征之间的内容损失
28.     :param noise_features: 噪声图片在指定层的特征
29.     :param target_features: 内容图片在指定层的特征
30.     """
31.     content_loss = tf.reduce_sum(tf.square(noise_features - target_features))
32.     # 计算系数
33.     x = 2. * M * N
34.     content_loss = content_loss / x
35.     return content_loss
36.
37. def compute_content_loss(noise_content_features):
38.     """
39.     计算并当前图片的内容损失
40.     :param noise_content_features: 噪声图片的内容特征
41.     """
42.     # 初始化内容损失
43.     content_losses = []
44.     # 加权计算内容损失
45.     for (noise_feature, factor), (target_feature, _) in zip(noise_content_features, target_content_features):
46.         layer_content_loss = _compute_content_loss(noise_feature, target_feature)
47.         content_losses.append(layer_content_loss * factor)
48.     return tf.reduce_sum(content_losses)
```

15.5.2　计算风格损失

Gram 矩阵是关于一组向量的内积的对称矩阵，设卷积层的输出为 F_{ij}^{l}，那么该卷积特征对应的 Gram 矩阵的第 i 行第 j 个元素定义为

$$G_{ij}^{l} = \sum_{k} F_{ik}^{l} F_{jk}^{l} \tag{15-5}$$

Gram 矩阵可以体现不同滤波器特征的相互关系，同时忽略内容上的信息。通过 Gram 矩阵可以得到不同尺寸的风格图像信息，但是这部分信息只包含纹理等信息，而没有图像

的全局信息。因此，要生成与给定风格图像相匹配的新图像，需要最小化白噪声图像和给定风格图像的 Gram 矩阵的均方误差，不断迭代优化，得到最终的纹理。假设 a 为输入风格图像，x 为生成图像，A^l 为风格图像第 l 层的风格表示，G^l 为生成图像第 l 层的风格表示，则第 l 层风格损失为

$$E_l = \frac{1}{4N_l^2 M_l^2} \sum_{ij} (G_{ij}^l - A_{ij}^l)^2 \qquad (15\text{-}6)$$

其中，N_l 滤波器的个数，M_l 是特征图的宽和高的乘积，$4N_l^2 M_l^2$ 相当于一个归一化项，目的是防止风格损失的数量级相比内容损失过大。风格损失函数值越小，表明生成的图像风格保留得越完整。

总的风格损失是单层风格损失的加权累加，总风格损失 L_{style} 为

$$L_{style}(\boldsymbol{a},\ \boldsymbol{x}) = \sum_{i=0}^{l} w_l E_l \qquad (15\text{-}7)$$

式中，a 和 x 分别表示风格图像和生成图像，wl 表示每层 1 所对应的权值。计算风格损失的代码如下：

```
1.  def gram_matrix(feature):
2.      """
3.      计算给定特征的格拉姆矩阵
4.      """
5.      # 先交换维度，把 channel 维度提到最前面
6.      x = tf.transpose(feature, perm=[2, 0, 1])
7.      # reshape，压缩成 2d
8.      x = tf.reshape(x, (x.shape[0], -1))
9.      # 计算 x 和 x 的逆的乘积
10.     return x @ tf.transpose(x)
11.
12. def _compute_style_loss(noise_feature, target_feature):
13.     """
14.     计算指定层上两个特征之间的风格损失
15.     :param noise_feature: 噪声图片在指定层的特征
16.     :param target_feature: 风格图片在指定层的特征
17.     """
18.     noise_gram_matrix = gram_matrix(noise_feature)
19.     style_gram_matrix = gram_matrix(target_feature)
20.     style_loss = tf.reduce_sum(tf.square(noise_gram_matrix - style_gram_matrix))
21.     # 计算系数
22.     x = 4. * (M ** 2) * (N ** 2)
23.     return style_loss / x
```

```
24.
25. def compute_style_loss(noise_style_features):
26.     """
27.     计算并返回图片的风格损失
28.     :param noise_style_features: 噪声图片的风格特征
29.     """
30.     style_losses = []
31.     for (noise_feature, factor), (target_feature, _) in zip(noise_style_features, target_style_features):
32.         layer_style_loss = _compute_style_loss(noise_feature, target_feature)
33.         style_losses.append(layer_style_loss * factor)
34.     return tf.reduce_sum(style_losses)
```

15.5.3　计算总损失

为了将艺术图像的风格迁移到目标内容图像上，需要同时优化内容损失函数和风格损失函数，使二者的线性组合达到最小值，这时输出的迁移结果图像是最佳的。因此，定义生成图像 x 相对输入图像 p 和风格图像 a 的总损失函数为

$$L_{\text{total}}(p,\ a,\ x) = \alpha L_{\text{content}}(p,\ x) + \beta L_{\text{style}}(a,\ x) \tag{15-8}$$

式中，L_{content} 表示目标内容图像的损失函数，L_{style} 表示目标风格图像的损失函数，α 和 β 分别表示目标内容图像和目标风格图像的权重因子，通过调节二者的比例，可控制生成图像的风格迁移程度。计算总损失的代码如下：

```
1. def total_loss(noise_features):
2.     """
3.     计算总损失
4.     :param noise_features: 噪声图片特征数据
5.     """
6.     content_loss = compute_content_loss(noise_features['content'])
7.     style_loss = compute_style_loss(noise_features['style'])
8.     return content_loss * settings.CONTENT_LOSS_FACTOR + style_loss * settings.STYLE_LOSS_FACTOR
```

15.5.4　使用优化算法计算梯度

在损失函数建立之后，就可以通过梯度下降法逐步迭代使得损失函数最小化，从而使生成的风格化图像尽量符合预期风格，最终得到风格化后的结果。这里使用了 TensorFlow 的自动求导功能。首先创建一个 optimizer(优化器)，定义一个 tf.Variable 来表示要优化的图像，最后使用 tf.GradientTape 来更新图像。每一轮训练完成后，都保存该轮的生成图像到文件中。代码如下：

```
1.  # 使用 Adma 优化器
2.  optimizer = tf.keras.optimizers.Adam(settings.LEARNING_RATE)
3.
4.  # 基于内容图片随机生成一张噪声图片
5.  noise_image = tf.Variable((content_image + np.random.uniform(-0.2, 0.2, (1, settings.HEIGHT,
        settings.WIDTH, 3))) / 2)
6.
7.  # 使用 tf.function 加速训练
8.  @tf.function
9.  def train_one_step():
10.     """
11.     一次迭代过程
12.     """
13.     # 求 loss
14.     with tf.GradientTape() as tape:
15.         noise_outputs = model(noise_image)
16.         loss = total_loss(noise_outputs)
17.     # 求梯度
18.     grad = tape.gradient(loss, noise_image)
19.     # 梯度下降，更新噪声图片
20.     optimizer.apply_gradients([(grad, noise_image)])
21.     return loss
22.
23. # 创建保存生成图片的文件夹
24. if not os.path.exists(settings.OUTPUT_DIR):
25.     os.mkdir(settings.OUTPUT_DIR)
26.
27. # 共训练 settings.EPOCHS 个 epochs
28. for epoch in range(settings.EPOCHS):
29.     # 使用 tqdm 提示训练进度
30.     with tqdm(total=settings.STEPS_PER_EPOCH, desc='Epoch {}/{}'.format(epoch + 1,
    settings.EPOCHS)) as pbar:
31.         # 每个 epoch 训练 settings.STEPS_PER_EPOCH 次
32.         for step in range(settings.STEPS_PER_EPOCH):
33.             _loss = train_one_step()
34.             pbar.set_postfix({'loss': '%.4f' % float(_loss)})
35.             pbar.update(1)
36.         # 每个 epoch 保存一次图片
37.         utils.save_image(noise_image, '{}/{}.jpg'.format(settings.OUTPUT_DIR, epoch + 1))
```

15.6　输　出　结　果

15.6.1　保存生成图像

保存图像函数 save_image() 于 utils.py 文件中，在训练过程中调用该函数可以随时保存图像。

```
1.  def save_image(image, filename):
2.      x = tf.reshape(image, image.shape[1:])
3.      x = x * image_std + image_mean
4.      x = x * 255.
5.      x = tf.cast(x, tf.int32)
6.      x = tf.clip_by_value(x, 0, 255)
7.      x = tf.cast(x, tf.uint8)
8.      x = tf.image.encode_jpeg(x)
9.      tf.io.write_file(filename, x)
```

15.6.2　风格迁移效果展示

图 15-6 中，左侧为内容图片，右侧为风格图片。采用风格迁移算法进行转换，训练所依赖的 TensorFlow 版本为 2.3.1，numpy 版本为 1.18.5，共训练了 20 轮 (epoch)，第 1、10 和 20 轮后的迁移效果如图 15-7 所示。

图 15-6　绘画风格迁移项目示例图片

(a) Epoch = 1

(c) Epoch = 10

(c) Epoch = 20

图 15-7　绘画风格迁移项目部分运行结果

由图 15-7 可见，在第一轮训练完成后，图片上出现了少许星空的波纹，随着训练轮数的增加，在第十轮训练后，天空上的星空波纹变得更为明显，在完成整个训练过程后，整幅输出图像已经具备了星空风格。说明使用卷积神经网络训练，生成了具有上述两种特征的图像，最终风格化图像在视觉效果上表达了特定的风格。但是，这类基于图像优化的风格迁移方法，每一次生成图像都需要进行多次迭代，这意味着每次风格化都需要耗费大量的计算资源，不具有实时性。

本 章 小 结

本章介绍了人工智能在艺术设计领域中的典型应用——绘画风格迁移。首先介绍了绘画风格迁移的产业背景需求，然后提出了整体技术方案，介绍了案例所需的技术，并给出了案例所需代码和案例的演示效果。

人工智能在艺术设计中的绘画风格迁移应用，不仅结合了技术与艺术，还是文化传承的新形式。其深度学习算法模拟艺术家风格，使画作展现多重特征。案例代码展示了技术实现，演示作品呈现了惊喜与创新。这项技术不仅是算法，更是对艺术创作的延伸，它连接过去与未来，推动着艺术设计领域的进步。大学生是文化传承的重要力量，而人工智能在艺术设计中的绘画风格迁移应用恰恰是连接传统与现代的桥梁。通过学习这项技术，以创新的方式将传统文化表达在现代艺术中，这不仅是技术的运用，更是对历史与文化的尊重与传承。作为文化的传承者，应当把握这项技术，让传统艺术在当下焕发新的生命。

思　考　题

1. 简述图像风格化的训练过程。
2. 使用 VGG19 预训练网络提取特征的优点有哪些？
3. 尝试调整训练的参数，并查看图像风格化后的效果。
4. 目前还有哪些神经网络可以进行图像风格化？

第16章 智能交通领域中AI的应用——小车自动驾驶实战

16.1 自动驾驶产业背景

自动驾驶产业背景
与智能车系统设计

自动驾驶汽车是一种需要驾驶员辅助或者完全不需要操控的车辆。自动驾驶汽车能以雷达、光学雷达、GPS 及电脑视觉等技术感测其环境。它先进的控制系统能将感测资料转换成适当的导航道路，以及障碍与相关标志。根据定义，自动驾驶汽车能通过感测输入的资料，更新其地图信息，让交通工具可以持续追踪其位置。通过多辆自动驾驶车构成的无人车队可以有效减轻交通压力，并因此提高交通系统的运输效率。

技术的演进要比所有人想象得更加漫长。经过了百年的摸索之后，自动驾驶已经开始进入了真正的商业化阶段——预装无人驾驶功能的新车越来越多，百度阿波罗的无人出租车也发展到了第五代。我们看到了汽车与出行产业迅猛发展的变化历程，但这也只是整个市场向智能化、无人化转型的开始。

技术平台型企业目前出现了明显的两极分化。大多数中小规模的技术平台，没有足够的组织力和资本支持去建设无人驾驶生态，最好的归宿是被其他车厂并购，成为其自动驾驶部门或子公司。而以百度阿波罗为代表的大型自动驾驶平台，则可以凭借更强的资本实力、技术优势以及更广泛的生态系统布局，来支撑早期的研发投入和后期的商业化实现。

16.2 智能车系统设计

ARTrobot-Drive 无人驾驶智能车是北京钢铁侠科技有限公司研发的一款以应急救援为应用目的的小车，本章将以它为基本范例，重点解决其中识别交通标志物的算法部分。

该智能小车采用 Python 编程语言，以深度学习开源框架为基础，高度集成硬件驱动模块，分布式结构化软件设计框架，可实现数据采集、数据模型构建、自主识别弯道、无人驾驶验证等功能。智能小车外观如图 16-1，包括底盘、两个摄像头及车载电脑。

图 16-1　ARTrobot-Drive 无人驾驶智能小车

　　智能小车的硬件结构设计图共分为三个部分，包括图片采集部分、智能控制部分 (车载电脑) 和底盘部分 (包含各类传感器)，如图 16-2 所示。

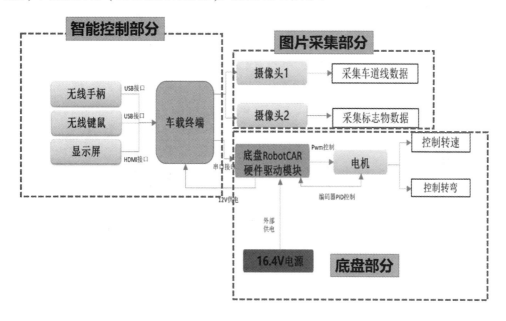

图 16-2　智能小车硬件架构

　　智能小车主要具有两个功能，一个功能是利用一个卷积神经网络构建摄像头数据和小车拐弯角度之间的关系，进而控制小车沿着车道线行进；另一个功能是利用 YOLO 目标检测架构，对标志物进行检测，进而控制小车应对道路上的各种问题，如遇到减速标志自动减速，遇到转弯标志自动转弯等。

　　底盘部分配备有显示终端，由车载电脑直接控制实现，如图 16-3 所示。本车底盘 RobotCAR 配备有多种传感器。RobotCAR 使用了基于 Arduino 技术的 ATmage2560 微控制器，配合电机驱动器、超声波传感器、红外传感器、角加速度传感器、电子罗盘、蓝牙通信，可以实现如远程遥控、自主移动、红外循迹、自动避障等多种功能。并且，还可以扩展装配多种外设模块，如 Wi-Fi 视频模块、机械手模块、GPS 定位模块、物联网传感器模块等，实现视频识别、追踪、抓取物品、移动定位、环境测量等新功能，使机器人更加智能且实用。

图 16-3 智能小车底盘

其中，对于车道线识别的功能主要包括数据采集、数据处理、模型训练和自主移动四部分，如图 16-4 所示。

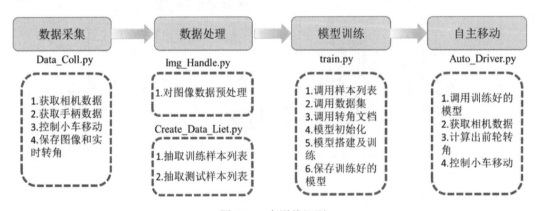

图 16-4 车道线识别

对于标志物检测的功能，将使用 YOLO 模型检测，在下面章节重点介绍。

16.3 标志物识别算法——YOLO算法简介

16.3.1 YOLO 的含义

YOLO 是一种实时目标检测算法，它在计算机视觉领域中扮演着重要角色。目标检测是计算机视觉的一项基本任务，它不仅识别图像中特定物体的种类（离散数据），还要标出这些物体的位置（连

标志物识别算法——
YOLO 算法简介

续数据)。在计算机视觉的三类任务——图像分类、目标检测、实例分割中，目标检测居于中间位置，如图 16-5 所示。图像分类作为最基础的任务，为目标检测提供了基础；实例分割，作为更高级的任务，要求在像素级别上分离不同的实例，难度更大。

图 16-5　计算机视觉的三类任务

YOLO，全称"You Only Look Once"，意味着它能够一次性识别出图像中物体的类别和位置。这个算法最初于 2016 年提出，并被发表在计算机视觉与模式识别顶级会议 (CVPR) 上。作为第一个平衡检测质量和速度的算法，YOLO 基于卷积神经网络构建，能够快速准确地识别图片中的对象，同时标出它们的位置和数量。由于其高效的性能，YOLO 在机器人和汽车工业等领域都得到了广泛应用，其中检测速度尤为关键。

自 2015 年以来，YOLO 经过了三次重要迭代，并衍生出了适用于移动设备的变体，如 TinyYOLO。这些移动版本虽然精度有所限制，但计算需求更低，运行速度更快，适合在资源受限的环境中使用。

16.3.2　YOLO 实现步骤概述

YOLO 实现步骤如图 16-6 所示。

图 16-6　YOLO 模型使用的一般过程

要使用 YOLOv5 模型训练未经标注的数据，首先需要对这些数据进行标注。步骤如下：

(1) 数据准备 / 标注：收集适用于任务的图片，确保图片质量高且样本多样性足够，使用图像标注工具 (如 LabelImg 或 VGG Image Annotator(VIA)) 为数据集中的每张图片中感兴趣的物体画框并标注类别。标注的格式应符合 YOLOv5 的要求。如果标注的图片不满足要求，就需要利用代码进行格式转换。

(2) 数据集划分：将标注好的数据集分为训练集、验证集和测试集。通常的比例为训练集占 70%，验证集占 20%，测试集占 10%。创建一个包含训练集和验证集图片路径的文本文件，以备后续使用。

(3) 克隆模型环境搭建：克隆模型、并安装 YOLOv5 需要的库和软件包，例如 PyTorch、torchvision 等。

(4) 模型配置：根据任务需求，修改 YOLOv5 的配置文件 (.yaml 文件)。主要包括类别数量、锚框大小、训练和验证集的路径等。

(5) 模型训练：使用 YOLOv5 的训练脚本开始训练。在训练过程中，可以调整学习率、批量大小、训练轮数等超参数。训练结束后，模型权重将被保存。

(6) 模型评估：在验证集上评估模型性能。可以使用 YOLOv5 提供的评估脚本，计算模型的精度 (Precision)、召回率 (Recall)、mAP 等指标。

(7) 模型推理：使用训练好的模型进行物体检测任务。可以将模型部署到服务器、嵌入式设备等不同平台上。

这些步骤是使用 YOLOv5 模型训练未经标注的数据的一般流程。根据实际情况，可能需要进行一些调整。下面的章节将逐步实现上述任务。

16.4 数据标注——利用标注数据集

数据标注可视为模仿人类学习过程中的经验学习，相当于人类从书本中获取已有知识的认知行为，在具体操作时，数据标注把需要计算机识别和分辨的图片事先打上标签，让计算机不断地识别这些图片的特征，最终实现计算机能够自主识别。数据标注为人工智能企业提供了大量带标签的数据，供机器训练和学习，保证了算法模型的有效性。不同的数据标注类型适用于不同的标注场景，不同的标注场景也针对的是不同的 AI 应用场景。本例是对图片进行标注，智能小车能够实现无人驾驶，有了实在的"视觉"，离不开图像标注数据的训练。常用的标注工具如表 16-1 所示。

数据标注与数据集格式转换和划分

表 16-1 标 注 工 具

标注工具	主要作用	支持的数据类型	支持的格式	平台
LabelImg	图像标注	图像	Pascal VOC、YOLO 等	Python
VIA	多数据类型标注	图像、视频、音频等	CSV、JSON 等	Web
RectLabel	图像、视频标注	图像、视频	Pascal VOC、YOLO 等	Mac
LabelBox	多数据类型标注	图像、视频、文本等	Pascal VOC、YOLO 等	Web
CVAT	多数据类型标注	图像、视频、文本等	Pascal VOC、YOLO 等	Web

在本例中，采用图像标注软件 LabelImg 对获取的图片进行标注，标记过程示例如图 16-7 所示。标记后的图片信息存储在 VOC 文件夹中，包括类别、位置、路径等信息。

图 16-7 已标注数据

16.4.1 LabelImg 介绍

LabelImg 是一款基于 Python 编写的开源数据标注工具，主要用于图像标注。它支持多种格式，如 Pascal VOC、YOLO 等，可以方便地生成训练集、测试集等数据集，为机器学习算法的训练和模型的优化提供数据基础。

虽然 LabelImg 也可以标注 YOLO 模型的数据格式，但是，由于 VOC 格式是一种常用的图像标注格式，标注信息全面，VOC 格式支持对目标的位置、类别、尺寸等信息进行标注，可以提供更全面的标注信息，为机器学习算法的训练和模型的优化提供更好的数据基础。因此，这里选择标注成 VOC 格式，后期利用代码批量将 VOC 格式的数据转化为 YOLO 格式。

16.4.2 LabelImg 的安装

打开 cmd 命令行 (快捷键：win + R)，进入 cmd 命令行控制台，输入如下命令：

```
pip install labelimg -i https://pypi.tuna.tsinghua.edu.cn/simple
```

运行此命令后，系统就会自动下载 LabelImg 相关的依赖。由于这是一个很轻量的工具，所以下载起来很快，当出现如图 16-8 框中的提示信息时，说明 LabelImg 安装成功了。

```
C:\Users\duluv>pip install labelimg -i https://pypi.tuna.tsinghua.edu.cn/simple
Looking in indexes: https://pypi.tuna.tsinghua.edu.cn/simple
Collecting labelimg
  Using cached labelImg-1.8.6-py2.py3-none-any.whl
Requirement already satisfied: lxml in c:\users\duluv\appdata\local\programs\python\python37\lib\site-packages (from lab
elimg) (4.6.3)
Requirement already satisfied: pyqt5 in c:\users\duluv\appdata\local\programs\python\python37\lib\site-packages (from la
belimg) (5.14.2)
Requirement already satisfied: PyQt5-sip<13,>=12.7 in c:\users\duluv\appdata\local\programs\python\python37\lib\site-pac
kages (from pyqt5->labelimg) (12.9.1)
Installing collected packages: labelimg
Successfully installed labelimg-1.8.6
WARNING: You are using pip version 21.3.1; however, version 22.2.2 is available.
You should consider upgrading via the 'c:\users\duluv\appdata\local\programs\python\python37\python.exe -m pip install -
-upgrade pip' command.
```

图 16-8 LabelImg 安装成功

16.4.3 使用 LabelImg

1. 待标注数据准备

先建立待标注的数据集，新建一个名为 VOC2007 的文件夹 (YOLO 数据集约定俗成的文件名称)，在里面创建一个名为 JPEGImages 的文件夹存放需要打标签的图片文件；再创建一个名为 Annotations 的文件存放标注的标签文件；最后创建一个名为 predefined_classes.txt 的 txt 文件来存放所要标注的类别名称。

VOC2007 的目录结构为：

├── VOC2007；

│ ├── JPEGImages 存放需要打标签的图片文件；

│ ├── Annotations 存放标注的标签文件；

│ ├── predefined_classes.txt 定义自己要标注的所有类别 (这个文件不是必须存在，但当定义类别比较多时，最好创建该文件用来存放类别)。

2. 标注前的一些设置

在 JPEGImages 这个文件夹放置待标注的图片，如图 16-9 所示。

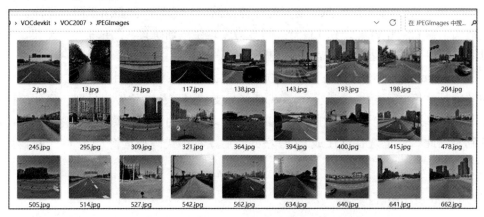

图 16-9　JPEGImages 文件夹待标注图片

然后在 predefined_classes.txt 这个 txt 文档里面输入定义的类别种类，如图 16-10 所示。

图 16-10　predefined_classes 存放类别标签

上述类别标签对应道路交通标志如图 16-11 所示。

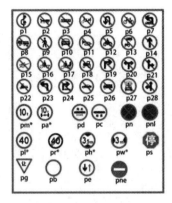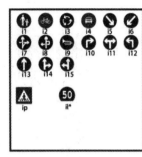

图 16-11　道路交通标志对应标签

打开 cmd 命令终端，执行 cd 命令进入到新创建的 VOC2007 路径下，如图 16-12 所示。

```
C:\Users\duluv>cd C:\Users\duluv\Desktop\VOC2007
C:\Users\duluv\Desktop\VOC2007>S_
```

图 16-12　进入 VOC2007 目录路径

通过命令打开 LabelImg，同时也打开 JPEGImages 文件夹，初始化 predefined_classes. txt 里面定义的类。

```
labelImg JPEGImages predefined_classes.txt
```

运行此命令打开 LabelImg 工具，得到结果如图 16-13 所示。

图 16-13　运行命令后打开标注工具

3. 开始标注

选定需要标注的对象，按住鼠标左键拖出标注框，如图 16-14 所示。当选定目标以后，就会加载出来 predefined_classes.txt 定义自己要标注的所有类别。打好的标签框上会有该框的类别。然后界面最右边会出现打好的类别标签。标注一张照片以后，按下快捷键 D，进入下一张，此时自动保存标签文件 (VOC 格式会保存 xml，YOLO 会保存 txt 格式)。

图 16-14　打上标签时截图

标签打完以后可以去 Annotations 文件下，可以看到标签文件已经保存在这个目录下，如图 16-15 所示。

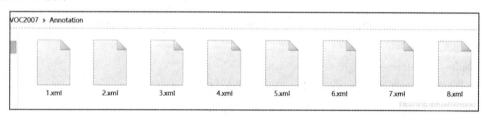

图 16-15　打好的标签目录

将图 16-14 标注好的 VOC 格式的标注文件打开，代码如下：

```
1.  <annotation>
2.      <folder>test</folder>
3.      <filename>193.jpg</filename>
4.      <path>C:\TT100K\data\test\193.jpg</path>
5.      <source>
6.          <database>Unknown</database>
7.      </source>
8.      <size>
9.          <width>2048</width>
10.         <height>2048</height>
11.         <depth>3</depth>
12.     </size>
13.     <segmented>0</segmented>
14.     <object>
15.         <name>p5</name>
16.         <pose>Unspecified</pose>
```

```
17.            <truncated>0</truncated>
18.            <difficult>0</difficult>
19.            <bndbox>
20.               <xmin>1108</xmin>
21.               <ymin>712</ymin>
22.               <xmax>1172</xmax>
23.               <ymax>770</ymax>
24.            </bndbox>
25.         </object>
26.
27. </annotation>
```

在这个例子中，图像文件"193.jpg"中有一个标注的物体，物体的类别是"p5"，位置在图像的 (1108，712) 到 (1172，770) 的矩形区域内。

代码解析：

行 2："<folder>"表示存储图像的文件夹名，这里是"test"。

行 3："<filename>"表示图像文件的名字，这里是"193.jpg"。

行 4："<path>"表示图像文件的完整路径，这里是"C:\TT100K\data\test\193.jpg"。

行 5～7："<source>"表示图像的来源信息。在这个子标签下，"<database>"表示这个图像来自哪个数据库，这里是"Unknown"。

行 8～12："<size>"表示图像的尺寸信息。包括宽度 (<width>)，高度 (<height>) 和颜色深度 (<depth>)。在这个例子中，图像的尺寸是 2048×2048，颜色深度是 3(通常对应 RGB 三个颜色通道)。

行 13："<segmented>"表示是否进行了图像分割。这里是 0，表示没有进行分割。

行 14～25："<object>"表示图像中的标注物体。可以有多个 <object> 标签。在这个标签下：

"<name>"表示物体的类别名，这里是"p5"。

"<pose>"表示物体的姿态，这里是"Unspecified"，表示未指定。

"<truncated>"表示是否被截断，这里是 0，表示没有被截断。

"<difficult>"表示是否难以识别，这里是 0，表示不难识别。

"<bndbox>"表示物体的位置，用一个边界框 (bounding box) 表示。边界框的坐标是"xmin""ymin""xmax"和"ymax"。在这个例子中，这个物体的位置在图像的 (1108，712) 到 (1172，770) 的矩形区域内。

16.5　数据集格式转换和划分

16.5.1　数据集格式转换

目前数据集标签的格式都是 VOC 格式，而 YOLOv5 训练所需的文件格式是 YOLO

格式的，因此需要格式转换。

仍以图 16-13 为例，其中 VOC 格式如 16.4.3 节代码所示，这里不重复展示，需要转化为 YOLO 格式，如图 16-16 所示。

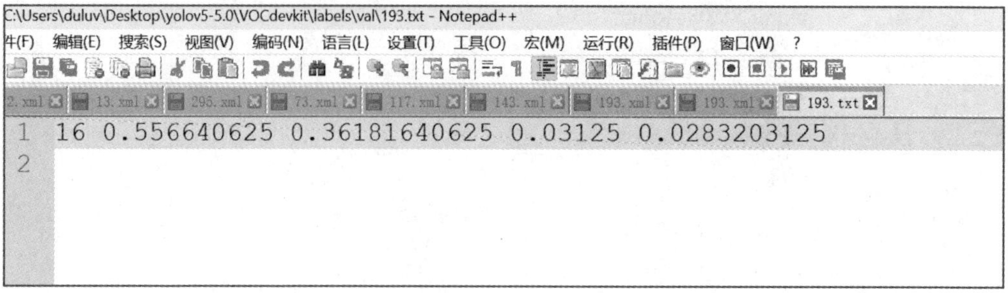

图 16-16　YOLO 格式

图 16-16 这行数据意义如下：

(1) 第一个数字"16"是类别索引，表示这个物体属于索引为 16 的类别，16 是图 16-10 中 predefined_classes 存放类别标签禁止掉头标记的顺序。

(2) 后面的四个数字是物体的位置和尺寸，它们都是相对于图像尺寸的比例值，范围在 0 到 1 之间，其中，"0.556640625"是物体中心点的 x 坐标（相对于图像宽度的比例）；"0.36181640625"是物体中心点的 y 坐标（相对于图像高度的比例）；"0.03125"是物体的宽度（相对于图像宽度的比例）；"0.0283203125"是物体的高度（相对于图像高度的比例）。

在 YOLO 格式的标注中，物体的位置是通过其边界框的中心点和尺寸来表示的，而不是通过左上角和右下角的坐标。这是与 VOC 等其他格式的一个主要区别。

用 Python 脚本实现图片标签的批量转化，主要代码如下：

```
1.  def convert(size, box):
2.      dw = 1./size[0]
3.      dh = 1./size[1]
4.      x = (box[0] + box[1])/2.0
5.      y = (box[2] + box[3])/2.0
6.      w = box[1] - box[0]
7.      h = box[3] - box[2]
8.      x = x*dw
9.      w = w*dw
10.     y = y*dh
11.     h = h*dh
12.     return (x,y,w,h)
```

这段代码的目的是将标注的边界框从 PASCAL VOC 格式（左上角和右下角的坐标）转换为 YOLO 格式（中心点坐标和宽高）。这两种格式都是用来表示物体在图像中的位置。函数接受两个参数：size 和 box。size 是一个包含图像宽度和高度的元组，box 是一个包含四个坐标值的元组，表示物体的边界框在 VOC 格式中的位置。函数返回一个包含四个值的元组，用来表示 YOLO 格式的物体信息（物体的位置和尺寸）。

```
1.  def convert_annotation(image_id):
2.      in_file = open('VOCdevkit/VOC2007/Annotations/%s.xml' %image_id)
3.      out_file = open('VOCdevkit/VOC2007/YOLOLabels/%s.txt' %image_id, 'w')
4.      tree=ET.parse(in_file)
5.      root = tree.getroot()
6.      size = root.find('size')
7.      w = int(size.find('width').text)
8.      h = int(size.find('height').text)
9.
10.     for obj in root.iter('object'):
11.         difficult = obj.find('difficult').text
12.         cls = obj.find('name').text
13.         if cls not in classes or int(difficult) == 1:
14.             continue
15.         cls_id = classes.index(cls)
16.         xmlbox = obj.find('bndbox')
17.         b = (float(xmlbox.find('xmin').text), float(xmlbox.find('xmax').text),
    float(xmlbox.find('ymin').text), float(xmlbox.find('ymax').text))
18.         bb = convert((w,h), b)
19.         out_file.write(str(cls_id) + " " + " ".join([str(a) for a in bb]) + '\n')
20.     in_file.close()
21.     out_file.close()
```

这段代码的功能是从一个 PASCALVOC 格式的 XML 文件中读取图像的标注信息，将这些信息转换为 YOLO 格式，并保存到一个新的文本文件中。这个函数处理一个图像的标注，image_id 参数是图像的"ID"或文件名。

16.5.2　数据集格式划分

同时训练 YOLOv5 检测模型的时候，数据集需要划分为训练集和验证集。这是因为在机器学习和深度学习中，通常将数据集划分为训练集、验证集和测试集，主要有以下几个原因：

(1) 防止过拟合。如果只用训练集来训练和调整模型，那么模型可能会过度适应训练数据（即过拟合），导致在新的、未见过的数据上性能表现不佳。通过在独立的验证集上进行性能评估，可以及时发现过拟合现象。

(2) 模型选择和参数调整。验证集可以用来调整模型的超参数和进行模型选择。通过比较不同模型或不同参数设置在验证集上的表现，我们可以选择最优的模型和参数。

(3) 公正性。使用独立的测试集对模型进行最后的评估，可以更公正地衡量模型的性能，因为测试集的数据在模型训练和验证过程中都未被使用过。

总的来说，训练集、验证集和测试集的划分有助于我们更有效、更公正地训练和评估模型，避免过拟合，提高模型的泛化能力。

数据集的格式结构如图 16-17 所示。Annotations 里面存放着 VOC 格式的标签文件，PEGImages 里面存放着图片的数据文件。

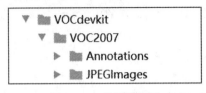

图 16-17　数据集目录

主要代码如下：

```
1.  prob = random.randint(1, 100)
2.  print("Probability: %d" % prob)
3.  if(prob < TRAIN_RATIO): # train dataset
4.      if os.path.exists(annotation_path):
5.          train_file.write(image_path + '\n')
6.          convert_annotation(nameWithoutExtention) # convert label
7.          copyfile(image_path, yolov5_images_train_dir + voc_path)
8.          copyfile(label_path, yolov5_labels_train_dir + label_name)
9.  else: # test dataset
10.     if os.path.exists(annotation_path):
11.         test_file.write(image_path + '\n')
12.         convert_annotation(nameWithoutExtention) # convert label
13.         copyfile(image_path, yolov5_images_test_dir + voc_path)
14.         copyfile(label_path, yolov5_labels_test_dir + label_name)
```

这段代码的主要目的是根据给定的训练集比例 (TRAIN_RATIO) 将数据随机分配到训练集和测试集，代码解析如下：

行 1："prob = random.randint(1, 100)"生成一个 1 到 100 之间的随机整数，赋值给 prob。

行 3："if(prob < TRAIN_RATIO):"是预设的一个阈值，如果生成的随机数 prob 小于这个阈值，那么将数据添加到训练集。

行 4："if os.path.exists(annotation_path):"检查标注文件是否存在。

行 5："train_file.write(image_path + '\n')"将图像的路径写入训练集的文件中。

行 6："convert_annotation(nameWithoutExtention)"对标注进行转换。

行 7："copyfile(image_path, yolov5_images_train_dir + voc_path)"将图像文件复制到训练集的目录中。

行 8："copyfile(label_path, yolov5_labels_train_dir + label_name)"将标签文件复制到训练集的标签目录中。

行 9："else:"如果生成的随机数 prob 大于或等于 TRAIN_RATIO，那么将数据添加到测试集。

总的来说，这段代码是对图像数据和对应的标注数据进行训练集和测试集的划分，并进行相应的文件操作，例如复制文件和转换标注。

将代码和数据在同一目录下运行，结果如图 16-18 所示。在 VOCdevkit 目录下生成 images 和 labels 文件夹，就是训练 YOLOv5 模型所需的训练集和验证集。在 VOCdevkit/VOC2007 目录下还生成了一个 YOLOLabels 文件夹，里面存放着所有的 txt 格式的标签文件。

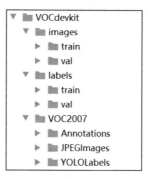

图 16-18　代码数据目录

16.6　YOLOv5 模型准备和训练

YOLOv5
模型训练

16.6.1　克隆 YOLOv5 模型和环境搭建

YOLOv5 的代码是开源的，可以直接从 GitHub 上克隆源码。YOLOv5 已经更新了 5 个分支，分别是 YOLOv5.1～YOLOv5.5。本项目利用 YOLOv5.5 分支作为模型框架。

首先打开 YOLOv5 的 GitHub 官网，界面如图 16-19 所示。

图 16-19　YOLOv5 在 GitHub 官网界面

点击左上角的 master 图标来选择项目的第 5 个分支，如图 16-20 所示。点击右上角的 code 按键，将代码下载到本地。

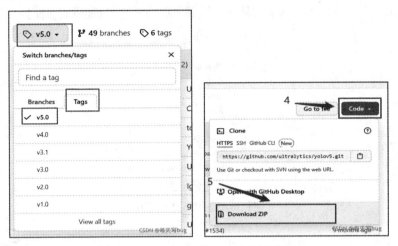

图 16-20　YOLOv5 从 GitHub 下载操作

将下载好的 YOLOv5 的代码解压，然后用一款 IDE 打开 (此处用的是 pycharm)，打开之后整个代码目录如图 16-21 所示。

图 16-21　YOLOv5 代码解压目录

下面介绍图 16-21 中的代码目录。

(1) data：主要是存放一些超参数的配置文件 (yaml 文件是用来配置训练集、测试集和验证集的路径，其中还包括目标检测的种类数和种类的名称)；还包含官方提供测试的图片。如果是训练自己的数据集，就需要修改其中的 yaml 文件。但是自己的数据集不建议放在这个路径下面，建议把数据集放到 YOLOv5 项目的同级目录下面。

(2) models：里面主要是一些网络构建的配置文件和函数，其中包含了该项目的四个不同版本，分别为 s、m、l、x。从名字就可以看出版本的大小。它们的检测速度分别是从快到慢，但是精确度分别是从低到高。如果是训练自己的数据集，就需要修改这里面相对应的 yaml 文件来训练自己的模型。

(3) utils：存放的是工具类的函数，里面有 loss 函数，metrics 函数，plots 函数等。

(4) weights：放置训练好的权重参数。

(5) detect.py：利用训练好的权重参数进行目标检测，可以进行图像、视频和摄像头的检测。

(6) train.py：训练自己的数据集的函数。

(7) test.py：测试训练结果的函数。

(8) requirements.txt：这是一个文本文件，里面写着使用 YOLOv5 项目的环境依赖包的一些版本，可以利用该文本导入相应版本的包。

训练和测试自己的数据集基本就是利用如上代码。

YOLOv5 还需要安装一些 Python 库才能运行。这些库在 requirements.txt 文件中列出，打开 requirements.txt，可以看到里面有很多的依赖库和对应的版本要求。打开 pycharm 的命令终端，输入如下命令进行安装：

```
pip install -r requirements.txt
```

之前训练好的数据放在最外一级目录中，数据集的目录格式如图 16-22 所示。

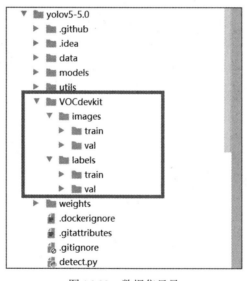

图 16-22　数据集目录

16.6.2　模型配置

使用 YOLOv5 训练自己的数据集，需要修改数据配置文件、模型配置文件和准备预训练权重。

1. 修改数据配置文件

YOLOv5 的数据配置文件是一个 YAML 文件，存放在 data 文件夹下，默认为 voc.yaml，在这个文件中，指定训练集和验证集的路径，以及类别的名称和数量。

复制 data/voc.yaml，重命名为 data/voc_tt100k.yaml，然后修改配置参数。

```
1.  train: ./VOCdevkit/images/train/
2.  val: ./VOCdevkit/images/val/
3.  # number of classes
4.  nc:45
5.  # class names
6.  names: ['i2','i4','i5','il100','il60','il80','io','ip','p10','p11',
7.  'p12','p19','p23','p26','p27','p3','p5','p6','pg','ph4',
8.  'ph4.5','ph5','pl100','pl120','pl20','pl30','pl40','pl5','pl50','pl60',
9.  'pl70','pl80','pm20','pm30','pm55','pn','pne','po','pr40','w13',
10. 'w32','w55','w57','w59','wo']
```

上述字段含义为

(1) train：训练图像列表的路径。这个列表中应该包含所有训练图像的路径。

(2) val：验证图像列表的路径。这个列表中应该包含所有用于验证的图像的路径。

(3) nc：数据集中的类别数量。

(4) names：一个包含所有类别名称的列表。

在训练时，可以指定这个文件，如：

```
python train.py --img 640 --batch 16 --epochs 50 --data voc_tt100k.yaml --weights yolov5s.pt
```

在 YOLOv5 中，data/hyp.scratch.yaml 是一个包含训练超参数 (hyperparameters) 的文件。在训练深度学习模型时，超参数是用于控制训练过程的参数，如学习率、权重衰减等。

具体来说，hyp.scratch.yaml 文件中的关键超参数如下：

(1) lr0：初始学习率。

(2) lrf：最终学习率。

(3) momentum：优化器的动量。

(4) weight_decay：权重衰减，用于防止过拟合。

(5) warmup_epochs：热身期间的 epoch 数，热身期间学习率会逐渐提高到 lr0。

(6) warmup_momentum：热身期间的动量。

(7) hsv_h，hsv_s，hsv_v：用于数据增强的 HSV 颜色空间的色相、饱和度和亮度变化因子。

(8) degrees、translate、scale、shear：用于数据增强的旋转角度、平移、缩放和剪切变化因子。

(9) flipud、fliplr：上下翻转和左右翻转的概率。mosaic，数据增强中使用马赛克数据增强的概率。

根据任务和数据集修改这些超参数。例如，如果数据集很小，可能需要增大 weight_decay 以防止过拟合。如果任务是对小物体进行检测，可能需要修改数据增强的参数以生成更多包含小物体的训练样本。

在本项目中，为避免交通标志中的左转和右转标志混淆，不做左右翻转的数据增强。

```
fliplr:0.0
```

2. 修改模型配置文件

由于该项目使用的是 YOLOv5s.pt 这个预训练权重，所以要使用 models 目录下的 YOLOv5s.yaml 文件中的相应参数 (不同的预训练权重对应着不同的网络层数，用错预训练权重会报错)。同修改 data 目录下的 yaml 文件一样，最好将 YOLOv5s.yaml 文件复制一份，然后将其重命名，将其重命名为 YOLOv5s_tt100k.yaml。

打开 YOLOv5_tt100k.yaml 文件需要修改 nc 后面的数值，这里是识别 45 个类别。

```
1.  # parameters
2.  nc: 45 # number of classes
```

3. 准备预训练权重

在训练深度学习模型时，使用预训练权重有许多好处，主要有以下几点：

(1) 迁移学习。预训练权重通常来自在大规模数据集 (如 ImageNet) 上训练的模型。这些模型已经学习了大量的通用特征，如边缘、形状和纹理等。这些特征可以用于很多类型的视觉任务，因此，使用预训练权重可以帮助模型更快地在新任务上取得良好的表现。

(2) 减少过拟合。如果数据集较小，模型可能会过度适应训练数据 (即过拟合)，导致在新的、未见过的数据上性能表现不佳。使用预训练权重，尤其是在大规模数据集上训练得到的权重，可以帮助缓解过拟合，因为预训练模型已经学习了更为通用的特征。

(3) 加快训练速度。如果从头开始训练模型，需要大量的时间和计算资源。使用预训练权重可以极大地减少训练时间，因为一部分参数已经训练好了，只需要微调这些参数以适应新的任务。

YOLOv5 的 5.0 版本提供了几个预训练权重，不同的需求对应选择不同版本的预训练权重，如图 16-23 所示。该版本可以获得权重的名字和大小信息，预训练权重越大，训练出来的精度相对来说就会越高，但是其检测的速度就会越慢。预训练权重可以通过这个网址 https://github.com/ultralytics/yolov5/releases 进行下载，本次训练自己的数据集用的预训练权重为 YOLOv5s.pt。

⍟ yolov5l.pt	89.3 MB	21 Feb 2022
⍟ yolov5l6.pt	147 MB	21 Feb 2022
⍟ yolov5m.pt	40.8 MB	21 Feb 2022
⍟ yolov5m6.pt	69 MB	21 Feb 2022
⍟ yolov5n-7-256x320-202142_openvino_model.zip	4.1 MB	6 hours ago
⍟ yolov5n-7-256x320-optimize.torchscript	4.72 MB	6 hours ago
⍟ yolov5n-7-256x320.torchscript	4.92 MB	6 hours ago
⍟ yolov5n-7-fp16-256x320.tflite	2.67 MB	6 hours ago
⍟ yolov5n-7.pt	2.62 MB	3 days ago
⍟ yolov5n.pt	3.87 MB	21 Feb 2022
⍟ yolov5n6.pt	6.86 MB	21 Feb 2022
⍟ yolov5s.pt	14.1 MB	21 Feb 2022
⍟ yolov5s6.pt	24.8 MB	21 Feb 2022
⍟ yolov5x.pt	166 MB	21 Feb 2022
⍟ yolov5x6.pt	270 MB	21 Feb 2022

图 16-23　YOLOv5 各版本

16.6.3 模型训练

至此可以开始 YOLOv5 的训练了。训练文件 train.py 如图 16-24 所示。

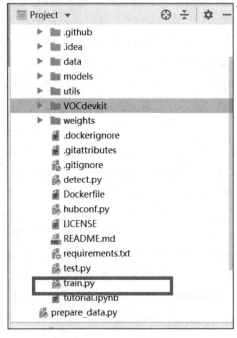

图 16-24 训练文件所在目录

train.py 文件包含了训练模型所需的所有代码，包括数据的加载和预处理、模型的初始化和训练，以及训练过程中的日志记录和模型保存等。

下面是 train.py 主要功能的简要介绍。

(1) 数据加载和预处理。train.py 脚本会根据指定的数据集配置文件 (例如，data/voc.yaml) 加载训练数据和验证数据。它还会进行必要的预处理，如数据增强和标签的编码。

(2) 模型初始化。train.py 脚本会根据指定的模型配置文件 (例如，models/yolov5s.yaml) 和预训练权重 (如果有的话) 初始化模型。

(3) 模型训练。train.py 脚本使用指定的优化器 (例如，SGD 或 Adam) 和损失函数 (例如，交叉熵损失) 对模型进行训练。在训练过程中，它会定期在验证数据上评估模型的性能。

(4) 日志记录和模型保存。在训练过程中，train.py 脚本会记录训练损失和验证性能，可以使用 TensorBoard 或其他工具查看这些日志。此外，它还会定期保存模型权重，可以在训练结束后使用这些权重进行预测或继续训练。

通过命令行参数来调用 train.py 脚本并指定一些选项，例如数据集配置文件的路径、模型配置文件的路径、预训练权重的路径，以及一些训练参数，如批大小和 epoch 数。

这里给出部分训练命令作为参考。

使用基线训练命令：

```
python train.py --data data/voc_tt100k.yaml --cfg models/yolov5s_tt100k.yaml --weights weights/
yolo5s.pt --batch-size 16 --epochs 120 --workers 4 --name base
```

各参数含义如下：

① python train.py：启动训练脚本。

② --data data/voc_tt100k.yaml：指定数据集的配置文件路径，该文件包含了数据集的相关信息，如训练集、验证集和测试集的路径、类别数目等。

③ --cfg models/yolov5s_tt100k.yaml：指定模型的配置文件路径，该文件包含了模型的结构、超参数等。

④ --weights weights/yolo5s.pt：指定预训练模型的权重文件路径，该文件包含了预训练模型的参数。

⑤ --batch-size 16：指定每个 batch 的大小，即每次模型更新时输入的样本数目。

⑥ --epochs 120：指定训练的 epoch 数目，即模型将会对训练集中的所有样本进行多少次迭代。

⑦ --workers 4：指定用于数据加载的进程数目，即同时加载数据的进程数目。

⑧ --name base：指定训练任务的名称，用于保存训练过程中生成的日志、权重等文件。

使用 Adam 优化器训练命令：

```
python train.py --data data/voc_tt100k.yaml --cfg models/yolov5s_tt100k.yaml --weights weights/
yolo5s.pt --batch-size 16 --epochs 120 --workers 4 --adam   --name base+adam
```

在上述命令中，新增加的两个参数含义为：

① --adam：指定优化器为 Adam，即使用 Adam 算法进行参数更新。

② --name base+adam：指定训练任务的名称，用于保存训练过程中生成的日志、权重等文件。

16.6.4 模型评估

在 YOLOv5 训练结束后，会在 runs/train 目录下生成一个与训练任务名称相同的子目录，其中包含了在训练过程中生成的各个文件，如图 16-25 所示。

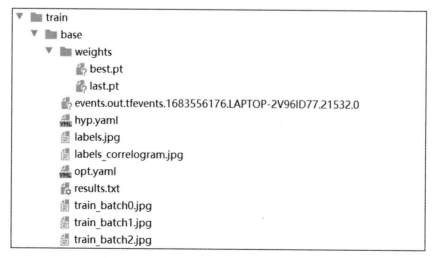

图 16-25 训练结果文件

下面抽取几个重要文件的训练结果，解释如下：

(1) events.out.tfevents.xxxxxx：TensorBoard日志文件，包含了训练过程中的损失值、评估指标、学习率等信息，用于可视化训练过程。

(2) hyp.yaml：记录了在模型训练过程中使用的所有超参数，包括学习率、权重衰减、数据增强等参数。

(3) opt.yaml：记录了在模型训练过程中使用的优化器的相关参数，包括优化器类型、学习率调度方式等。

(4) results.txt：这是一个文本文件，如图16-26，记录了训练过程中的各种性能指标。它包括了每个周期的损失函数值、准确率、召回率等信息。可以使用这些数据进行进一步的分析或可视化。

results.txt

文件 编辑 查看

0/119	1.78G	0.1067	0.01979	0.0881	0.2146	40	640	0.131	0.216	0.02107	0.01063	0.06824	0.01305	0.08242
1/119	4.48G	0.07976	0.01399	0.08199	0.1757	26	640	0.1998	0.1965	0.03878	0.01599	0.07254	0.01056	0.0794
2/119	4.48G	0.07652	0.01323	0.07718	0.1669	22	640	0.3599	0.2215	0.08849	0.04537	0.06391	0.01041	0.07118
3/119	4.48G	0.07097	0.01283	0.0682	0.152	19	640	0.5199	0.2319	0.1286	0.07422	0.05771	0.01017	0.06242
4/119	4.48G	0.0668	0.01253	0.06246	0.1418	22	640	0.5395	0.2545	0.1581	0.09235	0.05571	0.009436	0.05795
5/119	4.48G	0.06449	0.01188	0.05748	0.1338	40	640	0.6611	0.2129	0.1787	0.104	0.05535	0.009563	0.05376
6/119	4.48G	0.06293	0.01186	0.05414	0.1289	17	640	0.6551	0.2568	0.2196	0.1297	0.05422	0.009215	0.05065
7/119	4.48G	0.06187	0.01185	0.05096	0.1247	14	640	0.6311	0.3143	0.2527	0.1574	0.05273	0.00919	0.04837
8/119	4.48G	0.06155	0.01164	0.049	0.1222	34	640	0.5679	0.3473	0.2902	0.1805	0.05318	0.009167	0.04614
9/119	4.48G	0.06063	0.01134	0.04708	0.119	25	640	0.5706	0.368	0.324	0.2008	0.05207	0.008896	0.04393

图16-26 训练结果文件results.txt

上述txt各列数据含义如下：

① 0/119：这表示当前训练的epoch或iteration，即第0个，共有119个。

② 1.78G：GPU显存使用量，表示使用了1.78 G的显存。

③ 0.1067：训练loss的一个部分，边界框损失(box loss)。这是模型预测框与实际框之间差异的度量。值越低，表示模型预测的边界框与实际边界框越接近。

④ 0.01979：loss的另一个部分，例如目标损失(objectness loss)。这是模型预测目标存在概率与实际目标存在概率之间的差异。值越低，表示模型预测的目标存在概率与实际情况越接近。

⑤ 0.0881：loss的另一个部分，类别损失(class loss)。这是模型预测目标类别与实际目标类别之间的差异。值越低，表示模型预测的目标类别与实际类别越接近。

⑥ 0.2146：总loss，由前面几个部分相加得到。

⑦ 40：目标数量，即一批次(batch)中的标签数量。

⑧ 640：输入图像的尺寸，例如宽度和高度均为640像素。

⑨ 0.131：精确度(precision)。表示检测到的正例中实际为正例的比例。值越高，表示模型在检测到的目标中能更准确地识别出真正的目标。

⑩ 0.216：召回率(Recall)，表示实际正例中被检测到的比例。值越高，表示模型能更全面地找到所有真正的目标。

⑪ 0.02107：mAP@.5：以IoU(交并比)阈值为0.5时的平均精确度(mean Average Precision)。这是一个在不同召回率下精确度的平均值，通常用于评估目标检测模型的性能。IoU阈值为0.5表示预测框与实际框的重叠程度至少为50%。

⑫ 0.01063：mAP@.5-.95：这是在多个 IoU 阈值 (从 0.5 到 0.95，每隔 0.05 递增) 下的 mAP 的平均值。这个指标更全面地评估了模型在不同重叠程度下的性能。

⑬ 0.06824：val_loss(box)，验证集上的边界框损失 (box loss)。这是模型预测框与实际框之间差异的度量。值越低，表示模型预测的边界框与实际边界框越接近。

⑭ 0.01305：val_loss(obj)，验证集上的目标损失 (objectness loss)。这是模型预测目标存在概率与实际目标存在概率之间的差异。值越低，表示模型预测的目标存在概率与实际情况越接近。

⑮ 0.08242：val_loss(cls)，验证集上的类别损失 (class loss)。这是模型预测目标类别与实际目标类别之间的差异。值越低，表示模型预测的目标类别与实际类别越接近。

训练也会产生图像文件 results.png，如图 16-27 所示。这个图像文件显示了训练过程中的损失函数值、准确率、召回率等指标的变化趋势。通过观察这个图像，可以了解模型是否收敛，以及是否出现了过拟合或欠拟合现象。

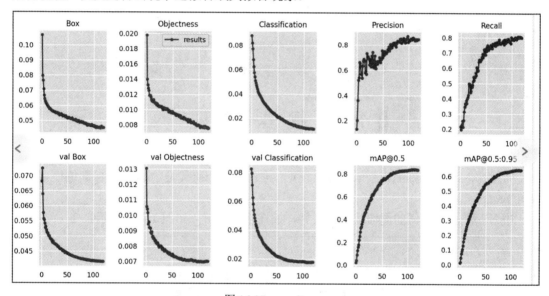

图 16-27　results.png

(5) weights 目录：包含了模型在训练过程中每个 epoch 的权重文件，以及训练结束后的最终权重文件。其中，weights 目录下的权重文件是训练结束后最重要的文件，best.pt 保存了在验证集上表现最好的模型权重，last.pt 保存了最后一个训练周期的模型权重。使用 best.pt 用于模型的测试和部署。

confusion_matrix.png，这是一个展示了训练过程中的混淆矩阵图片的文件，混淆矩阵可以帮助了解模型在不同类别之间的分类性能，以及是否存在类别不平衡的问题。

另外，YOLOv5 里面有写好的 tensorbord 函数，运行命令就可以调用并查看 tensorbord。首先打开 pycharm 的命令控制终端，输入如下命令，就会出现一个网址，将网址复制下来到浏览器，打开就可以看到训练过程了。

```
tensorboard--logdir=runs/train
```

如图 16-28 所示，这是已经训练了 100 轮的结果。

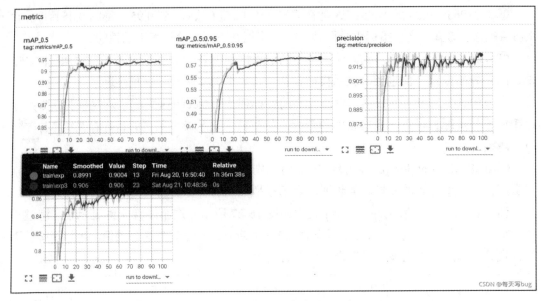

图 16-28　训练结果

16.7　模 型 推 理

接下来利用训练好的模型 (即最优权重) 推理测试，前提是 16.6 节确保训练模型权重文件 best.pt 已经保存。

准备一些用于测试的图像或视频文件，放在根目录下，如图 16-29 所示。

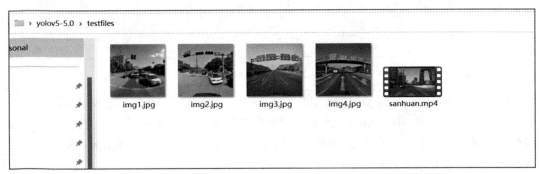

图 16-29　测试文件路径

打开终端或命令提示符，进入 YOLOv5 的根目录。运行以下命令进行模型推理。

```
python detect.py --weights runs/train/base/weights/best.pt --img 640 --conf-thres 0.3 --source ./testfiles/img1.jpg
```

其中各参数含义如下：

--weights 指定训练好的模型权重文件路径。

--img 指定输入图像的大小，根据实际情况调整。

--conf-thres 指定置信度阈值，根据实际需求调整。

--source 指定测试图像或视频的文件夹路径。

运行完成后，检测结果将保存在 runs/detect/exp 文件夹中（如果是第一次运行，否则为 exp2、exp3 等），如图 16-30 所示。结果文件夹包含带有检测框和类别标签的图像或视频。

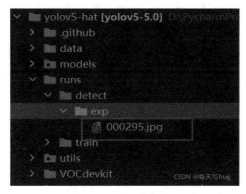

图 16-30　exp 目录下推理结果

图片的推理效果如图 16-31 所示。

图 16-31　推理效果图

对视频进行测试，和上面的图片测试是一样的，将图片的路径改为视频的路径即可。利用摄像头进行测试只需将路径改写为 0。

本 章 小 结

自动驾驶的历程从最初的构想、早期的初探，再到技术工具的日益成熟，时间漫长且耗时百年。直至今日，无人驾驶的商业应用才真正迈入了"初见曙光"的阶段。产业发展往往遵循一定的规律，企业也需随着这一演进过程不断调整。在这个过程中，没有哪家机构能够一蹴而就。

如果没有无线电控制公司 Houdina 的勇敢尝试，没有通用汽车长期的持之以恒的探索，没有谷歌积极响应美国 DARPA 的自动驾驶设想，没有百度愿意冒着财务风险全身心地投入到 AI 领域，那么，今天整个自动驾驶生态的迅速成熟将无从谈起。

当我们目睹即将投入使用的无人驾驶出租车以及新兴造车企业大力推广的自动驾驶功能，预示着驾驶习惯即将发生革命性的改变时，我们不禁回首百年历程，回想起那些为自动驾驶提供想象力和技术积累的科学家、企业家、设计师和工匠们，仿佛百年历程瞬间消逝。

我国正在积极发展智能网联汽车，无人驾驶技术正推动着像 BAT 这样的企业加速进入市场，不断增加研发投入。无人驾驶市场正处于快速发展的阶段，期望同学们能够努力学习人工智能知识，为无人驾驶产业贡献自己的力量，为这个行业辉煌的未来添砖加瓦。

思 考 题

1. 简述自动驾驶中标志物识别的训练过程。
2. 在数据标注中，VOC 标签格式是什么样的格式？
3. 尝试调整训练的参数，查看算法效果。
4. 查阅资料，还有哪些方法可以进行标志物识别？

参 考 文 献

[1] 席跃良. 艺术设计概论 [M]. 北京：清华大学出版社，2010.

[2] 张悦，王俊秋. 人工智能时代下文化产业的发展与展望 [J]. 云南社会科学，2021(05):36-41.

[3] 蔡新元，何诗婷. 人工智能时代的创新设计之思 [J]. 设计，2021,34(12):112-115.

[4] 之江实验室. 探路智慧社会：人工智能赋能社会治理 [M]. 北京：中国科学技术出版社，2021.

[5] 钟义信. 人工智能：概念·方法·机遇 [J]. 科学通报，2017,(22):2473-2479.

[6] 马旭. 人工智能发展前景解读 [J]. 科学与财富，2017,(4):15-19.

[7] 刘家旗，薛飞，茹少峰. 人工智能技术对城市经济韧性的影响研究 [J/OL]. 软科学，(12):1-12. [2023-12-22]http://kns.cnki.net/kcms/detail/51.1268.G3.20231214.1612.010.html.

[8] 梁路宏，艾海舟，徐光祐，等. 人脸检测研究综述 [J]. 计算机学报，2002,(05):449-458.

[9] 方路平，何杭江，周国民. 目标检测算法研究综述 [J]. 计算机工程与应用，2018,54(13):11-18,33.

[10] 杨挺，赵黎媛，王成山. 人工智能在电力系统及综合能源系统中的应用综述 [J]. 电力系统自动化，2019,43(01):2-14.

[11] 吕越，谷玮，包群. 人工智能与中国企业参与全球价值链分工 [J]. 中国工业经济，2020,(05):80-98.DOI:10.19581/j.cnki.ciejournal.2020.05.016.

[12] 张秀丽，郑浩峻，陈恳，等. 机器人仿生学研究综述 [J]. 机器人，2002,(02):188-2. DOI:10.13973/j.cnki.robot.2002.02.019.

[13] 刘华军，杨静宇，陆建峰，等. 移动机器人运动规划研究综述 [J]. 中国工程科学，2006,(01):85-94.

[14] 陈学松，杨宜民. 强化学习研究综述 [J]. 计算机应用研究，2010,27(08):2834-2838,2844.

[15] 崔雍浩，商聪，陈锶奇，等. 人工智能综述：AI 的发展 [J]. 无线电通信技术，2019,45(03):225-231.

[16] 张妮，杨遂全，蒲亦非. 国外人工智能与法律研究进展述评 [J]. 法律方法，2014,16(02):458-480.

[17] 朱祝武. 人工智能发展综述 [J]. 中国西部科技，2011,10(17):8-10.

[18] 邓洲，黄娅娜. 人工智能发展的就业影响研究 [J]. 学习与探索，2019,(07):99-106,175.

[19] 郑南宁. 人工智能新时代 [J]. 智能科学与技术学报，2019,1(01):1-3.

[20] 国务院发展研究中心国际技术经济研究所，中国电子学会，智慧芽. 人工智能全球格局 [M]. 北京：中国人民大学出版社，2019.

[21] 周志敏，纪爱华. 人工智能 [M]. 北京：人民邮电出版社，2017.